管理不求人

Management wisdom

吳至涵 著

最強經典濃縮
筆記25選

一本書帶你掌握管理大師的智慧精華，讓你在管理路上少走彎路

結合制度設計、行為心理與領導哲學，

領導困難、決策迷惘？
想進步卻沒有時間讀完25本經典？
從杜拉克到明茲伯格，經典理論結合實務應用
一本書掌握管理大師的智慧精華，讓你在管理路上少走彎路

目錄

前言 ………………………………………………………………… 005

一、以人為本的管理革命：《管理的新模式》………………… 007

二、使命導向的管理思維：《管理：使命、責任、實務》…… 021

三、領導風格的彈性實踐：〈如何選擇領導模式〉…………… 033

四、重塑組織理解框架：《經理人員的職能》………………… 047

五、董事會治理的多面向分析：《董事》……………………… 065

六、持續簡化的卓越邏輯：《追求卓越》……………………… 087

七、行動中的管理邏輯：《經理工作的性質》………………… 107

八、行動驅動的管理核心：《執行》……………………………119

九、卓越躍升的組織理論重構：《從優秀到卓越》…………… 133

十、策略創造與組織再生的競爭觀：《為未來而競爭》……… 149

十一、持續演化與價值傳承：《基業長青》…………………… 161

目錄

十二、從資訊處理到組織進化:《管理決策新科學》............ 175

十三、文化多樣性與彈性治理:《管理之神》................ 189

十四、科學化治理與人力潛能:《科學管理原理》............ 203

十五、自我實現與人性潛能:《動機與人格》................ 217

十六、合作邏輯的轉化與制度架構的重建:《合作競爭大未來》.. 231

十七、領導行為的診斷與重構:《管理方格》................ 241

十八、權力焦慮下的制度運作與組織停滯:《帕金森定律》...... 255

十九、從知識實務到倫理轉型:《人與績效》................ 267

二十、從風格診斷到組織配置:〈讓工作適合管理者〉.......... 285

二十一、變化管理與行動策略:《誰搬走了我的乳酪?》........ 297

二十二、工作設計的動機革命:《再論如何激勵員工》.........311

二十三、權變管理的制度轉向:《領導效能理論》............ 327

二十四、從結構到行動的管理邏輯:《工業管理與一般管理》.... 341

二十五、組織策略的制度轉型:《偉大的組織者》............ 359

前言

當今世界正經歷知識驅動的深刻變革，科技進步與社會節奏交織推動著各行各業加速演化。在管理領域，這種轉變尤其明顯，不同的管理觀點與方法層出不窮，從早期的制度設計，到後來重視組織文化與知識流動的系統化思維，管理模式持續在變動中蛻變與進化。今日的企業管理早已超越傳統框架，納入策略思維、創新設計與永續發展等多元維度，顯示出管理學的廣度與深度皆已邁入新紀元。

促成這一切的，不僅是時代變遷，更是那些充滿遠見的思想者。他們以創造力與實踐精神開拓出各種影響深遠的理論，這些觀點不只改寫了企業運作的方式，也改變了組織與個體之間的互動邏輯。在不同國家與產業之間，管理思潮彼此激盪、交錯演進，推動著全球經濟秩序向前邁進。這些理念既是現代管理系統的動力引擎，也為組織提供重新定位與持續成長的參照軸。

雖然我們身處於快速汰舊換新的時代，但不應忽略那些曾經影響深遠的經典觀點。在持續探索與創新的同時，回顧並深入理解這些奠基性理論，不僅有助於深化思維層次，也能從中獲得更高層次的洞察。許多我們自認熟悉的理論，往往在重新檢視後才真正展現其深邃意涵。

閱讀這些具有時代意義的作品，既是知識的累積，也是對思辨力的磨練。這些管理智慧並非靜態的知識，而是一盞盞指引實踐者的燈塔。從過去到現在，它們照亮了管理世界的變遷，未來也將持續為組織與個人帶來啟發與前行的力量。

前言

一、

以人為本的管理革命：《管理的新模式》

1. 李克特的學術背景與研究基礎

倫西斯・李克特（Rensis Likert）是美國行為科學與管理學領域的重要先驅之一，其研究生涯深深植根於跨領域的整合實踐。他於密西根大學取得文學士學位後，轉赴哥倫比亞大學攻讀社會心理學研究，最終獲得理學博士學位。

早年他便對人類行為在組織中的作用產生濃厚興趣，並將心理學方法應用於管理實務。第二次世界大戰期間，利克特投入美國聯邦政府的戰時調查工作，先後在農業部及美國戰略轟炸調查團擔任要職，負責整合來自各學科的人員，對戰爭行動與社會影響進行深度分析。這段經歷讓他深刻體會到跨學科合作與實證研究的威力，也為他日後推動組織理論的系統化研究埋下伏筆。

1946 年 10 月，利克特與一群研究同仁共同在密西根大學創立調查研究中心，致力於整合社會科學方法、統計分析與行為觀察。他本人擔任首任主任，持續推動領導行為與組織效能的研究。1948 年，隨著群體動力學創始人庫爾特・扎德克・勒溫（Kurt Lewin）過世，原設於麻省理工學院的研究團隊併入密西根大學，兩者合併後組成更具規模的「社會研究所」，

一、以人為本的管理革命：《管理的新模式》

並由利克特領導運作。

該機構對組織心理學、領導理論、溝通流程與動機機制等多個領域進行深入探討，為後世奠定行為管理學的基礎。特別是在研究方法的發展與實證設計上，社會研究所成為當代管理研究中最具代表性的學術機構之一。

2. 研究基礎與核心主張

自1947年起，李克特開始帶領研究團隊展開長期性的實證調查，深入訪談美國多家企業的管理階層與基層員工，試圖釐清組織內部的領導風格、員工態度與工作表現之間的關係。這項研究歷時數十年，累積龐大數據與觀察紀錄，最終促成他撰寫《管理的新模式》（*New Patterns of Management*）與《人群組織》（*The Human Organization*）兩部代表性著作，系統化呈現其管理理論與實務洞察。這套被稱為「密西根研究」的成果，不僅為當代組織行為學奠定理論基礎，也深刻影響往後數十年管理思維的演變。

在《管理的新模式》中，李克特提出一項簡單卻具顛覆性的主張：所有管理工作中，最核心的不是制度、流程或績效指標，而是對「人」的領導。他認為，領導者若能真正理解員工的想法、困境與需求，並建立基於信任與尊重的關係，就能激發出個體與團隊最大的潛能。這不僅提升工作效率，也有助於形塑穩定、健康的組織文化。李克特指出，領導者的角色不應只是發號施令，而是成為支持者與催化者，引導員工實現目標，同時也讓他們感受到自己的價值與存在意義。

這種強調人際理解與情感連結的管理觀點，在當時以權威與層級為核

心的企業文化中，顯得極具前瞻性。李克特所主張的參與式管理，不僅是管理技術的創新，更是組織價值觀的轉變。他的研究提示我們，生產力與人際互動密切相關，真正有效的管理，是以人為本、長期耕耘的結果。

3. 從人本視角重新定義領導成效

在長達二十年的密西根研究中，李克特與團隊透過對多家企業不同管理風格與生產效率的比較，發現了企業績效的核心關鍵不在於技術、設備或資金投入，而在於管理者對「人」的態度與領導方式。

李克特指出，在所有管理職能中，「領導」不是單一技能，而是一套涉及人際關係、心理動機與行為影響的綜合行為。管理者若缺乏對員工心理與處境的理解，就難以真正建立信任，更無法持續激發員工的潛力。

他將領導方式分為兩大取向：「以人為中心」與「以工作為中心」。前者強調人際互動、團隊關係與員工的內在需求；後者則聚焦於任務完成、績效考核與工作流程。在進行大量企業樣本分析後，李克特發現，生產力表現最佳的企業幾乎無一例外採取人本導向的管理模式。這些組織在監督上並不強調嚴格控制，而是透過團隊信任、目標共識與成員參與，建立出強大的向心力與高昂士氣；反觀那些績效不佳的企業，則普遍使用過度監控與結果導向的作風，導致員工產生壓力、不安與反感，進而出現離職率高、工作倦怠等負面結果。

李克特的研究指出，有效的管理並非關於如何更嚴格監督員工，而在於如何更深入理解人性與激勵動機。他以嚴謹的實證資料證明，當企業願意投資在人與人之間的關係上，所帶來的產能與組織韌性將遠超過單靠控制所能達成的成果。

一、以人為本的管理革命:《管理的新模式》

李克特的研究不僅證實人本導向的管理風格更有利於提升組織整體表現,也揭露了「領導方式」是造成企業間生產力差異的主要因素。他指出,有效的領導者應設法讓員工感受到被理解與被支持,而不是僅僅被監督或評價。唯有建立在互信與尊重之上的管理關係,才能長期穩定地促成員工與組織雙方的成長與成功。

4. 高效組織的管理溝通關鍵

在李克特的觀點中,組織效能的高低往往取決於內部溝通系統是否順暢。許多管理者誤以為只要制定規章制度、安排意見箱或實施「開放辦公室政策」,就能建立良好的溝通文化,實際上這些形式如果缺乏實質信任與尊重,很容易流於表面。

李克特指出,資訊流通的品質並不取決於制度的多寡,而是員工是否真正願意開口說話、是否相信說了會被聽見、是否感受到自己被當成有價值的成員。換句話說,溝通的問題,不是出在「設了沒有」,而是在「信不信任」。

他進一步指出,當管理者對下屬採取懷疑、壓抑或過度控制的作風時,員工往往會選擇封閉自己,不再提供真實資訊,甚至有意無意地阻礙資訊上傳。例如,一位基層員工可能因為擔心批評會招來責罵,而不敢反映真實困難;而中階主管若覺得上級只接受「想聽的話」,也會逐漸報喜不報憂。這樣的惡性循環會導致高層決策基礎薄弱、錯失問題徵兆、乃至全盤誤判。

李克特強調,真正有效的組織溝通必須建立在雙向交流與心理安全的基礎上。員工需要相信他們的聲音能夠產生實質影響,管理階層則需要展

現真誠傾聽與尊重差異的態度。只有當下屬願意分享挑戰、回饋意見，甚至表達不滿時，資訊才有機會完整傳遞，而領導者也才能做出更貼近現實的判斷。他提醒，領導者不能僅滿足於制度建置，更要深入關照資訊交流過程中的人際情境與心理感受，否則即使設計再好的溝通管道，也可能淪為空殼。

李克特的溝通觀點早於現代「心理安全」與「開放式領導」的理論流行前，即已奠定理論基礎。他指出，真正具效能的溝通並非來自多麼高明的制度設計，而是員工是否感受到自己被「聽見」與「看見」。這種人際尊重與信任的文化，是所有溝通設計得以落實的前提。

這種對溝通品質的重視，實際上是李克特管理哲學中最人本的一環。他認為，員工的沉默與敵意，往往不是出於性格消極，而是因為在組織中未曾被真正看見與理解。因此，唯有透過建立互信關係與有意識的對話空間，才能促成穩定且高效的資訊流通，使組織擁有真正健康的管理生態。

5. 領導四體系：管理風格的類型化分析

在長期觀察企業組織運作的過程中，李克特提出了著名的「四種管理體制」（System 1 — 4）分類，用以描述組織中常見的領導方式及其對員工態度與組織績效的影響。他強調，管理風格並非僅存於個別領導者性格，而是整體組織文化與權力結構的展現。

這四種體制分別為：專斷型、仁慈專斷型、協商型與參與型，從權力集中到權力分散、從控制導向到關係導向，呈現出一條由傳統走向現代的管理進化軸線。

第一種體制——專斷型，是典型的威權管理模式。在此體系中，決

一、以人為本的管理革命：《管理的新模式》

策權高度集中於組織頂層，下屬幾乎沒有參與空間，資訊只能單向流動。主管不信任部屬，經常透過懲罰與命令驅動行動，並忽視人際關係的品質。李克特指出，這樣的組織氛圍容易導致恐懼、壓抑與對抗，員工多半處於消極服從狀態，不僅士氣低落，也造成決策與現場狀況脫節。

第二種體制——仁慈專斷型，則是在維持權威基礎下略顯柔化的管理形式。雖然權力仍由上層主導，但管理者偶爾會採納下屬意見，並以物質獎勵或口頭鼓勵作為激勵方式。然而，其本質仍是由上而下的控制模式，資訊流動受限，溝通多為形式性表達，缺乏真正的互動交流。員工對組織目標多半僅有表面認同，背後可能仍存在隱性抗拒。

第三種體制——協商型，則是一種過渡型的管理風格。在此模式中，管理者對員工有一定程度的信任，並會在決策前主動徵詢意見。儘管最終決策權仍掌握在上層，但員工能感受到其觀點被重視，進而願意配合組織方向。資訊可雙向流動，溝通也趨於開放，整體氣氛相對較為健康。然而，這種模式仍受到階層限制，無法充分激發全體參與的潛力。

最後一種體制——參與型，則是李克特最推崇的理想型管理方式。在這類組織中，管理者對員工高度信任，願意分享決策權與責任，並鼓勵各部門之間的協作與共同學習。資訊在組織內部能自由流通，溝通暢通且無壓力，員工被視為有尊嚴的個體，而非僅僅是任務執行者。李克特認為，參與型體制不僅提升士氣與生產力，更能創造出穩定、創新的組織環境，是企業邁向永續發展的關鍵。

透過這四種類型的分類，李克特試圖說明，管理風格並非單一選項，而是一個光譜；組織必須理解其所處體系對人員行為與組織表現的深遠影響。在權威與參與之間如何拿捏平衡，正是現代領導者的關鍵挑戰。

6. 參與式管理的三大理念基礎

在李克特所構想的參與型管理模式中，有三個核心理念是支撐整體制度運作的基礎，也是區別其理論與傳統管理方式的關鍵。這三項概念分別為：支持性關係、團隊式決策與監督、高標準目標導向。李克特認為，這些原則並非僅為管理者提供操作技巧，而是從根本上改變組織與員工之間的關係，強化成員參與、提升內部協作，進而促進整體組織績效。

第一項核心理念為「**支持性關係**」。李克特主張，領導者的職責不只是指揮或評估，而是要建立一種能夠讓員工感受到被重視與被支持的關係環境。他認為，每位組織成員都渴望其能力與貢獻被認可，若能在日常互動中持續營造尊重與信任的氛圍，將有助於激發員工的自我認同與責任感。

支持不只是語言上的鼓勵，更體現在決策參與、資訊透明與資源提供等層面。當員工在工作中能將自己的經驗與判斷視為被接納的一部分，他們就會更積極主動，也更願意為組織投入心力。

第二項理念則是「**團隊決策與團隊監督**」。李克特主張組織應該打破傳統上下階層的封閉界線，改以「雙重成員身分」的方式建構垂直整合的團隊架構，也就是每位中階管理者同時是上級團隊的成員與下級團隊的領導者。這樣的安排能讓資訊在不同層級間流動順暢，並強化上下之間的責任連結。

更重要的是，當決策與監督的過程由整個團隊共同參與時，成員將不再只是接受命令的執行者，而是決策過程中的重要參與者。這種集體負責的方式，有助於建立強大的凝聚力與團體認同感。

第三項理念則為「**高標準目標導向**」。李克特指出，組織若要持續成長，必須設立具挑戰性的發展目標，同時讓這些目標與成員個人價值產生

一、以人為本的管理革命：《管理的新模式》

連結。他反對以壓力或強制達標為手段，而是鼓勵透過團隊合作與個人自主設定目標，來強化員工的內在動力。

在這樣的制度下，員工不僅理解組織的整體方向，也會將組織目標內化為個人目標，從而展現出更高的投入程度與行動意願。

透過這三大理念的相互配合，李克特建構了一種以人為本、重視參與、強調自我實現的管理系統。他相信，唯有當組織願意放下控制、信任成員、並鼓勵自主與合作時，才有可能真正轉化成一個高效而具持續競爭力的社會系統。

7. 八項組織特徵與高效團隊的運作邏輯

為了具體描繪參與式管理體系的實務運作樣貌，李克特提出了八項關鍵特徵，這些特徵不僅是評估一個組織是否落實人本導向管理的指標，也是建構高效團隊與良好工作環境的核心架構。

這八項特徵分別涵蓋：領導過程、激勵機制、溝通系統、互動關係、決策模式、目標設定、控制方式以及績效追求，彼此環環相扣，構成一個具整合性的組織運作邏輯。

首先，在「**領導過程**」方面，參與型體制強調領導者與團隊之間應具備高度互信與開放對話的文化。領導者要能與團隊成員平等討論、交流意見，不以權威姿態壓制異議，而是透過誠懇對話建立信任關係。這樣的互動能消除階層隔閡，鼓勵成員主動表達想法，也提升組織的靈活性與問題解決力。

其次，「**激勵機制**」並非僅仰賴物質報酬，而是著重於參與感與成就感的激發。當員工能參與目標設定與問題解決，並在過程中感受到自己的

貢獻受到肯定，便會產生內在動力，進一步增強對組織的忠誠與投入。李克特強調，真正有效的激勵來自於尊重、理解與信任的環境，而非獎懲制度本身。

在「**溝通系統**」上，參與型組織鼓勵資訊的多向流通，包括上下、平行與跨部門之間的有效互動。資訊不能只由上而下傳達，也應允許來自基層的意見直達高層，甚至橫向共享於不同部門之間，藉此促進整體透明度與反應速度。這種溝通模式的建立，有賴於組織文化中對開放性與包容性的持續建構。

第四是「**互動關係**」，也就是組織成員之間的協作機制與關係品質。在參與型組織中，不同部門與層級間應持續進行意見交換與資訊整合，不僅在制度設計上促進合作，也在人際互動中維持尊重與支持的態度，最終形成具有內聚力與學習彈性的工作網路。

接著，在「**決策模式**」上，李克特提倡以團隊決策為原則，各層級皆應參與其業務相關的議題制定。決策不再是由少數人封閉完成，而是建立跨階層與跨功能的集體討論平臺，使決策結果更具代表性與可行性，同時提升成員的執行意願。

第六項特徵為「**目標設定**」，即在設定組織與部門目標時，鼓勵全員參與，並確保目標既具挑戰性又可實現。透過討論與共識形成的目標，往往更能引起員工的認同，也較容易轉化為實際行動。此外，李克特強調，高標準的目標不僅可驅動績效，也能激發團隊合作精神。

「**控制方式**」則打破傳統上對「監督」的狹隘理解，轉而強調以問題解決為導向的自我控制。在參與型組織中，所有成員都被視為資訊持有者與行動責任者，他們不僅接受監督，也對自身工作表現負責，並能主動調整與修正流程。控制的重點在於促進改善，而非懲罰錯誤。

最後，「**績效追求**」不再只是組織對個人的要求，而是經過雙向協商

一、以人為本的管理革命：《管理的新模式》

後達成的共識結果。這些目標通常與個人發展、團隊成就與組織策略方向緊密連結，並透過持續性的訓練與資源支持協助員工實現。績效不再單靠命令推動，而是由動機與能力共同驅動。

這八項特徵相互交織，形成一種有機而具適應性的系統。李克特認為，若企業能在這些面向上建立穩定且連貫的實踐結構，不僅能提升員工參與程度與工作滿意度，更能逐步建立出高效率、強韌性與持續創新的組織文化。

這八項指標雖出自1960年代，但至今仍是評估現代組織「心理安全」、「團隊效能」、「數位轉型協作力」的重要參考依據。尤其在遠距協作與跨文化團隊成為常態的今天，李克特對參與、信任與自主的強調，提供了一套超越時間的領導與管理思維框架。

8. 員工認同與團隊凝聚的來源

在探討組織效能與員工動機之間的關聯時，李克特提出了其管理思想中的關鍵概念——「支持關係理論」（Theory of Supportive Relationships）。他認為，一個組織若希望其成員展現積極態度與高效能，就必須從根本上建構一種讓人感受到價值與歸屬的環境。在這樣的環境中，員工不再只是執行命令的個體，而是與組織目標緊密連結的參與者。這種關係的建立，有賴於領導者對成員的真誠支持，以及對其能力、人格與潛力的充分信任。

李克特指出，支持關係的核心在於讓每位員工都能在組織互動中確認自己的存在價值。也就是說，組織應該讓成員從親身經驗中感受到：自己的觀點被重視、貢獻被認可、發展被支持。唯有在這樣的心理基礎上，員

工才會主動參與、認同組織的任務與方向，進而自我驅動、自我管理。這種以尊重與信任為基礎的支持關係，不但有助於建立心理安全感，也為各項激勵機制的落實提供了土壤。

在此理論之下，李克特延伸出「雙重成員身分」的制度設計概念，即每位管理幹部同時身兼其下屬團隊的領導者與上層團隊的成員。這種結構安排使組織得以垂直整合、橫向連結，促進跨層級之間的資訊共享與責任分擔。更重要的是，它使管理者能從「組織節點」的角度理解不同部門間的需求與挑戰，進而強化整體協作效率與組織的一體感。

李克特也強調，組織應鼓勵員工在多個工作團隊間參與運作，並可設置跨部門、跨層級的臨時工作小組或委員會，以此加強彈性合作與動態反應能力。透過這些團隊互動，員工能從中獲得來自不同面向的回饋與支持，進一步強化其角色認同與歸屬感。同時，這種結構也降低了階層化所帶來的孤立現象，有助於形成健康、互信且具韌性的組織網路。

更深層的管理意涵在於，員工並非只受來自上層的影響，也會在同儕互動與團隊文化中建立自我評價標準。若整體工作氛圍以支持、合作與正向認同為主流，那麼員工將傾向主動維護團隊目標與價值觀，甚至願意調整自身行為以符合群體期望。

這也呼應李克特的觀點：最有效的管理方式，是透過建立高凝聚力、高參與度且彼此信任的團隊結構，讓員工在「我們是一體」的集體認同中找到行動動力與工作意義。

總結來說，「支持關係理論」不僅是一種人際互動準則，更是一種組織設計哲學。它要求組織從文化、制度到日常互動都建立在尊重與肯定的基礎上，唯有如此，員工才能感受到自身的角色是有意義的、工作是有價值的、所屬的團隊是值得投入的。這種情境，才是真正能夠激發潛力、驅動創新的組織環境。

一、以人為本的管理革命：《管理的新模式》

9. 參與式管理的哲學轉向與實務啟發

李克特的理論貢獻不僅在於提出參與式管理的具體操作模型，更在於他從根本上挑戰了傳統管理將人視為「工具」的邏輯。他強調，員工並非只是被動服從命令的機械執行者，而是具備情感、思維與創造力的主體。若組織僅靠制度與權力維持運作，或依賴外在刺激強行驅動行為，往往難以激發員工的深層潛能，甚至容易引發倦怠與反抗。李克特主張，真正的管理應是一種人本哲學的實踐，領導者的責任不在於操控，而在於引導、理解與激勵。

他觀察到，許多表現優異的管理者並不否定傳統管理工具的價值，例如預算控制、流程標準化或時間管理，而是懂得將這些工具整合進一種關係導向的管理文化之中。換言之，工具本身不是問題，問題在於使用的動機與方式。優秀的經理人會將傳統工具作為達成團隊共識與支持員工發展的手段，而非用來強化權威或施壓控制的武器。這種融合管理技巧與人文關懷的能力，正是參與式管理能夠發揮長期效益的關鍵。

李克特也指出，參與式管理不等於無條件妥協或放任自由，而是在明確目標與制度保障下，提供成員參與討論與共識建構的空間。這種作法不僅強化成員的責任感與主動性，更能在決策與執行間建立連續性，使組織具有更高的適應力與創新潛能。他特別強調：「領導者應該將成員視為有思想、有尊嚴的獨立個體，而不是組織運作的零件。」這句話充分體現了他的核心信念——管理的本質不在於分工與控制，而是整合與激發。

在實務層面，高效的經理人往往具備三項特質：第一，他們願意與下屬建立真誠、持續的溝通關係，不只是傳達指令，更是理解困難、分享目標；第二，他們勇於授權，信任團隊具備完成任務的能力，並且在過程中提供實質支持與資源協助；第三，他們注重團隊學習與內部協作，營造出

鼓勵嘗試、允許失敗的工作氛圍。這些特質的展現，使他們所領導的團隊不僅執行力強，也更具有彈性與凝聚力。

　　李克特的參與式管理思想，至今仍被視為當代人本管理的先聲。他的理論不只是提供了一套方法，更是一種價值觀的宣示：尊重、信任與合作並非理想化的口號，而是可以透過制度設計與領導實踐落實於組織日常之中。在組織變動快速、員工價值觀多元的今天，這套強調人性本位的管理哲學，依然具有強大的啟發力。

一、以人為本的管理革命：《管理的新模式》

二、

使命導向的管理思維：
《管理：使命、責任、實務》

1. 管理的本質：從手段到任務的轉化

在 20 世紀中葉，當管理學仍處於定義模糊、百家爭鳴的階段，彼得・杜拉克（Peter Drucker）以《管理：使命、責任、實務》（*Management: Tasks, Responsibilities*）一書，為管理這門學問奠定了嶄新的根基。

當時的學術界與實務界對「管理」的看法各異，有人將其視為一種技巧，有人視為制度運作的工具，也有人主張它僅是一套行政流程。在這樣的背景下，杜拉克提出關鍵性主張——管理不只是操作手段，而是一項具體任務（task），必須以「目標」與「責任」作為核心出發點，重新理解其在組織中的角色與意義。

杜拉克認為，若僅將管理理解為技術性操作，便會忽略其對組織方向與社會影響的關鍵作用。他主張，管理應被視為一種具有成果導向的責任制度。換言之，管理者的首要任務，不是熟練操作工具或維持組織秩序，而是帶領組織「完成任務」、創造具體成果，並對其結果負起全責。這種觀點，讓管理的討論從流程與手法的層次，進一步升華為一種價值與行動結合的實踐。

二、使命導向的管理思維：《管理：使命、責任、實務》

《管理：使命、責任、實務》一書的出版，不僅立即引起學術界廣泛關注，也迅速影響企業界對於管理角色的再思考。此書被視為杜拉克最具代表性的作品之一，不僅在內容架構上層次分明、條理清晰，也以深入淺出的筆法，呈現出管理作為一項社會實踐的全貌。

全書共分為三大部分，依序從宏觀的外部任務出發，過渡至組織內部的實務操作，最後再深入探討高階領導者所面臨的策略挑戰與結構安排，形成一套自理論至實務、由抽象至具體的完整分析。

杜拉克的貢獻在於，他不只揭示了管理的實務面，更為其注入一種使命感與責任倫理。他提醒讀者，管理不僅是為了提升效率或維持秩序，而是一種連結組織、成員與社會的中介任務。這種理念，也為後續的管理理論發展鋪設了深厚基礎，使管理逐漸從技術層面走向更具人文與社會責任的深層對話。

2. 三重目標：組織、成員與社會的責任

在杜拉克的觀點中，管理的核心不只是技巧的運用或資源的配置，而是對「目標」的清楚認知與堅定承擔。他主張，任何一個管理者若未能釐清組織存在的目的，就無從談起有效的管理活動。

更進一步來說，杜拉克將管理的目標區分為三個層次——分別對應組織本身、組織成員，以及整體社會。這種多層次目標結構，反映出他對管理責任的全面理解，也揭示出管理不僅是經濟行為，更是社會行為的延伸。

首先，對組織而言，管理的基本任務是確保機構能有效達成其既定功能，也就是完成其存在所設定的任務。無論是企業、非營利機構，或公共

2. 三重目標：組織、成員與社會的責任

部門組織，管理者的首要工作就是讓整體運作朝向目標前進，而非陷入日常運作的繁瑣泥淖中。杜拉克認為，缺乏明確目標的管理，只會讓組織淪為效率與資源的黑洞，不但造成人力、物力、財務的浪費，更可能導致組織方向混亂與士氣崩潰。

其次，對組織內部的成員而言，管理不僅是指揮與監督，更應具有激勵與成就的功能。杜拉克強調，管理者的職責之一是讓員工能在工作中找到意義，體會到自己的價值與貢獻。當一名員工不只是為薪資而工作，而是感受到自己正在參與一項有目標、有成果的任務時，他的投入度與責任感將隨之提升。因此，好的管理必須懂得「激發活力」，而非單純維持秩序。

第三個層次，是管理對社會的回應責任。杜拉克提醒，任何組織的存在都會對外部社會產生影響，包括資源的使用、就業的創造、產品的品質，乃至文化與價值的傳播。因此，管理者不能只從內部效益角度思考，更應反思組織對社會所造成的影響，並積極承擔其所衍生的責任。這種社會責任的概念，在杜拉克的時代尚不普及，但他已提前為當代 ESG 與企業永續發展的論述奠下理論根基。

從這三個層次來看，管理並非一項中立的職務，而是一種價值導向的實踐。杜拉克強調，唯有清楚界定目標，並對其後果承擔責任，管理才能脫離表面操作、進入有意義的創造行動。沒有目標的管理將淪為盲目指令；沒有責任的管理將成為權力濫用。管理者的任務，正是在這三重目標之間取得平衡，並持續引導組織向具意義的方向前行。

二、使命導向的管理思維:《管理:使命、責任、實務》

3. 管理作為社會功能的延伸

　　杜拉克在重新定義管理概念時,特別強調管理並非一套獨立運作的機制,而是嵌入於社會結構中的一項關鍵功能。他指出,無論是企業還是非營利組織,其存在的根本理由都是為了回應某種社會需求,進而提供特定的價值與服務。在這個意義上,組織如同社會的「器官」,而管理則是負責讓這些器官運作順暢、功能協調的系統。換言之,管理不是目的,而是手段;它的價值不在於自身運作有多精密,而在於是否能實現組織對社會的貢獻。

　　這樣的觀點讓杜拉克的管理理論具有一種與社會哲學緊密連結的深度。他強調,若要理解管理本質,就不能只從技術與績效角度切入,而必須先釐清管理服務的對象與目的,也就是組織所承擔的任務。只有明確了任務的本質,才能設計出符合需求的管理制度與實踐方法;反之,若將管理制度視為萬能公式,忽略其與組織功能的關聯,往往導致形式主義與組織僵化,反而無法有效應對變化的社會環境。

　　在此基礎上,杜拉克提醒,組織不應自外於社會,管理者更不能將工作視為內部操作而已。每一項管理決策的背後,都連動著資源分配、行為引導與價值取捨,這些決策對外部社會會產生長遠而深刻的影響。舉例來說,企業是否善用資源、是否提供正當勞動條件、是否尊重消費者與環境,都不只是道德問題,而是關乎組織存續與合法性的社會契約。

　　因此,管理作為一種社會功能,需承擔起對整體社會系統的協調責任。它不只是組織內部的調度工具,更是一種影響社會資源如何被使用、價值如何被體現的關鍵機制。杜拉克透過這樣的定位,讓管理不再只是企業的事情,而成為整個現代社會運作的核心動力之一。

　　總結來說,杜拉克透過將管理視為社會功能的延伸,打破了傳統將管

理侷限於辦公室、績效報表與指揮流程的窠臼。他要求管理者不只看見組織內部的流程，更要洞察其在整個社會系統中的角色與責任，進而提升管理行為的價值厚度與道德自覺。

4. 管理者的角色與工作樣貌

在杜拉克的管理體系中，「管理者」不僅是組織中職務較高的執行者，更是責任與目標的實踐者。他認為，管理者的本質職責不在於職權大小，而在於是否承擔起對組織整體表現的直接責任。管理者必須確保組織沿著正確的方向前進，並且在日常營運中引導個體與團體做出有助於目標實現的選擇。無論其位階如何，只要一個人對資源配置、目標制定與人員協調負有最終責任，他就應被視為管理者。

杜拉克特別強調，管理者不只是專精於某一技術領域的專業人士，而是能整合不同知識、協調多元部門、對組織整體承擔責任的關鍵角色。因此，管理者的工作內容具有高度複雜性與系統性，通常包含以下幾項共通任務：設定明確目標、設計適當的職務分工、促進對外交流、進行內部協調與監督，並對所有這些環節的成果負責。每一項任務看似操作性強，實則蘊含對整體組織價值與方向的深刻思維。

此外，杜拉克認為，管理者的工作不應只停留在制度運作與工作流程中，他們還需展現足夠的思辨力與行動力，才能因應組織在變動環境中的各種挑戰。尤其在面對跨部門合作與組織策略轉型時，管理者的協調能力、判斷能力與整合能力往往成為組織是否能順利轉型的關鍵。他主張，優秀的管理者應不斷挑戰自我邊界，努力將自己的才能與組織需求對齊，在實踐中不斷擴展影響力。

二、使命導向的管理思維：《管理：使命、責任、實務》

另一方面，杜拉克也指出，管理者雖不一定需要成為技術專家，卻必須具備基本的技術理解力。這是因為管理者的決策涵蓋組織的各個部門，若對其運作邏輯一知半解，往往容易做出失當判斷。對於技術部門而言，來自缺乏專業知識的高層指令，可能不僅無效，甚至造成誤導與資源浪費。因此，具備跨領域的知識整合能力，是當代管理者不可或缺的素養之一。

在杜拉克的眼中，管理者的成就不只體現在對組織績效的貢獻上，也展現在其能否激發團隊潛能、創造正向工作氛圍、促進員工個人成長與實現。唯有當管理者意識到自身影響力所及的不只是數據，而是真實的人與社群時，管理才能由職務操作昇華為一種富有責任感的專業實踐。

5. 企業的存在目的：顧客的創造

杜拉克在探討企業本質時，提出一項具有深遠影響的觀點──企業存在的目的不是利潤本身，而是「創造顧客」。他指出，顧客並非天然存在於市場上的資源或條件，而是企業透過其產品、服務與行動主動創造出來的結果。正因如此，企業若不能持續創造顧客，便失去了其存在的基礎。這一思維顛覆了傳統將企業視為以利潤為首要目標的觀念，也將企業活動重新導向市場需求與社會反饋的動態互動中。

杜拉克進一步說明，即使社會中早已存在某種潛在需求，若沒有企業主動提出滿足該需求的具體方式，那麼顧客與市場也不會自然形成。他舉例指出，有時候企業推出新產品或服務時，市場甚至尚未意識到這些需求的存在，然而透過產品設計、行銷推廣與使用情境的引導，消費者的認知才被激發，進而轉化為實際購買行為。這意味著，市場本身是由企業行動

所「激活」的，而非靜態地等待需求浮現。

從這個角度來看，企業的任務不只是回應市場，更是參與市場的塑造。杜拉克提醒，企業不能僅關注自己想生產什麼，而應深入理解顧客真正需要什麼、願意為什麼付費。他強調：「不是企業打算生產什麼最重要，而是顧客認為有價值的是什麼。」這不只是銷售策略的問題，而是企業存亡的根本關鍵。顧客的選擇與認同，決定了企業產品是否能夠轉化為財富、資源是否能創造出真正的價值。

值得注意的是，杜拉克所謂「創造顧客」的概念並不侷限於行銷部門的操作。他主張，整個企業應該共同承擔這項職責，讓每個部門都意識到其行動與顧客價值之間的連結。從產品研發、服務設計、物流流程到售後支援，每一個環節都可能影響顧客的認知與滿意度，也因此都應成為「創造顧客」的一部分。企業若能以顧客為核心，將其價值觀貫穿至整體營運，才能真正實現與市場的良性互動與持續成長。

這種對顧客概念的重新定義，不僅拓展了企業策略的視野，也為當代「顧客體驗管理」與「價值主張設計」等管理思潮提供理論源頭。杜拉克的洞見，提醒組織不應將顧客視為既存對象，而應以主動創造的精神，不斷與社會的潛在需求進行對話與連結。

6. 企業的雙核心職能：行銷與創新

在重新定義企業使命的同時，杜拉克也釐清了企業應具備的核心職能。他主張，若企業的目的是創造顧客，那麼最關鍵的兩項職能，便是「行銷」與「創新」。這兩者不僅是業務部門或研發團隊的責任，而是整個企業運作的核心軸線，所有部門皆應圍繞這兩項職能展開協作，才能真正實現組

二、使命導向的管理思維：《管理：使命、責任、實務》

織存在的價值。

杜拉克首先指出，行銷並非單純的推銷技巧或宣傳活動，而是一種全面性的顧客導向思維。他認為，行銷的本質在於洞察顧客需求、理解顧客心理，並設計出能夠滿足其需求與創造價值的產品與服務。企業若將行銷視為後端的銷售動作，僅是將產品推向市場，那就已經落後於時代。真正的行銷應該從產品尚未誕生時便開始運作，參與需求發現、產品定義與體驗設計等關鍵環節，進而讓顧客的觀點滲透到企業的每一個決策中。

其次，杜拉克將「創新」視為企業的另一個根本任務。他不把創新侷限在科技突破或產品研發上，而是廣義地理解為「為社會提供新的經濟滿足」。這樣的創新可以是全新的產品或服務，也可以是為既有產品開發出新用途、創造出新的市場場景。他舉例提到，一名銷售人員成功地將電冰箱銷售給生活在寒冷地區的因紐特人，用以防止食物過度冷凍，這種運用的轉變本身就是一種創新，因為它重新定義了產品的功能與價值。

此外，杜拉克也強調，創新並非技術性的專業名詞，而是一種社會與經濟的行動模式。一項創新的價值，不在於技術多先進，而在於是否能在真實世界中產生變革、創造新行動的可能性。

他特別指出，對於發展中國家而言，技術引進固然重要，但唯有配合制度與文化的創新，才能真正釋放技術的效益。他以日本為例，說明其成功不在於發明技術，而在於將外來技術與在地制度整合，進而轉化為經濟活力。

最終，杜拉克提出一項重要見解：企業中無論是何種部門，都應對創新負起責任。傳統上企業可能會設立專責的「創新部門」，但他認為這種做法容易將創新邊緣化，反而削弱其實效。唯有當整個組織都意識到創新與顧客創造的關聯性，並將其視為每一項工作的一部分時，企業才能真正具備持續競爭力與調適能力。

這樣的觀點，也為當代「全員創新」與「顧客共創價值」等理念提供理論基礎。對杜拉克而言，行銷與創新不只是兩項職能，更是企業能否永續存在的根本條件。

7. 管理者的五大職能與四項技能

杜拉克在《管理：使命、責任、實務》中不僅強調管理的社會意涵與目標導向，亦進一步具體勾勒出管理者在組織中的實際職能。他認為，身為企業的關鍵推動者，管理者肩負著一系列無法由他人取代的任務，這些職能共同構成了組織持續運作與發展的基礎。

首先，杜拉克歸納出管理者需執行的五大職能。第一，設定明確目標，並規劃達成這些目標的行動方案。這不僅是策略性的任務，更是管理者領導全局的根本責任。第二，進行組織設計與職責分工，包括建立架構、界定職務與選任人才，讓每位員工能在適當的位置上發揮專長。第三，透過激勵與溝通方式統合人員與工作，例如運用獎勵制度、升遷機制與持續性對話，凝聚團隊共識。第四，監控與評估整體運作成果，包含訂定標準、檢視績效、追蹤進度與修正偏差，確保整體行動與目標保持一致。第五，促進員工成長與發展，也就是透過適當的職務設計與目標管理，激發成員潛力，使個人發展與組織利益同步前進。

除了職能面向，杜拉克也列出了管理者應具備的四項基本技能。其一，是做出有效決策的能力。在多變的環境中，管理者須具備權衡利弊、整合資訊並作出果斷判斷的能力。其二，是內外部溝通的技巧，這不僅包含資訊的傳遞，更涉及說服力與情境理解力，使訊息在不同層級與利益關係人間能順利流通。其三，是掌握控制與衡量工具的能力，能正確使用財務報表、績效指標與作業管理技術，對整體營運作出精準掌握。其四，是

二、使命導向的管理思維：《管理：使命、責任、實務》

應用分析方法與管理科學的素養，即使非為專家，管理者也應理解基本的數據分析、系統性思考與工具運用，以支援決策品質。

值得注意的是，杜拉克並不要求每一位管理者都要完全掌握上述技能，但他強調，每位管理者都應具備足以理解這些技能內涵與原理的能力。這樣一來，即使由他人執行細節，管理者仍能正確判讀結果並做出判斷。換句話說，管理者的角色不是技術執行者，而是方向制定者與資源整合者，必須具備全局視野與學習能力。

這些對管理職能與技能的分析，使杜拉克的管理思想更具操作性。他並非停留在抽象的理念層次，而是透過職能與技能的具體分類，為現代管理實務提供明確路徑，也為管理者個人的成長指引清晰方向。

8. 高層管理的特殊責任與組織意涵

杜拉克在全書的最後部分，聚焦於高層管理者所肩負的獨特任務。他認為，在組織中，並非所有的管理工作皆可由任意角色執行，某些決策與責任只能由具備全面視野與整合能力的高層團隊來承擔。這些任務的特性在於，它們不僅影響組織的當前運作，更對未來方向與整體結構具有深遠的意義，因此具備無可取代的重要性。

在杜拉克的觀點中，企業的高層管理者首先應致力於建立「生產的統一體」。這代表他們不只是制定目標，更需整合組織內部的資源與能量，消除阻礙生產力的因素，並協助人力資源發揮最大潛能。其次，高層管理者的每一項決策與行動，都必須在當前效益與長期發展之間取得平衡。他們不僅要為今日負責，更要對明日預作準備，這種雙重責任使其角色異常艱鉅。

8. 高層管理的特殊責任與組織意涵

為了有效履行這些任務，杜拉克提出高層管理者應共同組成一個多元組成的領導團隊。他指出，現代組織面臨的挑戰過於複雜，不可能由單一領導者獨自承擔。相對地，成功的管理應建立在團隊合作之上，這個團隊須由具有互補特質與相互尊重的成員所組成，彼此信任、共享責任，才能在策略制定與執行中達到整體最佳化。

此外，杜拉克特別提醒，並非所有策略對所有組織都合適，高層管理者應具備判斷哪些策略與自身組織相容的能力。這要求他們對市場環境、組織文化、資源配置等具高度敏銳度，能調整步伐、修正方向。高層管理者的任務，不只是確保制度運作順利，更是要不斷回答關鍵問題：我們是誰？我們的價值何在？我們應朝哪裡走？

綜觀全書，杜拉克的管理思想可被視為一條由「任務」出發，延伸至「實踐」與「策略」的清晰路徑。他由管理的本質談起，逐步展開至管理者的工作樣貌與企業的社會角色，最終落實於高層管理者所需承擔的實質挑戰。他所描繪的不是一種理想化的管理藍圖，而是一種深植現實、強調責任與價值創造的實務架構。

透過這本書，杜拉克讓我們理解：管理並非純技術性的操作，而是一場涉及判斷、價值、組織與社會關係的深層實踐。高層管理者的職責，是將這些複雜因素加以整合，並引領組織持續實現其使命。也正因此，他強調，真正卓越的管理者，往往不是最懂制度的人，而是最懂人、懂價值、懂選擇的人。

二、使命導向的管理思維：《管理：使命、責任、實務》

三、

領導風格的彈性實踐：
〈如何選擇領導模式〉

1. 學術背景與作者簡介

在 20 世紀中葉的管理學發展歷程中，羅伯特・坦寧鮑姆（Robert Tannenbaum）與華倫・施密特（Warren H. Schmidt）兩位學者的合作為領導理論注入一股嶄新而深具影響力的視角。他們於 1958 年發表於《哈佛商業評論》（*Harvard Business Review*）的文章〈如何選擇領導模式〉（*How to Choose a Leadership Pattern*），首次系統性地提出「領導模式連續分布場」（continuum of leadership behavior）的觀點，此一理論不僅突破當時「民主 vs. 專制」二元對立的簡化思維，更為組織管理實務提供了可調整、可應變的行動框架。

坦寧鮑姆長期任教於加州大學洛杉磯分校，專注於人才系統與組織發展領域，曾多次受邀為美國及國際企業提供領導訓練與組織顧問服務。他的研究觸及敏感度訓練、組織行為與領導風格調適等主題，皆強調管理者行為與群體動態之間的密切互動。其與人合著的《領導者組織：一種行為科學的方法》（*Leadership and Organization: A Behavioral Science Approach*）更是此一學派的代表作之一。

三、領導風格的彈性實踐：〈如何選擇領導模式〉

施密特則與坦寧鮑姆共事 20 餘年，後轉任南加州大學教授，長期關注行政管理與人類價值在組織中的整合。他的著作《組織的新領域與人類價值觀》（New Frontiers for Organization and Human Values）嘗試回應現代企業如何在講求效率的同時，兼顧人的成長與社會責任，展現其對管理實踐的深層關懷。

兩位學者的合作，奠基於行為科學的研究基礎，並回應了當時管理者在現場實務上所面臨的困境：如何在維持組織效率的同時，兼顧員工參與與個人發展？他們透過「領導行為的連續場」這一概念，不僅開啟了動態領導模式的理論進程，也成為後來變革型領導、情境領導等理論的先驅。其重要性不只體現在管理學的發展脈絡中，更深刻影響了企業與公部門在應對領導挑戰時的思考模式與決策取向。

2. 領導兩難的歷史與現代情境

坦寧鮑姆與施密特之所以能提出「連續分布場」這項劃時代的領導概念，源於他們對當代領導實務中一項深層困境的洞察：領導者究竟應該展現多少權威，又應該給予下屬多少自主？這個問題看似簡單，實則深植於 20 世紀中期組織文化的轉變過程中。

隨著戰後民主價值的興起與心理學在人際關係領域的廣泛應用，管理者不再只是發號施令的權威象徵，更被期待成為能理解員工、激發潛能的「人性導師」。然而，這種期待同時也讓許多經理人陷入一種矛盾的心理拉鋸之中。

當時的企業文化仍傾向視「果斷」、「掌控」為成功領導者的指標，經理人的形象多被塑造成一位主動出擊、能快速決斷、有效統御的權威人

物。這種領導典型在工業化高速發展的背景下極具吸引力，也契合組織對效率的渴望。然而，伴隨敏感度訓練、團體動力學等人本導向觀念的推廣，另一種聲音亦悄然興起，主張讓員工參與決策、體會自我負責，才是激發創造力與提高承諾度的關鍵。

　　正是在這種觀念交鋒的時代背景下，坦寧鮑姆與施密特提出了一個值得深思的問題：領導者應該「民主」還是「專斷」，還是落在兩者之間的某個位置？這個問題既反映了當代管理實務的緊張，也凸顯了「一刀切」領導風格的侷限。

　　他們指出，許多管理者誤將「參與式領導」當成是對傳統威權領導的全然否定，進而形成一種道德壓力，彷彿不給員工自主權就顯得不夠進步。但在實務操作中，這種過度理想化的民主方式，往往淪為形式化參與，甚至讓管理者無法明確表達自身意圖，造成組織方向模糊、責任界線不清。

　　也因此，兩位學者提醒我們，問題的核心不在於「民主或專制何者較好」，而在於如何根據不同情境、不同人員條件與不同任務性質，靈活調整領導方式。他們提出的理論，不是試圖將所有人導向一種「正確」的領導風格，而是提供一種可變、可調整的領導行為座標系統，使管理者能更有意識地選擇適切的行動策略。

3. 領導模式連續分布場的提出

　　為了解決管理實務中「二元對立」的認知困境，羅伯特・坦寧鮑姆與華倫・施密特在 1958 年所提出的「領導模式連續分布場」觀念，可說是當時領導理論的一大突破。他們拋棄將領導者簡化為「民主式」與「專制式」兩種風格的分類方式，改以連續光譜的方式，描繪領導行為從高度集中權

三、領導風格的彈性實踐：〈如何選擇領導模式〉

力到充分授權的變化軌跡。這種架構讓領導行為被理解為一系列動態選擇，而非固定不變的性格表現。

這項理論主張，所有領導行為可以依據兩項關鍵變數進行排序：第一，領導者運用職權的程度；第二，下屬在決策中享有的自主權高低。根據這兩個向度，坦寧鮑姆與施密特將領導風格繪製成一條由左至右的連續分布場。左端代表高度專權的領導行為，管理者完全主導決策與執行；右端則是極度放權的情境，員工擁有最大的自主權甚至主導決策，而領導者僅維持支持或觀察角色。

為了協助管理者理解這個理論架構在實務中的應用，兩位學者將整條連續帶進一步分為七種具有代表性的典型領導模式，從經理完全主導決策、向下屬發布命令開始，逐漸過渡到經理完全授權團隊自由辨識問題與制定行動方案。這七種模式的排序不是用來做價值判斷，而是描繪出領導行為可調整的範圍與方向，幫助經理人理解自己當下的領導選擇位於哪一點，以及根據需求如何做出合適的調整。

這個理論設計的重要性在於，它打破了「只有一種正確領導方式」的迷思，指出有效的領導並不在於形式，而在於對情境的理解與因應能力。坦寧鮑姆與施密特強調，沒有哪一種領導風格是永遠最優的，關鍵在於管理者是否能根據任務性質、組織文化、員工特質與自身價值觀等因素，彈性地選擇適切的領導行動。

這樣的觀點，在當時尚未興起情境領導（situational leadership）理論的時代，無疑是開創性的嘗試。它不僅為領導者提供一種分析自身行為的新工具，也強化了管理決策中對「關係敏感性」與「情境適應力」的重視，進一步將領導實踐由單向命令推進到雙向協商與靈活調整的層次。

4. 七種典型領導模式（上）

在「領導模式連續分布場」的光譜中，坦寧鮑姆與施密特精選出七種具代表性的典型模式，用以說明領導行為在實務中可能呈現的多樣面貌。這些模式並非相互排斥，而是描述領導者根據特定情境與人際條件，可能採取的不同行動選擇。

前三種模式主要集中於領導者高度掌控決策權的情境，展現傳統的上對下權威邏輯。

第一種模式是「**經理做出決策後向下屬宣布**」。在這種情境中，經理人不僅主動界定問題，也獨立擬定解決方案並拍板定案。下屬在整個過程中並無參與空間，僅接收指令並付諸執行。這種領導風格在危機處理或時間壓力極高的狀況下可能有效，但也容易導致員工產生被動、疏離感，削弱內部承諾與創意表現。

第二種模式是「**經理向下屬『兜售』自己的決策**」。雖然決策依然由上層制定，但管理者會主動說明其背後的邏輯與考量，並試圖說服員工接受。這種說服策略常見於組織變革、政策推動或需要團隊配合的新專案推行中。其目的在於降低阻力、提高接受度，雖未開放決策參與權，但已承認員工的情緒與觀點值得考慮。

第三種模式則是「**經理向下屬報告決策，並開放提問**」。這個做法進一步朝參與靠攏，領導者在宣布決策後鼓勵員工提問，並提供充分解釋。藉由溝通與討論的過程，幫助團隊理解決策的必要性與潛在影響，也讓管理者有機會聽取不同的觀點，強化信任基礎與組織凝聚力。雖然決策權仍然由上而下流動，但對資訊的開放與回應的誠意，使此模式在實務中更具溝通效果。

三、領導風格的彈性實踐：〈如何選擇領導模式〉

這三種模式共同特徵在於：領導者擁有明確的決策主導權，而下屬主要是執行與理解的角色。儘管權限差異明顯，但從第一種到第三種的轉變已隱含一種進步的趨勢——從單純命令走向互動說服，再進而引入部分回饋機制。這不僅展現了領導者對組織氣氛的敏感度，也反映出一種嘗試平衡權威與尊重的領導智慧。

5. 七種典型領導模式（下）

延續領導行為連續場的邏輯，在前三種屬於高度集中決策權的領導方式之後，坦寧鮑姆與施密特將接續的四種模式定位於逐步擴張下屬參與程度的範圍。這些模式不僅體現出領導者對權力釋放的態度，也反映出對員工成熟度與組織文化條件的判斷。

第四種模式是「**經理做出初步決策，允許下屬提出修改意見**」。在此情境中，領導者仍主動界定問題並擬定解決方案，但在實施前將方案提交團隊，徵詢回饋意見。這樣的安排讓下屬能對方案產生影響力，並促進討論與觀點整合。雖然最終決策權仍握在經理手中，但整體氣氛較前三種更為開放，也為組織內部建立良好的回饋文化創造了空間。

第五種模式則進一步發展為「**經理提出問題，聽取下屬意見，然後做出決策**」。此階段，領導者雖仍負責最終決策，但不再單方面提出解決方案，而是將問題公開，邀請下屬針對問題本質與解法提供看法。這樣的互動使決策品質因集思廣益而更為完善，同時也讓下屬產生參與感與責任感，有助於未來的執行與落實。

第六種模式可稱為「**經理確定界限與原則，由下屬群體決策**」。在這類情況中，領導者退居指導與框架設定角色，僅負責界定問題範圍、提供

必要資源與制定底線條件，其餘由團隊成員自主管理與做出集體決策。這種模式尤其適合用於具有高專業性與高成熟度的團隊，例如技術開發、跨部門協作或研究創新型專案。

第七種模式則為連續場的最右端，即「**經理授權下屬在一定範圍內自主辨識問題與制定決策**」。在這種極致放權的架構下，領導者僅設定基本原則與結果目標，其餘全權交由下屬團隊主導，包括問題界定、方案設計與決策執行。經理若參與，亦僅以團隊成員身分貢獻觀點，而非行使權威。此類型組織常見於研發機構、創新型企業或具有高度自治文化的單位。

這四種模式的共同特點，是強調員工的主動性與團隊決策的價值，並逐步擴大下屬在管理過程中的參與幅度。然而，坦寧鮑姆與施密特也提醒，這些領導方式雖在理論上能激發更高的動機與創新潛力，但其可行性仍必須依據組織成熟度、員工能力與當下情境審慎評估。領導者若未建立穩固的信任關係或提供清晰的行動框架，貿然放權反而可能導致目標錯置、責任模糊與執行困難。

總體而言，這七種模式構成一個行為連續體，從命令式管理逐步過渡至自主協作，每一種選擇皆為領導者根據目標、人員與環境所作的適應性調整。這套理論的重要貢獻，不在於宣揚哪一種風格最優，而在於指出有效領導的本質是「選擇」與「彈性」──管理者的任務，正是在這條光譜上覓得最恰當的位置。

6. 領導行為的四大反思問題（上）

在建立領導模式連續場之後，坦寧鮑姆與施密特進一步指出，選擇合適的領導風格絕非僅是技術層面的操作，而是涉及價值、責任與信任的深層抉擇。

三、領導風格的彈性實踐：〈如何選擇領導模式〉

他們提出四個值得所有領導者深入思考的問題，其中前兩項與授權與責任的界線關係密切，提醒管理者在釐清權力分配時，不能忽略其所伴隨的風險與義務。

首先，領導者是否應該透過授權來規避本應承擔的責任？

在實務中，不乏領導者將權限下放視為卸責的手段，藉由「群體決策」的表面形式來模糊自身責任的邊界。然而，坦寧鮑姆與施密特明確主張，無論最終決策是否來自團隊建議，領導者仍應對該項決策所引發的結果負全責。授權是一種組織策略，而非責任逃避的途徑。唯有當領導者具備願意承擔風險的覺悟，授權行為才有其正當性與道德基礎。

其次，在領導者授權之後，是否仍應持續參與決策過程？

對許多經理人而言，這是一道實務上的兩難。過度干涉可能被視為對下屬能力的質疑，過度放手又可能讓決策方向失衡。兩位學者的回答是：領導者是否參與，應視任務複雜度、團隊成熟度與問題性質而定。若領導者的介入有助於資訊整合、風險控制或團隊共識的建立，那麼即使授權已經進行，參與仍是有價值的。然而，若經理人的介入淪為重新主導或否定團隊意見，則不僅削弱了參與的意義，也可能損害成員的信任感與主動性。

在這兩個問題中，隱含著領導角色的根本挑戰——如何在「控制」與「支持」、「放手」與「承擔」之間找到平衡點。坦寧鮑姆與施密特並未提供制式答案，而是提醒領導者應根據自身的價值觀、下屬的成熟度與當下的組織情境，做出合乎邏輯與責任的選擇。這不僅是一種技巧的運用，更是一種倫理與判斷力的展現。

7. 領導行為的四大反思問題（下）

在探討完責任歸屬與參與角色後，坦寧鮑姆與施密特進一步提出另外兩項關鍵問題，協助領導者更清楚界定其行為對組織氣候與員工感受所帶來的影響。這些問題不僅是管理技巧的省思，更觸及權力運用的誠信與透明原則。

第三項問題是：領導者是否應該讓下屬明確知道其正在採用哪一種領導模式？

對此，兩位學者的回答是肯定的。他們指出，領導者若未清楚說明權力的使用方式與決策機制，往往會引發誤解與不信任。例如，當領導者早已下定決心，卻以「民主協商」之名召開會議，讓員工誤以為自己的意見將改變決策結果，這種「假參與」的作法反而削弱組織信任基礎。一旦員工察覺參與只是形式，其熱情與投入將迅速流失，並可能產生犬儒情緒。因此，誠實揭示自己願意開放的空間，以及最終決策的界線，才是負責任的領導之道。

第四項問題則是：是否可以根據下屬參與決策的「次數」，來判斷領導者是否夠「民主」？

坦寧鮑姆與施密特明確指出，參與的品質遠比次數重要。關鍵在於授權的內容與層級，而非僅是量的堆積。舉例而言，讓員工決定茶水間擺設位置與讓他們參與組織策略規劃的影響層面完全不同。真正有意義的授權應包含實質權力與明確責任，否則僅是表面參與，無助於組織學習與成員成長。領導者必須理解，有效的民主並非「多讓員工參與一些瑣事」，而是讓他們在關鍵議題中有發聲、影響與承擔的機會。

透過這四項反思，坦寧鮑姆與施密特將「授權」從一種管理技巧提升

三、領導風格的彈性實踐：〈如何選擇領導模式〉

為一種組織文化與道德選擇。他們提醒我們：真正優秀的領導者並不只是根據便利性做選擇，而是基於價值、責任與對人性的信任，審慎判斷每一次領導行為的內在邏輯與外在影響。這樣的領導，才足以在快速變動與高複雜性的組織環境中，建立穩健而具韌性的合作關係。

8. 三項選擇領導方式的影響因素

在明確劃出領導行為的光譜與應避免的迷思後，坦寧鮑姆與施密特將焦點轉向影響領導風格選擇的三大關鍵因素：領導者自身的特質、下屬的特性與準備程度，以及整體組織與任務所處的環境條件。他們強調，任何有效的領導決策，都應兼顧這三項構面，因為這些因素不僅互相交織，更深刻地形塑了領導行為的邊界與可能性。

第一項是「**領導者方面的因素**」。每位領導者都帶著其過往經驗、性格特質與價值觀進入管理場域，這些內在特質會深刻影響他對權力、責任與人性的看法。例如，有些管理者堅信「權力應由上而下集中運用」，傾向獨斷決策；另一些則強調「每個人都有參與的權利」，更願意採取協商與共享權力的模式。同時，領導者對下屬的信任程度也將直接影響其授權深度：當一位經理相信團隊有能力並願意承擔責任，他便更可能開放決策空間；反之，若其對他人能力或動機抱持懷疑，則多半傾向緊抓控制權不放。此外，領導者的安全感與風險承受力亦是關鍵——有些人習慣掌握可預測性，較難容忍模糊與開放的決策過程，這會限制其領導風格的彈性與轉換能力。

第二項是「**下屬方面的因素**」。與領導者一樣，每位員工也都有其期望與偏好，有些人渴望自主與參與，而有些人則偏好明確指令與穩定結

構。領導者在評估團隊時，應留意成員是否具備下列幾項條件：一、願意主動承擔責任；二、具備完成任務所需的知識與經驗；三、對任務本身感到興趣與認同；四、了解並支持組織整體目標；五、能在不確定性中自我調適並做出判斷。若多數條件具備，則團隊較適合採取高參與的領導方式；反之，則可能需更多引導與明確規範。

第三項則是「**環境與任務的因素**」。這裡涵蓋組織文化、團隊成熟度、任務複雜性與時間壓力等變項。舉例來說，若一個組織原本就強調垂直指揮與流程控制，即使新任領導者希望推行參與式決策，也可能遭遇來自結構與制度的抗拒；同樣地，當一個任務本身具有高度技術性或依賴跨部門合作時，開放員工參與反而能提升效率與成果品質。再者，若組織正處於危機狀態或須迅速反應，則集中決策可能是必要之舉。換言之，環境提供了領導選擇的限制與機會，而非單純的背景因素。

透過這三大構面的整合分析，坦寧鮑姆與施密特提醒領導者：有效領導並非尋求「一體適用」的萬靈公式，而是對人、事、境進行有機整合後所做出的最佳回應。真正成熟的領導行為，是對變動條件的高度感知與靈活調適，而非對固定風格的僵硬模仿。

9. 從戰術到策略：領導者的長期思維

在現實職場中，領導者往往忙於處理日常問題與立即任務，對應的領導風格也多半呈現出戰術性的反應。坦寧鮑姆與施密特指出，這樣的做法雖然在短期內能維持組織運作，但若領導者始終停留在「應變」層次，便無法為組織帶來真正的成長與進化。因此，他們強調領導者必須逐步將思維從戰術提升到策略層次，意即：不僅考慮當下應該如何領導，更要主動

三、領導風格的彈性實踐：〈如何選擇領導模式〉

設計組織未來可以如何被領導。

所謂策略層次的領導，是指在可控制的時間範圍內，領導者有意識地培養自己與下屬，使未來能更具彈性地應對各種領導情境。例如，一位領導者若發現自己對放權感到不安，便可藉由學習與觀察逐步強化心理安全感與判斷力。同樣地，若團隊成員尚不具備自主決策所需的能力與經驗，領導者也應規劃適當的訓練與資源支持，使團隊在未來具備承擔更多責任的條件。這種有系統、有目的的培力，正是一種策略性的領導投資。

此外，這種策略性的思維也促使領導者不再僅僅根據「目前的條件」來選擇領導風格，而是開始反思：「我希望五年後，團隊能具備什麼樣的決策能力與責任感？我該從今天開始如何設計互動與制度，才能逐步達成這個目標？」這種觀點的轉變，讓領導不再只是權力的使用問題，而是一種組織設計的長期工程。

值得注意的是，策略性的領導不意味著拋棄靈活性。相反地，它是一種更高階的靈活──不是只在事件發生時反應，而是在未發生前就已經做出布局。它也不是盲目樂觀地相信「放手總是對的」，而是懂得如何在現實條件下鋪設可持續的信任基礎，讓每一次的參與與授權都有成長性的意義。

因此，真正高明的領導者，不僅關注「今天我該採取哪一種領導方式」，更思考「明天我的組織應該具備什麼樣的領導能力」。這種策略性的眼光，使領導者從單純的執行者轉變為組織文化的塑造者與未來能力的建構者，也為領導模式的選擇提供了更深一層的價值依據。

10. 成功領導者的核心素養

　　總結坦寧鮑姆與施密特的分析，他們並未將「成功的領導者」簡化為某一特定風格的實踐者，也未將「民主」與「權威」視為二元對立的選擇題。他們所描繪的，是一種具備高敏感度與高彈性、能精準評估條件與做出因應調整的行動者。

　　在他們看來，成功的領導者必須具備兩項不可或缺的素質。第一，是「對現實情境的深刻理解力」。這意味著，領導者必須能同時掌握自己、團隊與環境的真實狀態——理解自己的管理風格與情緒驅力，了解下屬的成熟程度與需求差異，並能評估當前組織的文化背景與任務挑戰。在此基礎上，領導者才能做出符合當下最佳利益的決策，而非被動套用某種理論模式。

　　第二，是「依據理解作出具責任感的行動」。換言之，領導者不僅要看清現實，更要有勇氣和能力在權力與責任之間找到合理分配點——必要時能果斷決策，適合時願意放權予人；能明確界定責任邊界，卻不逃避最終擔當。這種兼具原則與彈性的行動能力，使領導者能跨越風格的框架，真正實踐「適才適所」的領導。

　　他們強調，優秀的領導者並不執著於某一種模式的「正確性」，而是具備調整模式的「能力」與「自覺」。他們可以在需要時發號施令，也能在適當時引導參與；能在面對未成熟團隊時給予結構，在面對高成熟團隊時創造空間。最終的目標，不是塑造一位永遠正確的領導者，而是建構一個能不斷學習與自我調適的組織體。

　　在今日多變且高壓的管理環境中，坦寧鮑姆與施密特的理論提醒我們：領導不僅是一項行為技巧，更是一種持續選擇與承擔的歷程。能否在連續變動中作出適當選擇、能否在權力與信任之間維持動態平衡，正是檢

三、領導風格的彈性實踐：〈如何選擇領導模式〉

驗一位現代領導者成熟與否的關鍵指標。而這種成熟，不只體現在對下屬的授權能力上，更體現在其作為一位組織建構者、文化引導者與責任承擔者的整體視野與格局。

四、

重塑組織理解框架：《經理人員的職能》

1. 巴納德生平背景與理論起點

　　切斯特・巴納德（Chester Barnard）作為 20 世紀企業管理思想的重要推動者，其職涯與思想發展於美國電話產業的技術變革與組織擴張時代。他出生於西元 1886 年麻薩諸塞州，一個典型的新英格蘭家庭，青年時代雖未取得哈佛大學正式學位，卻在經濟學與哲學課程中培養出紮實的邏輯思維能力與對制度運作的敏感性。

　　1909 年，他加入美國電話電報公司（AT&T），開啟長達數十年的企業實務與管理歷練。從初入職場的技術與參謀崗位，到後來擔任紐澤西貝爾電話公司總經理，他逐步累積一套關於組織運作、協作關係與決策權力的獨到見解。

　　這段橫跨技術管理與組織領導的生涯經驗，為他奠定了研究現代企業中「合作系統」本質的理論基礎。在 1938 年出版的《經理人員的職能》（*The Functions of the Executive*）一書中，巴納德首次將正式組織視為一種「意識形態導向的社會合作機構」，並進一步主張，管理不只是技術控制或效率提升，更是一種社會結構下的互動行為。

　　不同於以往將企業視為純粹生產或資本結構的觀點，巴納德的理論核

四、重塑組織理解框架：《經理人員的職能》

心強調組織的生存仰賴人與人之間的有效合作、溝通與誘因交換。他從自身對電信業龐大組織網路的理解出發，形塑出一套具實證色彩又具社會哲學深度的管理觀，成為後來組織理論中社會系統學派的先聲。

在當時強調層級控制與流程效率的管理主流下，巴納德選擇轉向觀察人際互動、個人動機與組織目標之間的張力。他不認為命令即自帶權威，而是從接收者是否接受指令、是否願意配合行動，作為檢驗權威是否成立的基礎。這一點與他在 AT&T 長年管理基層與中高層的經驗密不可分，因為他清楚看見，真正讓一個龐大的通信系統運作順暢的關鍵，不在於上層制定的政策本身，而在於每一位執行者是否願意主動協作。正因如此，他認為管理的第一職責不在於控制，而在於建構一個讓合作成為可能的制度環境。

巴納德的理論之所以深具影響力，並不只是因為他提出了理論模型，更在於他以實務經驗出發，說明經理人如何成為資訊傳遞的中心、如何辨識合作意願的形成機制、又如何透過組織設計與人際誘因，維持一個持久穩定的合作架構。這種以制度與人性互動為核心的分析方法，後來成為組織行為與社會心理學領域的重要參考基礎。

2. 組織作為合作系統的概念與條件

在巴納德眼中，組織不是一個靜態的結構，而是一種動態的合作系統，這正是他對當代管理思維最深遠的貢獻之一。相較於古典學派將組織視為分工與層級的集合，巴納德認為組織的本質應從「合作」這一社會互動出發。

所謂合作，不單是多數人齊聚一堂執行任務，而是一種建立在共同目標、資訊流通與自願參與基礎上的社會互動模式。組織能否有效運作，端

2. 組織作為合作系統的概念與條件

賴參與者願意為實現某種集體目標而調整自身行為，這也是他所稱的「合作意願」之核心。

在《經理人員的職能》中，巴納德界定正式組織為「有意識協調兩人以上行動的系統」，這個定義排除了偶然性的群體，也超越僅靠命令維繫的結構。他強調，合作行為的產生需要特定條件，並非自然發生。首先，每位參與者都必須有足夠的誘因願意加入組織。這些誘因可以是物質的（如薪資、職位）、社會性的（如地位、認同）、也可以是心理層面的（如成就感、價值實現）。其次，組織必須讓這些參與者相信，他們的投入與貢獻能對實現組織的整體目標有所助益。缺乏這樣的心理認同，合作將無法穩定維持。

在這套理論中，巴納德也區分了兩種目標理解：一是合作性的理解，也就是站在整體利益的角度看待組織目標；另一則是個人性的理解，即從個人利害關係出發的目標認知。他指出，這兩種理解之間若無法調和，就會造成組織內部的合作阻力。因此，組織的運作不應只是自上而下的命令傳達，而需要一種能讓個人目標與組織目標達成某種程度契合的設計。在這樣的觀點下，經理人的職責也不再只是下達命令，而是成為促進目標共識的中介角色。

此外，巴納德特別強調資訊在合作系統中的關鍵角色。他認為，合作行為的發生與維持，必須仰賴穩定且雙向的資訊交流。沒有清楚、連貫的資訊流通，組織成員不可能理解彼此的角色，也難以對目標產生共鳴。為此，他主張組織應建立一套有效的資訊網路，讓每一個成員都能在組織中找到回應與溝通的節點。這不僅有助於任務執行的順暢，更能強化組織成員的參與感與認同感。

值得注意的是，巴納德並未忽視個人自由意志的存在。他指出，人們是否選擇參與一個組織，取決於他們個人的價值觀與動機判斷。因此，管

四、重塑組織理解框架:《經理人員的職能》

理者的任務之一,就是提供足夠誘因、創造合作環境,使個人在追求自身目標時,願意同時為組織付出。這種誘導並非強制,而是透過一種「雙向契約」的精神完成:個人獲得滿足,組織得以運行。

最後,巴納德進一步將組織視為多重系統的集合體,包含物理系統(工具、技術)、人的系統(行為、動機)、社會系統(價值交換)、與組織系統(制度設計)等。這種多層次系統的整合,使他能從更宏觀的角度審視組織如何達成其存在目的。合作行為因此不再只是執行者的被動反應,而是社會環境、個人選擇與制度設計交互作用的結果。這也正是他主張「合作是組織存續的核心條件」的根本理由。

3. 正式組織的三大構成要素與其運作邏輯

巴納德在探討正式組織的本質時,提出三項基本構成要素:合作意願(willingness to serve)、共同目標(common purpose)與資訊溝通(communication)。這三者並非彼此獨立,而是組成有效合作系統的有機整體。若缺一,組織即無法運作;若失衡,則可能陷入效率低落或內部失序。

與當時主流的結構導向管理觀點不同,巴納德所主張的是一種以人為中心、強調互動與制度整合的組織觀。

首先,「**合作意願**」被視為組織得以成立的首要條件。巴納德認為,人是否願意參與合作並非理所當然,而是來自於個人動機與誘因的綜合判斷。組織須透過制度設計,提供足夠的物質與心理報酬,讓成員相信投入合作對自己有價值。他強調,合作是一種自我抑制的選擇,意味著個人願意接受規範、放棄部分自主權,並與他人協調行動。若缺乏足夠誘因,或制度無法促成公平與信任,合作意願將迅速瓦解,組織僅會淪為空殼。

3. 正式組織的三大構成要素與其運作邏輯

其次,「**共同目標**」則是讓合作意願聚焦並產生持續動能的關鍵。巴納德指出,組織目標若僅存於高層口號或文件表述中,難以驅動實際行動。真正有效的目標,必須能被全體成員理解、接受並內化為自身努力的方向。因此,管理者需持續扮演目標詮釋者與溝通者的角色,將抽象願景轉化為具體語言與實踐方式。當目標無法被基層成員認同時,即使組織架構再嚴謹,也無法達成整體協力。

第三項要素是「**資訊溝通**」,亦即組織之間得以協調、調整與反應變局的神經系統。資訊傳遞不應只是自上而下的命令鏈,而應涵蓋橫向與向上之流,讓不同層級能掌握整體脈動並調整自身行動。巴納德主張,資訊系統必須制度化與習慣化,也就是成員應清楚知道該與誰聯繫、資訊如何流動,並能在緊急情況下依賴穩定的通道。他也提醒,資訊的可信度取決於來源的正當性,若發出者不具備授權或不受信任,即使資訊正確,也難以驅動行動。

這三項要素之間並非線性關係,而是互為條件、共同支撐整體合作機制。例如,若資訊傳遞不良,合作意願即難以建立;若目標模糊,資訊再清楚也無法形成有效行動;若缺乏合作意願,資訊與目標皆成空談。巴納德正是藉由這種系統思維,建構出一套與古典管理學不同的組織理解架構 組織不再只是由上而下的控制系統,而是一個動態整合人性、制度與資訊的合作場域。

在實務上,這三大要素的落實往往仰賴管理者的設計能力與文化敏感度。例如,為提升合作意願,組織需設計具吸引力的誘因制度,並創造被尊重與成就感兼具的環境;為確保目標可理解且具實踐性,須不斷透過會議、文件與口頭溝通強化方向;為維繫資訊通暢,則需建立正式與非正式並行的溝通管道,讓成員在制度之內也能有彈性對話的空間。

總結而言,正式組織並非僅靠制度與結構即能運作,而須建立在合

四、重塑組織理解框架:《經理人員的職能》

作、共識與溝通的整合邏輯之上。巴納德對這三項要素的深入分析,揭示了有效組織背後所需的心理動力與社會條件,也為後來的組織行為與制度設計提供了深遠啟發。

4. 非正式組織的動態功能與管理策略

在巴納德對組織運作的描繪中,「非正式組織」(informal organization)從來不是附屬於正式制度的邊角角色,而是一套與制度結構平行運作、深植於人際互動與文化網路中的潛在系統。他主張,非正式組織不但普遍存在於各類型組織中,更在資訊流通、情緒支持、價值塑造與合作穩定等層面扮演了無可取代的角色。

對管理者而言,關鍵不在於是否承認非正式組織的存在,而是如何理解、引導與活用這股潛流,使其成為組織韌性與效率的催化劑。

非正式組織的本質,在於人與人之間自然形成的連結關係,而非由制度刻意設計。這些關係可能基於共同價值觀、部門文化、情感支持或工作習慣逐步累積而成,既跨越部門層級,也難以被圖像化管理。儘管非正式組織無明文規範,但其在日常溝通與互動中,實質影響著成員對決策的態度與行為選擇。舉例而言,許多跨國企業的重要訊息往往不是透過會議紀錄傳遞,而是在茶水間、線上聊天室或小型聚會中形成共識,這些過程即是非正式網路的真實展現。

巴納德認為,非正式組織的首要功能是**補足正式溝通的不足**。當正式制度無法即時反應、或無法涵蓋所有情境時,非正式管道能提供彈性與即時性,讓成員快速分享資訊、交換意見或釐清誤解。他指出,這類「灰階資訊」在關鍵決策前往往能提供輿情風向與內部預警。

第二項功能是**強化合作意願與行為規範**。組織文化與群體期待透過非正式互動逐步建立，當同儕普遍認同某種行為準則，即使無明文規定，也能形成有效約束力；反之，若非正式組織與正式價值脫節，則可能演變為負面派系、小圈圈文化或抵制行動，削弱組織凝聚力。

第三項功能則與**心理支持與個體尊嚴**密切相關。巴納德指出，人們投入組織不僅為了報酬，更在於被理解、被認可與歸屬的心理滿足。而這些需求往往無法由正式制度直接供給，只能透過非正式關係慢慢建構。因此，那些擁有穩定非正式網路與支持性文化的組織，更能降低員工流動率，增強組織忠誠與承諾感。

然而，非正式組織也潛藏風險。當缺乏引導與監督時，其內部價值可能與組織整體目標產生背離。例如，資深員工形成排他圈、私交群體扭曲資訊流、或某些非正式領袖影響決策走向等現象，皆可能侵蝕正式制度的正當性與公信力。因此，巴納德主張，管理者不應壓制或放任非正式組織，而應以「維持適當距離的連結」為策略核心。具體做法包括：培養具影響力的非正式領袖，將其納入文化轉譯與價值推廣角色；設計跨部門交流平臺，如午餐會、內部論壇或匿名反饋機制；或讓非正式聲音在政策制定初期即有參與機會，而非僅作為事後溝通對象。

總結而言，巴納德對非正式組織的見解，為現代組織行為學揭開了人性與制度交錯的真實樣貌。他提醒我們，真正有效的管理並非只靠命令與制度，而是在於是否理解組織中人際關係的流動脈絡。當正式與非正式兩套系統能夠互補協作時，組織才能在制度的剛性與文化的柔性之間找到持續進化的平衡點。

四、重塑組織理解框架：《經理人員的職能》

5. 經理人員的四項職能與實務詮釋

巴納德在建構組織系統與人際合作架構之後，進一步將經理人員的角色明確化，提出四項核心職能：建立資訊系統、獲取服務、確定目標與確保合作。這四項職能不僅勾勒出管理者在組織中的任務分配，也映照出管理作為一門社會實踐的複雜性與人際性。

第一項職能是「**建立與維護資訊系統**」。對巴納德而言，資訊並非單純的技術流程，而是組織運作的神經系統。經理人員的基本職責在於確保資訊的上下通透、橫向連結與節點反應，都能高效運作。他強調，組織的設計不應僅著眼於結構，而必須將人與職位的配對、溝通路線的暢通，以及非正式組織的潛在影響都納入考量。例如，若一個組織在資訊傳遞過程中層層遞延、訊息扭曲，那麼無論制度設計多完美，實際操作都可能陷入效率低落、責任模糊的困境。

巴納德也指出，資訊的權威性建構是一個關鍵問題，若經理人員本身不被視為具備權威的人選，則無論其資訊是否正確，都將無法獲得信任與落實。

第二項職能是「**從組織成員獲得必要服務**」。這不僅涉及人力招募，更關乎如何維持組織的能量與合作意願。巴納德特別指出，服務的取得不應單純理解為聘雇關係，而是一種誘因的配置與信任的交換。他強調管理者應該掌握的不只是物質誘因（如薪資），還包括社會性與心理性誘因，如地位、尊重、參與感等。舉例來說，若一位員工感受到自己的貢獻受到肯定，即使薪資並非最高，仍可能選擇留任並積極投入。反之，若制度設計忽視員工的價值感，則即使提供誘因，也無法喚起真誠的投入。這樣的洞察，使巴納德被視為早期將「人」納入組織資源核心的管理思想先驅。

第三項職能為「**確定組織的目的與目標**」。這項職能並非專屬於最高層管理者，而是遍布於整個組織的決策網路。巴納德主張，目標的制定應從整體任務出發，逐層分解為各部門乃至個人的日常作業任務，並在此過程中持續修正與調整。這代表目標不只是事前規劃的產物，更是動態生成的過程。在這一過程中，管理者需同時考量組織整體方向與現場執行可能性，並確保每一層級都能理解自己在實現目標中的角色。舉例而言，一家製造業若設定「減少20%生產成本」作為整體目標，管理者必須讓每個部門理解其所扮演的部分——是來自原料成本控管？製程效率提升？還是減少退貨率？沒有這樣的拆解與對焦，組織將無法形成共識，也難以落實策略。

最後一項職能是「**確保成員的合作活動**」。這不僅是一種行政控制，更是一種價值激發與文化建構的行為。巴納德認為，合作的形成並非自然而然，它需要持續的教育、說服與示範。管理者必須創造出讓成員願意參與的氛圍，這包括信任的建立、共同語言的形成以及對未來的希望。他將管理者形容為合作的設計者與催化者，需要懂得什麼時候用誘因、什麼時候用價值訴求、什麼時候應該從權威位置退下來，以平等身分傾聽團隊聲音。

這四項職能之間並非彼此獨立，而是互為因果、相互補足。例如，資訊的有效流通有助於目標的準確設定；而合作意願的培養，也有賴於清晰可見的目標與誘因制度。從實務角度來看，這種職能組合為後來的管理理論鋪設了基礎。今日許多績效管理制度、人資策略與組織發展流程，仍可在巴納德所述的邏輯中找到雛形。

更關鍵的是，這四項職能揭示了巴納德對管理角色的理解——不是只會下達指令的控制者，也不是單純強調效率的流程設計師，而是一個能在價值、制度與人際之間保持動態平衡的社會建構者。這種觀點，不僅在當時已展現超前的視野，也為管理理論的後續發展注入了倫理與人性的深度。

四、重塑組織理解框架：《經理人員的職能》

6. 權威的本質與接受理論

巴納德對權威的理解，在管理思想史上具有顛覆性的意義。他並未將權威視為源自組織地位的自然產物，而是從「被接受的程度」來定義。換言之，權威不是上位者主觀擁有的權力，而是下位者主動承認的結果。這一觀點徹底顛覆了傳統管理理論中「權力自上而下」的線性模式，轉而強調人際互動中的認同與回應。

巴納德提出一項關鍵的判準：一項命令若能產生權威，須經過接受者的「四重過濾」。首先，接受者必須能理解該命令的內容；其次，必須相信這項命令與組織目標一致；第三，該命令不能與自己的個人利益明顯衝突；最後，接受者在體能與心理上必須有能力執行這項命令。只有當這四項條件同時滿足，命令才具備權威性，才可能轉化為有效行動。這種設計，將「管理命令」從單向輸出轉為雙向互動，其本質不再是服從，而是共識。

更進一步地，巴納德提出「無差別區」（zone of indifference）的概念，指的是組織成員對某些命令會無條件接受、不作評估的範圍。這一區域的大小，取決於個人對組織的認同感與獲得誘因的程度。如果組織能提供足夠有價值的誘因，例如薪資、晉升機會、認同感等，那麼無差別區就會擴大，成員對上級指令的接受度也相應提高。反之，若個人感受到的誘因不具吸引力，其對權威的接受範圍也將縮小，進而影響組織運作的穩定性。

這樣的理解，也讓權威成為一種動態協商的結果，而非靜態的制度安排。例如，在一間新創公司中，若創辦人只是仗著創始身分下達命令，卻未能清楚說明決策背後的邏輯、未能展現個人專業或理解員工所關注的利益，那麼其命令很容易在內部遭遇抵抗。而若這位創辦人能透過透明溝通、情感交流與共同參與，建立起成員對其動機與能力的信任，那麼即使是高度要求的指令，也容易被內部所接受。

巴納德所強調的「接受權威理論」，在今日可視為心理契約（psychological contract）與領導授權理論的雛型。他不認為權威來自制度職位本身，而認為它來自人與人之間的相互感知與認定。這個想法對後來的領導理論造成深遠影響，包括凱資與卡恩（Katz & Kahn）的角色理論、弗雷德里克·歐文·赫茨伯格（Frederick Herzberg）的雙因素理論（Two-factor theory），以及現代組織中強調領導透明度與組織公民行為的研究成果，都可在此見其源頭。

值得注意的是，巴納德對於領導者人格特質的要求非常嚴格。他指出，經理人員要具備的不只是管理技巧，更需要能被部屬信任、尊敬甚至效忠。這種信任，必須透過一致性的言行、對人性的尊重與清晰的道德信念來建構。因此，權威的行使，最終指向的是「人格的說服力」，而不僅是命令的制度來源。

綜上所述，巴納德的權威理論從本質上推翻了機械式的組織觀，轉向一種動態的社會交換觀。他不再強調指揮者的權力正當性，而關注接受者的認同機制，從而為管理實踐注入更多倫理與心理層面的考量。這樣的觀點不僅讓領導權威更具彈性與適應性，也預示了未來組織中「柔性領導」與「參與式管理」的發展趨勢。

7. 組織目標的建立與分層決策機制

在組織管理中，目標的設定與決策的層級化是確保長期穩定運作的根本架構。巴納德認為，一個組織是否能有效運作，不在於是否訂出一個宏大的願景，而在於這個願景能否被具體化為多層次、可實施的目標架構，並在每一個層級上形成對應的責任與行動。目標若只是掛在牆上的標語，

四、重塑組織理解框架：《經理人員的職能》

而無法引導具體行為，那麼對成員而言將毫無感召力，反而可能成為組織信任感崩潰的開端。

在巴納德的架構中，最高層的經理人員負責設定整體性的策略目標，這些目標不僅表達組織存在的理由，也構成各部門與下屬單位工作的方向指引。例如，一家企業若將「永續發展」作為核心使命，那麼中層部門便應以此為前提調整部門策略，例如採用環保材料、優化供應鏈碳足跡等具體方案，而基層管理者則需將此進一步轉化為每日作業的行為標準，如節能流程、廢棄物分類、綠色採購等。這樣由上而下的目標轉譯機制，使整個組織的行動保持一致性，並降低在執行過程中出現的價值觀落差。

巴納德特別指出，這種層層展開的目標設定，實際上也是一套「分層決策系統」的反映。他反對將決策權力集中於最高管理階層，而是強調應該讓各級管理者根據其對環境與業務的理解，進行局部性、短期性的決策。這種分層授權的做法，不僅能強化下屬的責任感，也能提升整體系統的反應速度。更關鍵的是，它讓組織中的每一位成員都成為目標實現的參與者，而非被動的執行者。當每一個人都能理解自己的工作如何與整體目標接軌，動機與投入度便自然提升。

不過，巴納德亦警示，目標的傳遞若缺乏適當的「詮釋與教育」，極易出現組織內部的目標解讀錯位。例如，高層管理者可能關注的是品牌聲譽與社會責任，但中層主管若將之簡化為「不能出錯」的壓力訊號，便可能過度保守、迴避創新，最終與初衷背道而馳。因此，他強調，經理人員不僅要設計有效的溝通制度，更要主動參與價值觀與目標的詮釋工作，將抽象的組織目標轉化為可被不同層級、不同角色接受並實踐的行動語言。

此外，組織目標的設定不應僅由上而下進行。巴納德認為，在實務上，許多決策必須仰賴前線成員的經驗與觀察。若組織無法建立一套讓基層意見上達、參與策略制定的回饋機制，那麼高層設定的目標將缺乏現場

依據與可行性。例如，一間物流公司若期望降低運輸延遲率，應不只是由高層下達指標，而需仰賴現場人員對路線瓶頸、調度流程或設備狀況的意見回饋，藉此調整策略方向。這樣的雙向機制才是健康組織的標誌，也更能提升員工對組織目標的認同感。

更深一層地，巴納德強調目標的設計必須考慮到人的主觀動機與組織的客觀需求之間的平衡。他認為，每一項目標的落實，都要能使員工看到自己參與的意義，甚至能藉由實踐組織目標，獲得個人價值的實現。這也是他在理論中屢次強調的合作基礎──個人動機與組織目的的交集。目標不是高層的命令，而是成員共同建構出的方向；決策也不是單向的授權，而是組織各層級之間信任與理解的連動成果。

因此，當我們檢視一個組織的決策品質與執行效率時，不能僅觀察其是否有清晰的指標或 KPI，更應看其是否具備一套能將整體策略落實到日常工作的轉化機制；更不能只重視上層的戰略視野，還需關注基層是否理解這些目標、是否願意為之投入、是否能因參與而有所成長。這正是巴納德在近百年前已洞察的管理本質：組織的目標，不在於紙上陳述，而在於實際行動的貫徹；而這種貫徹，來自於層層決策架構中的每一位參與者對目標的理解、認同與承諾。

8. 建立有效誘因與動機系統

在探討組織穩定與合作動能時，巴納德將「誘因」視為驅動協作的核心機制。他指出，組織中的合作並非自動產生，而是仰賴持續的激勵與回饋，才能維繫成員對目標的投入與行動。也就是說，個體是否選擇投入組織、是否持續貢獻，取決於他們是否認為自己能從中獲得意義、回報或價

四、重塑組織理解框架:《經理人員的職能》

值實現。這種思維打破了傳統將權威與命令視為合作基礎的假設,轉而將組織視為一種動態的「誘因交換系統」。

巴納德將誘因分為兩類,一類是「客觀誘因」(objective incentives),例如薪資、升遷、地位與福利等具體回報;另一類則是「主觀誘因」(subjective incentives),如成就感、被認可的情緒、參與感與認同感等心理報償。他強調,管理者的責任在於同時操作這兩種類型,並依據不同個體的動機架構加以調配。例如,對某些人而言,加薪是最具驅動力的激勵;對另一些人而言,彈性工時或參與決策的機會才是促成貢獻的關鍵。因此,誘因設計必須具備彈性與個別性,才能真正激發合作行為。

在此基礎上,巴納德提出了「誘因-貢獻平衡理論」(incentive-contribution balance),主張個體只有在感受到所獲誘因大於其投入時,才會選擇持續參與組織,否則將可能流失或降低合作意願。這一觀點不僅簡明,也在今日被廣泛應用於員工離職預測、組織承諾與心理契約研究中。舉例而言,現今許多新創公司雖無法提供高薪,卻因擁有清晰使命與高度參與文化,反而吸引並留住一群熱情投入的成員。相反地,若組織過度依賴物質報酬而忽視心理回饋,則易導致成員出現「情感枯竭」,甚至出現被動服從與組織疏離的現象。

巴納德也提醒管理者,過度操作誘因可能反而適得其反。他稱之為「過度誘因」(over-incentivizing)問題,即當組織將所有行為都套入報酬對價邏輯時,可能削弱成員的內在動機與自主性。例如,當教育體系將教師績效完全與學生考試成績綁定,可能迫使教師放棄對學生全人發展的關照,只專注於應試策略,進而損害教育初衷與職業倫理。

有效的誘因制度不僅仰賴制度設計,更需要管理者具備「說服」與「價值溝通」的能力。巴納德指出,誘因的運作若僅止於報酬發放,終將淺薄無力;但若能透過文化塑造與願景傳遞,使組織目標轉化為個人目標

的延伸，則成員便能在情感上與組織連結，進而主動貢獻。他認為，這樣的說服不是操弄，而是一種建立共鳴的價值對話，強調的是讓人們「願意」而非「被迫」參與。

值得注意的是，這套誘因系統必須有長期一致的制度支持，否則將失去信任基礎。當組織領導者口號與行動不一、制度與價值出現落差，成員便會懷疑誘因的真實性與正當性，合作動力也隨之崩解。因此，巴納德強調，誘因制度不僅是激勵工具，更是組織信任與合作穩定的支柱。它的設計，既要公平、透明，也要能容納多樣的動機需求與個人價值。

總結而言，巴納德的誘因理論提供了組織合作的雙重支撐──制度誘導與心理共鳴。他提醒我們，穩定而有效的組織，不建立在命令與控制之上，而是仰賴一套能讓人願意參與、願意留下、願意承擔的激勵邏輯。這不只是管理技巧，更是人性理解與價值整合的實踐藝術。

9. 資訊系統與管理者的中樞角色

在巴納德對組織的觀察中，資訊系統並非單一的技術結構，而是一套貫穿整體、維繫穩定與效率的神經中樞。他將資訊流通比喻為人體神經，指出若資訊傳遞失靈，組織將如同中樞癱瘓的機體，喪失協調、決策與行動的整合能力。從這個比喻出發，巴納德強調資訊系統對組織生存至關重要，尤其在變動劇烈的外部環境中，能否維持流暢、即時且具有權威的資訊交換機制，將直接決定組織的應變能力與穩定程度。

資訊系統的構成不只是硬體設施與技術平臺，更關鍵在於其內部的制度設計與人員配置。巴納德認為，每一項職位都是資訊節點，應具備明確的溝通對象與責任界線。

四、重塑組織理解框架：《經理人員的職能》

　　資訊通道的設計應具有可預期性與制度性，使得組織成員在例行與突發情況下皆能迅速辨識訊息來源、上報路徑與回應機制。他特別主張「通道習慣化」(habitual lines of communication)原則，認為只有經常使用的溝通管道，才能在壓力情境下自然發揮效能。否則，一旦組織面臨危機或人員異動，若無備援或臨時代理制度補位，整體資訊流通即可能斷裂，導致決策癱瘓。

　　在這個系統中，經理人員扮演不可或缺的中樞角色。巴納德指出，管理者不只是命令的發布者，更是資訊過濾與再分配的節點。他們需具備判斷資訊價值的能力，能夠辨識何者應上報、何者需即時回應、何者應保留觀察，並根據組織目標調整資訊流向。這樣的判斷不只來自制度授權，更仰賴管理者個人的素養與信譽。他強調，資訊的說服力取決於訊息傳遞者的「職位合法性」與「人格信賴度」是否並存。一位即使擁有職權的主管，若無法展現誠信與理解，將無法讓資訊在組織中順利流動並轉化為有效行動。

　　此外，巴納德也提醒，資訊傳遞層級不宜過多。層層轉達不僅稀釋訊息的真實性，也延遲組織的反應速度。他主張應盡可能縮短傳遞距離，建立直接通報機制，使資訊能在最短時間內抵達具決策權限的節點。他也主張上下對應應清楚，例如每位成員皆應有一位上級作為固定的回報對象，如此可減少訊息漂浮或責任不清的現象。

　　值得注意的是，巴納德並未忽視非正式資訊網路的影響。他指出，許多組織中的關鍵訊息，往往不是透過正式通報，而是藉由茶水間對話、線上討論或私下交談傳遞。這類非正式網路，雖不具制度性，但對於預警、情緒回饋與建立信任具有重要價值。因此，他主張組織應正視這些潛在資源，透過觀察與理解，將其納入管理視野之中。換言之，資訊系統的健全，不應僅仰賴結構設計，更應結合文化理解與人際網路的運用。

綜合而言，資訊系統對巴納德來說，不只是組織的傳訊管道，更是管理者展現協調力與治理能力的核心場域。管理者是否能妥善設計資訊制度、善用正式與非正式通道、並維繫權威與信任的基礎，決定了整個組織能否持續穩定地運作與進化。在資訊驅動的當代組織環境中，這項洞見依然深具啟發性，也為資訊治理與組織設計奠定了深厚的理論根基。

10. 管理者的權威運用與無差別區

巴納德對權威的理解，徹底改變了古典管理學將命令視為自上而下的單向權力觀。他不認為權威來自於高位者的職權，而是取決於接受命令者的主觀認可。也就是說，一項命令之所以具備效力，不在於它是否被發出，而在於它是否被接收與實行。這樣的觀點顛覆了傳統組織論中「上對下」的支配邏輯，轉而將焦點放在組織成員對指令的主觀評價與接受條件。

巴納德進一步提出四項條件作為檢驗命令是否具有權威的標準：第一，接受者必須能夠理解該命令；第二，接受者必須相信該命令與組織目標一致；第三，接受者必須認為該命令不違背其個人利益；第四，接受者必須在體力與精神層面上具備執行該命令的能力。只要其中一項未被滿足，這項命令便可能遭到拒絕或被忽略。

巴納德藉此提醒管理者，權威並非絕對，而是一種基於認同與信任的社會性互動。若忽視這些條件，即使形式上擁有職權，也可能淪為無效的領導。

為了說明權威在組織中如何實際運作，巴納德提出「無差別區」（Zone of Indifference）的概念。這個區域代表組織成員在未經太多思考的情況下

四、重塑組織理解框架:《經理人員的職能》

願意接受的命令範圍,只要命令落在這個範圍內,員工通常會無條件服從。然而,這個區域的寬窄並非固定,而是會隨著個人對組織的投入程度、誘因滿足與組織信任感而擴張或收縮。例如,一位深具使命感且對組織高度認同的員工,其無差別區將遠大於一位僅為薪資工作的員工。這使得管理者在施展權威時,不僅要考慮制度與職位的正式權力,更須精準理解成員對於命令的心理接受度。

在此基礎上,巴納德區分了「職位許可權」與「領導許可權」兩種不同層面的權威來源。前者來自於組織正式架構與制度設計,是管理者因身處某一職位而自然獲得的職能性授權;而後者則來自管理者個人特質,如專業能力、人格魅力、信譽與經驗等。這兩者需相輔相成,才能產生真正具有穿透力的領導。例如,若一位主管僅憑職位行使命令,但缺乏實務能力與同理心,則其命令再多也難以被真正信服。相反地,一位具有高度領導許可權的管理者,則即便在制度授權不明確的情境下,亦能獲得成員的自發合作。

此外,巴納德特別強調,管理者在運用權威時,應清楚界定自己的決策是否出自組織目標,而非個人偏好。他提醒,當管理者誤用權力以遂個人目的,不僅會破壞成員對組織的信任,也將縮小其無差別區,削弱權威的正當性。因此,一個能夠長久維持組織運作穩定的領導者,並非權力的濫用者,而是能以正當與公平原則,調和組織目標與個人期望的整合者。

總結而言,巴納德的權威理論不僅重新定義了命令的本質,也賦予管理者更高層次的責任。有效的領導不僅來自於制度的背書,更來自成員的認可與信任。無差別區的存在提醒管理者:權威不在強制命令,而在於建構一個讓成員心甘情願服從的價值環境。這種以合作為基礎的權威觀,正是巴納德社會系統理論的核心,也是現代組織領導理論的重要基石。

五、

董事會治理的多面向分析：《董事》

1. 作者背景與研究脈絡

　　在公司治理領域，鮑勃・特里克（Bob Tricker）無疑是極具指標性的學者之一。他長期投身於對董事會與公司結構運作的深度研究，並致力於在管理學與法律制度之間搭建出一條清晰的分析途徑。其研究涵蓋公司治理的功能性設計、董事會作為集體決策單位的角色演變，以及企業組織在制度約束與市場動態下的行為模式，這些議題構成他學術生涯的核心範疇。

　　特里克將董事作為企業權力結構中的中樞視為理論探索的起點，進而揭示出董事不僅僅是組織內部的一級角色，更是連接公司內部運作與外部責任之間的治理橋梁。

　　特里克的學術視野並不侷限於特定法域或企業型態，而是從全球化與制度多元的角度審視公司治理的通則。他所強調的，是一種跨越公司規模、組織形態與所有權結構的普遍分析邏輯，並將董事會視為集體決策、監督與問責的制度性節點。在這樣的視野下，傳統對董事會職能的理解，例如策略制定、資源分配、管理層監督，均被置於更廣泛的治理語境中重新詮釋。特里克不僅探討董事個體的法律責任，更關注董事群體作為集體

五、董事會治理的多面向分析：《董事》

機構時所呈現出的互動行為、權力分布與組織文化。

此外，特里克對公司治理的制度演進尤為關注。他指出，隨著公司規模日益擴張，股東與管理階層的分離已成為結構性常態，使得董事會所扮演的角色日益關鍵。從制度設計的角度觀之，董事會不再僅是形式性的監督者，而是治理系統中的主動參與者，需承擔起協調利害關係、確保組織正當性與可持續性的任務。這也使得特里克對「董事會何以有效」的問題，有著一套獨特且具有啟發性的詮釋系統。

特里克的學術貢獻不只在於提出了公司治理的理論模型，更重要的是，他提供了一種理解董事會如何在制度邏輯與實務現場之間運作的分析架構。這套架構並非僅為理論而理論，而是著眼於制度功能的實踐性與持續性，對當代組織治理的研究與實務設計都具有深遠的啟發性。

2. 董事職責與組織角色定位

董事在現代公司治理架構中，扮演的是一種兼具策略思維與制度責任的中樞角色。他們既非單純的管理階層，也並非外部監督機構，而是位於組織結構與法律責任之間的權責交匯點。董事的主要任務在於確保公司整體運作與其長期目標保持一致，並在組織內外環境變動之中維持決策的連貫性與正當性。這樣的角色定位，使得董事的任務必須超越單一部門或職能的管理，轉而聚焦於企業的整體策略、資源調度與治理效能的維繫。

在法律意義上，董事對公司負有受託義務，這包含忠誠義務、善管義務以及行為的合理性。這些義務的內涵要求董事在決策過程中不僅必須保持誠信與專業，還必須以公司整體利益為唯一依歸。由於董事通常不直接參與日常營運，其職責更集中於方向性判斷與重大決策的把關，這也顯示

出董事與執行階層之間在治理層次上的分工。董事會作為集體實體的存在，進一步彰顯了其決策的集體性與制度性，這與個別高階經理人的操作判斷有所區別。

從組織結構的視角觀察，董事並不屬於傳統的職能部門鏈條，而是存在於一個橫向、跨部門的治理層級。他們不直接負責某項營運任務，而是透過設定策略方針、監督資源配置、授權並評估執行績效等機制，影響企業運作的整體方向。這種治理層級的特殊性，來自董事角色的制度性保障與其獨立於營運體系之外的定位。正因如此，董事必須具備足夠的組織視野與決策判斷力，才能在資訊不對稱與利害關係交錯的條件下，做出具有正當性與遠見的判斷。

此外，董事的角色也深深嵌入於公司與其利害關係人之間的信任機制當中。無論是股東、員工、債權人或是監理機構，均期待董事能在權力制衡與責任落實之間找到穩定的治理平衡。董事的決策不僅是一種企業內部的選擇，更是一種對外部環境回應的集體行動。這種角色的多重性與高度抽象性，使得董事的治理行為須不斷在制度責任、組織文化與外部預期之間進行動態調整。

董事在組織中並非僅是政策的制定者或監察人員，更是連結制度規範與組織行為之間的核心橋梁。他們所承擔的職責與角色，正是現代公司治理系統能否有效運作的關鍵節點之一。唯有透過明確的角色定位與制度化的運作程序，董事職責的正當性與治理效能才能在複雜組織環境中被穩定實現。

五、董事會治理的多面向分析:《董事》

3. 董事會的決策職能與監督機能

在現代公司治理架構中,董事會被視為組織最高的集體決策實體,其職責不僅止於制定企業發展的長期方向,更承擔著對執行階層行動的制度監督角色。這兩項職能——策略決策與運作監督——構成董事會之所以能有效治理企業的核心基礎。雖然形式上是一個委員會型的制度機構,但其實質功能遠超出形式表決的層次,而必須在權力制衡與組織運作之間保持張力與動態平衡。

首先,董事會的決策功能主要體現在企業策略的制定與資源配置的主導上。董事會需定期審視產業環境的變化、公司內部能力與風險承受度,據以制定中長期發展的藍圖。這類決策往往不僅關涉營收目標或產品布局,更涉及企業定位、治理架構調整以及資源整合等宏觀層面的方向性選擇。在此過程中,董事會需避免陷入過度操作性的干預,將具體執行留給經理人團隊,並透過審慎的提問、分析與挑戰確保策略方向具備合理性與前瞻性。

然而,僅有決策權是不足以構成有效治理的。監督機能作為董事會的第二支柱,意在確保執行階層在既定方針下行動,並就其績效與合規程度負責。董事會需設立監督制度,例如財務審查、風險管理、薪酬評估與內部稽核等機制,以制度化的方式維持經營活動的透明與穩定。監督不應流於事後追責,而是透過定期的報告、溝通與指導,構成持續性回饋的治理循環。此舉既可強化經營團隊的自律,也可降低董事會與管理層之間的認知落差。

值得注意的是,這兩種職能在實務中經常產生互動與衝突。一方面,策略的制定若未考量組織執行力,將淪為紙上談兵;另一方面,過度聚焦監督細節可能干擾執行效率與管理彈性。因此,董事會需不斷調整自身的

職能焦點，避免陷入形式化的表決流程或成為單向制約的權力中心。唯有在策略主導與監督約束之間取得平衡，董事會的治理功能才能具備正當性與實效性。

此外，不同公司類型與治理文化亦會影響董事會職能的實踐方式。例如，在公司治理成熟的企業中，董事會可能將決策職能與監督機能區分為不同的委員會處理；而在家族企業或新創組織中，這兩種功能往往高度集中且具有非正式性。這顯示董事會的有效運作並無唯一模式，而須回應組織的階段特性與外部環境的動態挑戰。

董事會作為公司治理的核心機構，必須同時肩負策略規劃與制度監督兩項關鍵職能。其挑戰不在於權限的擴張，而在於如何在有限資源與複雜治理情境中，持續調校其角色與功能，確保治理的方向性、合法性與持續性得以實現。

4. 執行董事與非執行董事之職責區分

隨著公司治理制度逐步成熟，董事會內部的角色分工愈加明確，其中最具代表性的制度分化，即為執行董事（executive directors）與非執行董事（non-executive directors）之間的職責區別。這項區分不僅是組織結構上的調整，更反映出治理邏輯從單一監控轉向多元視角與責任分層的制度演化。兩者在角色定位、日常參與與治理功能上的異質性，是當代企業治理結構得以穩定運作的核心機制之一。

執行董事通常是公司內部高階主管，同時擔任董事會成員，具備直接參與日常營運的角色。他們擁有第一線資訊，熟悉組織運作脈絡，因此在策略討論中往往能提供執行面與現實面的意見，並協助董事會了解決策可

五、董事會治理的多面向分析：《董事》

能帶來的組織性後果；然而，正因其身兼兩職，執行董事亦可能在重大決策中產生利益衝突或偏誤風險。當其判斷受到部門目標或個人職責影響時，對全體公司利益的判斷可能失準，這也正是非執行董事存在的制度理由。

非執行董事則未參與公司日常經營，通常具備外部觀點與跨領域經驗。他們的主要任務不在於操作層面，而是以第三者立場監督經營團隊、評估風險，並確保董事會運作的公正性。良好的非執行董事應當具備足夠的獨立性，能夠在未受內部人情壓力影響下做出符合股東與組織整體利益的判斷。他們往往也是審計、風險、薪酬等治理委員會的關鍵成員，藉由制度化分工減少權力過度集中於管理團隊的風險。

儘管兩類董事在角色上有所區分，但兩者並非對立，而是功能互補的制度安排。有效的董事會應透過彼此監督與合作，形成治理張力與協同作用。例如，非執行董事可針對執行階層提出關鍵質詢，揭示盲點；而執行董事則可從實務層面回應制度決策的可行性與執行風險。這種互動構成董事會內部的重要治理動能。

然而，在實務運作中，非執行董事的獨立性常遭質疑，特別是在關係企業、家族公司或政治性強烈的組織中，非執行董事往往因人際或利益連結喪失制度應有的監督功能。此外，若非執行董事僅被動參與、不熟悉產業脈絡，也會淪為象徵性存在，難以有效履行治理責任。因此，制度設計需透過任命機制、委員會制度與資訊透明化，確保非執行董事具備實質獨立性與治理能量。

執行董事與非執行董事的分工設計，是現代公司治理體系中不可或缺的雙軌結構。前者強化組織對決策脈絡的掌握與執行效率，後者則提供獨立監督與風險控管的制度保障。唯有雙方在治理實踐中各司其職、保持互動與制衡，董事會方能發揮其作為公司最高治理機構的真正功能。

5. 股東關係與董事責任演變

在公司治理的歷史演進中，董事與股東之間的關係始終是一項核心議題。傳統觀點將董事視為股東意志的代理人，其主要職責在於代表所有權人進行資源配置、政策制定與經營監督。然而，隨著企業規模擴張、股權日益分散，尤其是在現代公開公司中，這種單向度的代理關係已難以涵蓋董事責任的多樣化本質，也逐步推動了對董事法律義務與治理責任的重新界定。

首先，董事對股東負有「忠實義務」（duty of loyalty）與「注意義務」（duty of care）兩項基本責任。忠實義務意指董事在履行職務時應排除個人利益的干擾，不得利用董事職位為自己謀利，更不得將公司資源挪作私用；注意義務則要求董事在決策過程中展現合理的審慎與判斷能力，並對資訊的真實性與風險性負有查證與掌握責任。這兩項義務構成董事責任制度的法律基礎，也成為法院衡量其是否盡職的重要標準。

然而，在實務層面，董事面對的利益對象已不僅限於傳統意義下的「股東」。尤其當股權結構多元、股東間利益分歧時，董事往往必須在不同股東之間權衡取捨。舉例而言，機構投資者可能傾向短期財務回報，而家族股東或長期基金則重視穩健治理與品牌永續，董事如何在此間取得平衡，實質上超越了單一代理人的角色，反映出董事作為治理調節者的新定位。

這種轉變也促使公司法體系在解釋董事職責時納入更多彈性。例如，在美國特拉華州的判例中，法院提出所謂「商業判斷法則」（business judgment rule），主張只要董事是在誠實、無私與合理資訊基礎上做出決策，即使結果不盡理想，也不應對其追究法律責任。此舉強調董事判斷的正當程序性，亦承認企業經營的風險屬性，避免董事因過度法律壓力而喪失決策動能。

五、董事會治理的多面向分析：《董事》

同時，董事對股東的資訊揭露責任也不斷擴張。在數位化與即時財務分析工具普及的情況下，投資人對透明度的要求顯著提高。這促使董事會須主動強化資訊披露機制，不僅滿足法定財務報告的最低標準，亦需針對策略方向、風險管理與永續議題提出具體說明。資訊不對稱的減緩，對於建立股東信任與強化市場信譽至關重要。

此外，在全球監管環境日益趨嚴的趨勢下，董事責任的司法適用亦持續擴張。不論是在股東權益保護、少數股東訴訟、還是在企業併購、財務造假等案件中，董事的行為越來越可能成為訴訟焦點。各國法院對董事行為審查的標準也從過往的結果導向，轉為強調決策過程中的資訊完整性與程序正義，這代表董事責任已從靜態的法律義務轉化為動態的治理實踐。

董事與股東的關係已由單純的委託代理邏輯，演變為高度互動、資訊對稱與監督參與並存的治理架構。董事不再只是履行股東意志的工具，而是在多元利益間斡旋、並以制度設計強化信任機制的治理中樞。這樣的轉型，不僅提升了董事會的治理正當性，也使其在企業永續發展中扮演更加主動與關鍵的角色。

6. 特殊類型公司中董事角色差異

在現代公司治理的實務運作中，董事的職責與行為模式並非一體適用。不同類型的公司組織型態與控制架構，會對董事的角色定位、責任邊界與治理風格產生顯著影響。若將董事視為公司治理中的制度性角色，那麼其具體的行動邏輯與治理功能，便須根據組織背景與制度脈絡作細緻區分。特別是在子公司、策略聯盟、家族企業、合作型企業與非營利組織等類型中，董事的角色展演往往有別於主流上市公司所強調的專業治理模式。

首先,在子公司與聯營公司中,董事處於多重責任交疊的位置。一方面,子公司可能具有相對獨立的營運權限;另一方面,其董事往往是由母公司派任,需反映母公司的整體策略與資本利益。這使得子公司董事需在「忠誠於母公司」與「維護子公司合法性與營運自主性」間權衡取捨。例如在跨國企業中,母公司通常設有全球治理機制,但子公司董事仍需針對當地法律與營運風險做出判斷,避免淪為形式性角色。此種結構下的董事更像是策略協調者,而非單一公司內部的決策者。

其次,策略聯盟中的董事角色更加複雜。此類組織通常為兩個或多個獨立實體所組成的合作關係,其合作範圍可能涵蓋研發、生產、行銷或資金整合。儘管這些實體可能共同設立董事會來監管聯盟事務,但聯盟中的董事往往具有明確的利益代表色彩。這使得董事會易於政治化,成為各方進行權力博弈的平臺。此情況下的董事與其說是企業內部治理者,不如說是利益協商的使節,其關鍵職責在於建構信任機制、平衡合作者之間的權益分配與策略協調。

在家族企業中,董事則常具有深厚的歷史關係與情感資本。許多家族董事會成員不僅為股東,亦為創辦人或其直系親屬。這樣的情境導致董事會常帶有濃厚的私人性與封閉性,其運作模式多半非以專業治理為優先,而是強調家族控制、價值傳承與內部信任。在家族企業穩定期,此種模式有助於形成強大的向心力;然而在繼承轉換或權力分化階段,董事的角色可能轉向衝突管理者與制度中介者,尤其當新一代成員涉入管理時,董事會需逐步引入外部專業性以平衡內部權力結構。

至於合作公司與私有化企業,董事則面對國家政策與市場機制之間的雙重壓力。這類組織常為公營事業轉型所產生,其董事需在維持公共利益與追求財務效率間取得平衡。在此情境下,董事需對政府政策保持敏感,同時也必須對市場動態具備反應能力。部分國家為確保國家策略目標得以

五、董事會治理的多面向分析:《董事》

延續,會保留「黃金股」制度或特別席次,使政府擁有關鍵性否決權。此種設計要求董事具備高度的政策理解力與風險溝通能力,遠超一般企業對董事的期待。

最後,非營利組織中的董事與營利企業有根本性差異。他們多為志願性參與,角色定位偏向信託者(trustee)而非投資人代表。其核心責任在於維護組織使命、確保資源透明運用與回應社會責任。由於缺乏股東報酬壓力,董事的績效衡量更重視影響力、服務品質與倫理治理。然而,這也帶來董事會運作的另一項挑戰:如何界定績效標準與治理指標,使非營利組織在價值實踐與制度治理之間取得平衡。

綜上所述,董事的角色不僅受到法律制度與公司規模的制約,更深受組織性質與權力結構的形塑。在特殊類型公司中,董事往往須跳脫傳統治理模式,扮演協調者、代表人、策略解碼者與制度創新者等多重角色。這些變異型態不僅拓展了董事職責的實踐範疇,也反映出公司治理在多元制度與文化脈絡下的高度適應性。

7. 董事會結構與成員組成邏輯

董事會作為企業最高治理機構,其組織結構與成員組成不僅反映出公司權力運作的基本邏輯,更直接影響治理品質與決策效率。儘管公司法並未對董事會的內部設計給予過多規範,各類企業在實務中仍會根據策略需求、股權結構與外部監管要求,發展出各具特色的董事會結構。從治理觀點來看,董事會的效能往往取決於三個層面:職能配置的清晰度、權責劃分的合理性,以及成員多元性與專業性的平衡。

在多數企業中,董事會的成員可以區分為執行董事與非執行董事,前

者多由公司內部高階主管擔任,熟悉公司運作細節,負責決策的執行與營運的落實;後者則來自公司外部,通常具備獨立性,負責提供監督與顧問功能。此種雙元結構的設計,旨在結合內部資訊優勢與外部治理視角,避免權力集中於管理團隊,也提升對股東與其他利害關係人的責任機制。不過,董事會實際的運作效率並不僅取決於成員身分,更仰賴其彼此之間的互動模式與整體結構安排。

關於董事會的成員數量與組成比例,學術與實務界並無一致共識。人數過少,易導致資訊不足與思維侷限;人數過多,則可能因意見分歧而降低決策效率。一般而言,控制在 7 至 15 人之間的董事會最具操作彈性,既能兼顧多元觀點,又能有效促進共識形成。

在成員來源方面,現代企業日益重視專業能力與背景多樣性,期望藉由跨領域的專才組合提升董事會的戰略洞察力與風險管理能力。例如,擁有財務、法律、科技或國際經營經驗的董事日益受到青睞,而性別與族群多樣性亦逐漸成為評估董事會組成是否健全的重要指標。

除了基本的組成比例與人數安排,董事會內部亦常設若干功能性委員會,以分擔與強化治理責任。最常見的包括審計委員會、薪酬委員會與提名委員會,分別對財務透明、高階人事與董事遴選等議題提供專業把關機制。這些委員會多由非執行董事主導,其設置目的在於提升獨立性與問責機制,防止內部人控制對治理結構造成侵蝕。有效運作的委員會不僅是監督體系的延伸,也能成為策略建議的來源,讓董事會決策更加穩健。

值得注意的是,董事會雖名義上為集體決策機構,但其實際運作常受到核心人物的影響,特別是在董事長或主導股東強勢的情況下。董事長的領導風格、組織會議的方式、成員間的互信程度,往往比結構設計本身更能左右董事會的功能展現。因此,董事會治理品質的高低,終究要回到人與制度如何互動的層次,而非僅是表面的規章配置。

五、董事會治理的多面向分析：《董事》

　　董事會的結構與成員組成，不應被視為靜態的制度設計，而是動態的權力平衡與功能實現機制。它既需在法律制度與市場規範中求穩，也需因應公司所處的成長階段與策略挑戰做出調整。唯有兼顧專業性、獨立性與互補性，董事會才能真正發揮其作為公司最高治理單位的功能，不淪為形式上的機構存在。

8. 董事會內部風格與治理文化

　　董事會的組織結構固然關乎制度設計與職責劃分，但其實質運作效果，往往受到「內部風格」與「治理文化」的深層影響。這些無形的文化因素，不僅形塑出會議中的互動模式，也決定董事間如何處理分歧、建立信任，乃至於如何共同面對企業的風險與挑戰。換言之，董事會治理的實質成效，取決於制度與文化的交織，而非僅止於章程所規定的職權劃分。

　　所謂董事會的風格，指的是其內部成員在決策過程中展現出的價值觀、互動習慣與權力協商方式。依據企業的歷史沿革、領導風格與組織氣候，董事會可能傾向於形式化的議事模式、非正式的共識建立，或是具高度政治性的意見協商。部分董事會習慣由一位強勢董事長主導決策流程，此類模式可能提高決策速度，卻也可能壓縮獨立董事的發言空間；相對而言，講求平等參與與集體討論的董事會文化，雖耗時費力，卻能鼓勵多元觀點、提高決策品質，尤其有助於處理具有長遠戰略性與倫理敏感度的議題。

　　從治理文化角度來看，優良的董事會文化強調透明、誠信與責任感。這不僅體現在會議紀錄與資訊揭露的程序上，更反映於董事個人的自律態度與群體間的默契。當董事會成員普遍具備高度的組織忠誠與專業自覺時，他們更可能主動提出關鍵問題、監督管理團隊的作為，並對企業長期

價值負責；反之，若董事會文化流於虛應故事、避重就輕，即便結構再完備，也難以真正履行其治理功能。

治理文化亦會受到董事多樣性與背景組成的影響。研究顯示，在性別、專業與國際經驗等面向上具備異質性的董事會，更傾向鼓勵公開討論與理性辯論，從而培養出強化監督的文化基礎。尤其在面對如永續發展、企業社會責任或數位轉型等議題時，多元化的董事成員往往能提出更加全面的觀點，並推動董事會採取更前瞻性的治理態度。

然而，文化並非一朝一夕可以塑造，董事會的內部風格通常受到歷史積習與核心人物風格的深刻影響。例如，家族企業中董事會可能習慣依附於創辦人，缺乏結構性辯證；而跨國企業則可能出現文化碰撞，導致溝通障礙與治理偏差。在此情境下，董事長的角色尤其關鍵，需扮演文化塑造者與協調者，避免董事會淪為權力鬥爭或行政橡皮圖章。

此外，制度上的配套措施亦能強化治理文化的內在韌性。包含定期董事自評制度、外部治理顧問參與、獨立委員會定期回饋等，皆是提升董事會文化成熟度的實踐路徑。真正高效的董事會不僅靠規則約束，更仰賴成員之間深層次的信任、價值共識與問責精神。

董事會的治理文化與其內部風格相輔相成，共同決定組織治理的深度與廣度。若董事會能建立開放、誠信與協作的文化氛圍，即可超越結構本身的限制，成為企業價值創造與風險防範的重要基石。

9. 董事會的治理類型分析

董事會治理的實踐形態，並非單一模型可以涵蓋。根據組織結構、股權分布、產業背景及文化傳統等差異，全球企業展現出多元的治理類型。

五、董事會治理的多面向分析：《董事》

這些類型的區別，不僅反映董事會對於公司策略與經營的介入程度，也透露出董事會本身在權力結構中的定位與發揮作用的方式。

從實務角度觀察，理解不同類型的治理模型，有助於企業審視自身董事會的功能配置，並調整其制度以因應變化中的治理需求。

首先是「**儀式型**（Ceremonial）」董事會，這類型的董事會多半存在於高度集中權力的組織中。決策主導者通常為執行長或創辦人，董事會淪為表面形式，僅扮演程序性通過的角色。會議決策往往事先敲定，會中鮮有實質辯論。在此情境下，董事無法發揮策略建議與監督功能，導致公司缺乏制度性制衡，潛藏治理風險。此型態在家族企業或高度集權的新創公司中尤為常見。

其次是「**俱樂部型**（Club）」董事會，其成員多為彼此關係密切者，決策氛圍講求和諧與共識，強調內部人際關係的維繫。此類董事會可能重視傳統、儀式與歷史延續，但也可能因過度重視情感而排斥異議與挑戰，使公司失去對外部變動的敏銳度。俱樂部型董事會在歷史悠久、文化保守的大型企業中並不罕見，其效能往往取決於董事長的領導方式及會議透明度。

相對地，「**代表型**（Representative）」董事會則呈現高度多元與政治化色彩。此型董事會中，各成員代表不同利益集團，包含大股東、政府、勞工、外部投資人等。決策過程往往充滿角力與妥協，雖然可以反映多元聲音，但也可能導致政策搖擺不定、效率低落。在策略聯盟、合資企業或國有轉民營的公司中，代表型董事會特別常見。此治理模式需仰賴明確的議事規則與中立領導者，方能維持決策穩定。

最後是「**職業型**（Professional）」董事會，被視為成熟治理的理想形態。成員具備高度專業知識與治理經驗，能兼顧策略制定與經營監督。會議中重視事實分析與理性辯論，決策透明且具責任歸屬。此類型董事會講求結構化程序，如獨立委員會、績效評估制度與風險管理機制。雖然職業

型董事會對成員的要求較高，但能有效引導企業長期發展與利益平衡，亦為全球治理準則倡導的方向。

值得強調的是，這些類型並非互斥，亦非靜態存在。企業可能因組織發展階段、策略轉型或領導者更迭而產生治理型態的轉換。例如，一家家族企業原屬俱樂部型，但隨著外部資本進駐與專業董事加入，逐步轉向職業型模式；又或是一家多元股東組成的公司，透過強化董事會議事制度與監督機制，避免代表型失控，朝向平衡決策的方向發展。

董事會治理類型的差異，不僅影響企業決策的品質與效率，更關乎公司如何在穩定與創新、控制與彈性之間取得平衡。企業在審視自身董事會功能時，應跳脫結構設計的框架，深入評估其治理類型所反映的文化特性與權力動態，才能真正形塑出符合時代需求的治理機制。

10. 社團法人治理的五大理論模型

社團法人治理（corporate governance）理論的發展，反映出現代企業在制度與權力結構上的多重變化。隨著公司規模擴大、所有權與經營權分離，以及跨國資本流動的加劇，董事會作為治理核心，其運作邏輯與合法性基礎便成為管理學界與法律界關注的焦點。

理論上的探討試圖回答一個根本問題：董事會應如何代表組織，並在不同權力關係中保持治理正當性與功能有效性？在此脈絡下，五種主要理論逐漸成形，構成現代社團法人治理的基本典範。

首先是**受託理論**（Stewardship Theory），以「信託責任」為核心，認為董事會應由具專業能力與道德操守者組成，並代表股東意志行使管理權。此理論建基於「委託－代理」的傳統架構，視董事為股東所託付資產的管

五、董事會治理的多面向分析：《董事》

理者，要求其以誠信、勤勉與能力履行職責。該理論賦予董事高度的策略與監督職權，並視董事會為企業價值創造的核心平臺。然而，在實務上，這種模式假設董事會能有效發揮獨立判斷與內部監督功能，卻常忽略董事與管理階層間潛在的從屬與同盟關係。

其次是**組織理論**（Organizational Theory），特別包括資源依賴理論（Resource Dependence Theory）與制度理論（Institutional Theory），關注公司內部結構與制度安排。此理論主張董事會是組織運作的一部分，其功能應服務於整體效率與決策連貫性。在這種模型中，董事會不再被視為獨立的監督實體，而是一種資源整合與策略協調的制度結構。組織理論突顯了董事會與管理團隊之間的互賴關係，認為有效治理來自制度設計、程序明確與資訊對稱，而非單靠法律責任或外部壓力。此理論對大型多國企業的治理尤其具啟發性，因其強調彈性與學習導向。

第三種是**利害關係人理論**（Stakeholder Theory），其發展背景源自對企業規模過度擴張與社會責任忽略的關切。該理論主張，在所有權高度分散與股東難以實質參與經營的情況下，董事會應視自己為「公共資源」的保管者，而非僅代表股東利益。此觀點擴大了董事的責任範圍，主張其應兼顧利害關係人、環境永續與社會公平，與後來的「企業社會責任」（corporate social responsibility, CSR）倡議密切相關。雖然此理論在公司法制度上尚未完全落實，但其理念已深刻影響歐洲大陸國家與非營利組織的治理設計。

第四是**代理理論**（Agency Theory），自 1980 年代以來為最具影響力的治理模型之一。此理論強調董事與經理人之間的利益衝突與資訊不對稱，認為人性傾向利己，因此需透過制度化機制如獨立董事、績效獎酬、內部審計與股東監督等方式，來約束經理人的行為，確保其行動符合股東的最大利益。代理理論對企業風險控制、報酬設計與公司資訊揭露具有高度指

導意義，但也遭批評過度簡化治理關係，忽略信任、價值觀與組織文化的治理效應。

最後是**契約性公司理論**（Contractarian Corporate Theory），作為綜合型架構，融合代理理論與交易成本理論（Transaction Cost Theory）等觀點，試圖從經濟與制度層面解釋企業作為一種「治理契約」的存在。該理論強調，治理機制應具備降低資訊成本、縮小代理落差，並因應外部環境不確定性的功能。董事會在此理論中被視為「合約執行者」，需在靜態制度結構與動態策略調整之間取得平衡。契約性理論主張，良好治理的關鍵不在於形式結構的僵化設計，而在於是否能靈活調整制度，以符合企業成長階段與策略需求。

總結而言，這五種理論從不同視角解析董事會的功能與治理正當性，構成當代社團法人治理思維的核心架構。它們彼此之間雖有張力，卻也相互補充，無一能單獨涵蓋所有治理情境。理解並靈活應用這些理論，有助於董事會在多變的環境中重新定位其角色，進而建立具回應力與責任感的治理文化。

11. 董事會的權力配置與限制機制

董事會作為公司治理的核心機構，其權力範疇與運作邏輯不僅決定企業的運行軌跡，也深刻影響股東與管理層之間的權責平衡。傳統上，董事會被賦予全面決策與監督權限，理論上具備任命高階管理者、制定策略方針、監控經營成果、處理重大交易與法定責任等核心職能；然而，這些職能的行使並非毫無邊界，其運作必須在合法性、正當性與程序性三大維度上被妥善配置與限制，以防止董事權力的過度集中或濫用。

五、董事會治理的多面向分析:《董事》

首先,權力的分層配置乃保障治理結構穩定性的基石。雖然董事會對整體企業策略負責,但其實際運作常需依賴內部的角色區分與職責授權。以董事長與執行長為例,前者負責董事會會議的召集與議程安排,後者則多為經營層的最高負責人,具體執行董事會所決定之方針。若二者職權未加以區隔,容易出現權責混淆,削弱內部監督機能。故多數現代企業選擇將董事長與執行長職位分立,以確保董事會對經營團隊具備有效的制衡能力。

其次,董事會內部也常設置功能性委員會,如審計委員會、薪資委員會與風險管理委員會等,目的在於細化決策流程並提升專業治理水準。這些委員會大多由非執行董事或獨立董事擔任,藉此避免利益衝突並強化內控與財務監督功能。例如,審計委員會負責審核財報與內部控制制度,對外部審計師的任用具推薦權與否決權,從而在董事會層級上建立一道專業且獨立的監督防線。

再者,董事權力的外部限制則體現於法律與章程之中。公司法與證券交易相關法規對董事的責任界定明確,例如要求董事忠實履職、避免自利行為、揭露利益衝突、不得進行內線交易等。此外,多數公司章程會規定董事會需經股東會決議方可行使特定重大權限,如資本變更、併購重組或高額借貸等。這些機制設計目的在於將董事會權限置於一定的股東監督與程序審議機制下,降低濫權風險。

值得注意的是,隨著公司治理的進一步專業化,董事個人責任的界定也逐漸清晰化。不同於集體責任模糊不清的早期治理階段,現行法規逐漸強調董事個人應盡合理注意義務與忠實義務,並可在特定情境下被追究民事甚至刑事責任。這一制度變革不僅提升董事對自身職責的敏感度,也促使其在決策過程中更為謹慎與透明,避免因集體決策掩蓋個人疏失。

然而,在強化權力限制的同時,也須警惕制度過度設限導致的治理遲

滯現象。若董事會為了避免風險過度依賴程序或委員會審議，可能削弱其策略判斷與靈活反應能力，甚至形成形式主義的決策文化。故有效的權力配置應在「授權」與「制衡」之間取得動態平衡，不僅能防止權力過度集中，亦能保有董事會應有的行動能量。

董事會的權力配置與限制並非靜態制度設計，而是一種組織治理的平衡藝術。唯有在明確角色分工、程序設計與法律責任的共同支撐下，董事會才能真正發揮其作為企業長期穩健發展守門人的核心職能。

12. 董事所面臨的挑戰與現代責任擴張

在當代公司治理日益複雜與公開透明化的背景下，董事所承擔的角色已遠超過以往所認知的監督與決策職責。他們不僅需在公司內部維持策略方向與經營合理性，更須面對法律責任、道德期待與社會壓力的多重挑戰。這些變化不僅來自於市場環境的動盪與治理模式的轉型，也反映出社會對企業角色認知的轉變——董事不再只是企業的守門人，更是社會責任的承擔者。

首先，法律與規範的高度演進已大幅提升董事的責任密度。隨著各國對公司治理標準的強化，現代董事需熟悉公司法、證券法、反洗錢法、勞動法、環保法等多元規定。特別是在上市公司中，證券監管機關對董事會成員的資格審查與資訊揭露責任要求愈發嚴格，任何不當決策或資訊隱匿皆可能引發訴訟與聲譽危機。對董事而言，僅憑「善意」與「盡力」已不足以構成法律上的責任免除，必須展現具體行動與文件佐證，以證明已合理盡職。

再者，董事所面臨的挑戰不僅限於法律層面，更來自外部利益關係人

五、董事會治理的多面向分析：《董事》

的壓力。投資人、媒體、非政府組織乃至公眾輿論，對於企業行為與治理品質的檢視愈加頻繁與苛刻。例如企業在環境永續、員工待遇、數位隱私、供應鏈倫理等議題上的立場與作為，均會回過頭來檢驗董事是否已履行其責任。這樣的社會性監督機制，使董事的角色從「企業內部的監督者」轉化為「企業對外的代言人」，其影響力也因此被推向治理與公共信任的交界地帶。

此外，資訊不對稱與技術風險也是現代董事治理的挑戰來源。科技迅速演進使企業經營風險更加隱蔽與瞬變，如人工智慧應用中的倫理爭議、資安漏洞造成的數據外洩、加密貨幣投資風險等，皆可能對企業聲譽與股東權益造成重大衝擊。若董事對此等科技風險未能具備基本的理解與風險意識，即可能被視為怠忽職守。在此脈絡下，「專業導向的董事組成」已成為國際間共同推進的治理趨勢，董事不再只是名義上的象徵，而需具備實質判斷能力與專業知識。

同時，董事薪酬的透明與合理性亦逐漸成為輿論與立法關注的焦點。當公司績效停滯甚至衰退，而董事酬金卻持續增長時，將直接引發股東與大眾對治理正當性的質疑。為此，多數企業已導入與績效掛鉤的酬金結構，並要求薪酬決策程序必須透明、合理且受獨立董事審議，以建立信任與降低爭議。董事薪酬已非單純的報償問題，而是與企業公信力息息相關的治理課題。

面對上述種種挑戰，董事不僅需要提升法律素養與風險意識，更應主動學習、與時俱進，以因應職責的多維擴張。國際間也逐漸興起對董事進行定期培訓與持續教育的制度，例如企業管治學院（Institute of Corporate Governance）或專業董事認證計畫，皆旨在強化董事對新興議題的理解與應對能力。從這層意義來看，董事的責任不僅是被動的接受與履行，更是積極的學習與引導。

綜觀而論，現代董事的治理責任已由「內部控制」擴展至「公共責任」的層面。他們所面對的挑戰不僅在於如何監管企業運作，更關乎如何與社會對話、回應多元關係人的期望。唯有將董事會視為企業價值與社會信任的橋梁，方能在高度不確定性的環境中，確立其治理正當性與實質功能。

13. 董事長職責轉變與未來改革困境

在當代公司治理架構中，董事長的職責不再只是形式上的會議召集人，而是逐漸轉化為企業治理與策略引導的核心人物。這項角色的演變，反映出董事會運作的實質變化，也凸顯治理體制中關鍵領導者所承擔的多重壓力。當企業規模不斷擴張、股權日益分散、經營風險愈加複雜之際，董事長的角色從制度設計走向實務重塑，其責任已不僅限於主持會議，更涉及董事會整體效能的設計與監督。

首先，董事長的角色從象徵性領導轉向實質性協調。過去，董事長被視為董事會的第一人，負責安排會議、組織議程與維護秩序。然而，在現今高度互動與策略導向的董事會中，董事長不僅要擔任討論的主持人，更要在會前進行議題整合，協調各方觀點，使會議達成具建設性的結論。尤其在多元背景董事共同參與決策的環境下，董事長需具備高度的人際敏感度與政治判斷力，以避免意見分歧導致董事會功能癱瘓。

再者，董事長逐漸扮演治理改革的推動者。在面對企業策略重整、股東要求強化治理透明度、社會對永續發展的關注等挑戰時，董事長成為引領改革的發動者。他們需主動評估董事會成員組成的多元性、執行長（CEO）績效評量的合理性，以及治理結構是否仍適合公司長期發展。例如，許多企業已開始將董事長納入董事評鑑的責任人，並透過其主導進行獨立董事遴選與續任評估等程序，強化董事會的自我調整能力。

五、董事會治理的多面向分析：《董事》

然而，這樣的職責擴張也引發若干制度性困境。其中之一是董事長與執行長權力的界線模糊。當董事長同時兼任執行長（dual role）時，容易造成權責混淆，削弱董事會對經營階層的監督能力；而即便分職制已成為國際主流，若董事長未能保持獨立立場，也可能使治理制度淪為形式。實務上，董事長須平衡與執行長的合作與制衡關係，一方面需支持經營階層的策略執行，另一方面又要保有質疑與挑戰的能力，這項張力正是當代公司治理中最難駕馭的課題之一。

此外，董事長權責的強化並未伴隨制度支撐的完整化。許多企業仍缺乏清晰的職責說明與行為準則，使董事長在角色執行上經常依賴個人風格與經驗，而非制度化流程。再加上許多董事長由創辦人或主要股東擔任，更使其在實際運作中具備高度支配性，但未必具備治理導向的領導素養。這也說明了董事長角色改革往往受限於企業文化與權力結構的內部慣性。

最後，即便在治理變革的浪潮中，董事長的再設計也需面對外部壓力與內部惰性的雙重挑戰。投資人可能對權責清晰、治理效能提升有所期待，但公司內部成員未必具備足夠動機來調整既有流程與決策慣性；監管機構雖鼓勵角色分工與制度透明，但在執行層面往往缺乏強制規範，導致改革進程緩慢而碎片化。換言之，董事長角色的轉型並非僅靠制度設計便可實現，更需仰賴整體治理文化的提升與權力平衡的細緻調整。

董事長已不再是僅具象徵地位的「第一董事」，而是企業治理效能的關鍵設計者與改革推手。未來的董事長將面對更多來自外部市場、內部成員與制度架構的交錯期待，其能否勝任此一角色，將直接左右董事會的運作效能與企業長期競爭力。在此意義上，董事長不僅是公司治理的最高代表，更是公司改革能量的集中焦點，其角色設計與能力培養應成為當代企業轉型的重要一環。

六、

持續簡化的卓越邏輯：《追求卓越》

1. 重新定義卓越企業研究的意義與起點

在 20 世紀末期的經濟動盪與信心崩潰中，企業界急需一種能重新指引方向的典範。《追求卓越》(*In Search of Excellence*) 的誕生，正是回應這股焦慮的產物。該書由湯姆‧彼得斯 (Tom Peters) 與羅伯特‧沃特曼 (Robert H. Waterman) 合著，出版於 1982 年，源起於兩人當時在麥肯錫公司內部的研究計畫。

彼得斯與沃特曼試圖解答一個簡單卻深遠的問題：為什麼有些企業能在混亂中持續成長，而另一些卻步履蹣跚、喪失方向？這個問題不僅關乎企業成敗，更直指組織運作與領導邏輯的核心。

彼得斯與沃特曼的研究方法，與過去管理書籍不同。他們不是依賴實驗室數據或高度理論化的模型，而是親身走入企業現場，透過與各階層員工訪談、蒐集內部資料，進行實地調查。最終選出的 43 家模範公司，皆是當時美國經濟中表現卓越的代表，包括 IBM、3M 與惠普等。然而，他們並非為這些公司歌功頌德，而是試圖找出在現實操作中能普遍適用的管理原則。這些原則不以產業別、公司規模或地理位置為區隔，而是從組織

六、持續簡化的卓越邏輯：《追求卓越》

文化、價值觀、人才培育、創新模式等層面切入，探索卓越企業背後的共同邏輯。

有趣的是，他們在研究初期便摒棄了當時主流的財務數據作為唯一衡量標準。他們認為，營收與利潤固然重要，但若缺乏長期穩定的制度支撐與人本導向的文化基礎，企業的成功終將無以為繼。這樣的觀點在當時可說逆勢而行，因為1970年代末與1980年代初正值日本企業風靡全球，「品質至上」、「終身僱用」與「群體決策」等管理理念被視為西方企業應效法的對象。在這樣的氛圍下，《追求卓越》反而主張，美國企業應從自身優勢出發，重建文化信心，找回過去在創新、行動與彈性方面的長處。

這項研究之所以具有開創性，不僅因為它改寫了管理學界的敘事邏輯，更因為它強調「成功可以被複製」，只要理解其背後運作機制與文化條件。彼得斯與沃特曼主張，卓越不是天賦異稟的產物，而是來自一連串可被制度化的行動選擇。他們最終歸納出八項卓越企業的共通特徵，涵蓋了組織設計、價值導向、顧客關係與領導風格，這些特徵雖各自獨立，卻又交織成一個可持續的成功結構。

更關鍵的是，《追求卓越》的真正價值，並不在於提供一套一體適用的管理工具箱，而是在於它為組織提供了重新省思自我文化與實踐方式的起點。企業不應只追求技術的進步或短期績效，而應從價值觀與人性出發，建立能自我修復、自我激勵的制度邏輯。換言之，真正的卓越來自於組織內部對「為何存在」與「如何前進」的深刻理解。

《追求卓越》的成功並非偶然，而是時代所需的反思回應。在全球化與不確定性加劇的今日，這種以文化與人為核心的研究方法仍具啟發性。它提醒我們，在數據驅動與績效導向的時代，企業若忽略了價值信仰與組織氛圍的養成，無論多精密的策略也終將失靈。這正是彼得斯與沃特曼當年在混亂中尋找秩序、在現場中提煉真理的最大貢獻。

2. 從理論走向實驗實踐

　　在湯姆・彼得斯與羅伯特・沃特曼對卓越企業的研究中,「行動導向」不僅是第一項特徵,更是一種貫穿全書的核心精神。他們觀察到,最具活力與競爭力的公司,往往不是那些長時間依賴報告與層層審議的組織,而是能夠快速行動、勇於嘗試、從實驗中學習的實踐型企業。這樣的公司不受制於繁瑣的官僚程序,而是傾向在面對問題時,以小規模、短期、高彈性的方式進行回應。他們不等待完美的解方,而是先動手試做,再根據回饋調整方向。

　　這種做法與傳統企業管理強調精密計畫與風險控管的模式大異其趣。在過往的主流管理理論中,理性分析與決策程序被視為必經之路,但彼得斯與沃特曼指出,這樣的思維在高度變動的環境下,反而可能讓企業錯失時機。他們發現,卓越公司往往擁有一種實驗文化——在沒有十足把握之前先進行嘗試,並透過快速反應機制調整策略方向。這不代表企業不重視分析,而是理解分析本身不能取代實際行動。行動不只是結果的展現,它本身也是知識的來源。

　　他們以當時的迪吉多公司(Digital Equipment Corporation)為例,該公司面對市場挑戰時,不是召開冗長的會議或聘請外部顧問,而是將十位資深員工關進會議室,要求他們在一週內擬出具體解方,並立即付諸實行。這種「小組快打」的思維,在其他卓越企業中也屢見不鮮。企業往往組成五到二十五人的專案團隊,花費數週時間開發產品原型,再拿到顧客面前測試想法。這樣的模式不僅減少開發成本,也讓企業能迅速從市場回饋中學習,持續微調方向。

　　這些小組通常具備幾個共通特徵:人數精簡、期限明確、成員志願參與、檔案紀錄簡約甚至幾近無形。他們不依賴制式的流程與分工,而是以

六、持續簡化的卓越邏輯：《追求卓越》

任務為導向，強調靈活合作與即時回應。在這樣的架構下，權責清楚但不僵化，組織允許犯錯，也鼓勵改正。更關鍵的是，這些行動小組並非脫離日常營運的特別單位，而是深植於企業文化之中，是一種常態化的運作機制。

要能實現這種行動導向的文化，企業必須首先打破對完美決策的迷思，並重新設計內部制度，使其支持快速反應與跨部門合作。彼得斯與沃特曼指出，行動導向企業的組織結構往往較為扁平，溝通路徑簡短，資訊透明。這樣的組織能夠容許「不完美」的嘗試，視錯誤為學習的一部分，並透過不斷實驗來調整行動策略。這樣的實踐模式，不僅提升企業靈活度，也讓決策權更貼近問題現場。

這種文化同時對領導者提出更高要求。他們不再只是規劃藍圖或設定指標，而是要主動介入，成為行動的催化者與參與者。在許多卓越企業中，領導者經常親自參與專案小組，或至少直接聆聽第一線回饋，以確保策略能快速轉化為可實施的行動。這種領導風格具有高度實用性，並建立在對組織彈性與員工能力的深度信任之上。

彼得斯與沃特曼對「行動導向」的詮釋，不僅是對企業策略與管理流程的再定義，也是一種價值觀的重塑。在他們看來，面對不確定性與變動時，最可靠的方式不是預測未來，而是創造行動的空間，從中提煉未來的方向。這也正是他們所謂「簡單的原則造就不平凡成果」的最佳體現。在卓越企業中，行動不只是應對，更是創新與學習的起點。

3. 顧客導向的經營哲學

卓越企業往往具備一種深植於內部結構的經營信念，即將顧客置於一切決策與行動的中心。這並不只是將「顧客至上」當作標語懸掛在牆上，

而是讓整體組織真正以顧客的需求為出發點,重新設計流程、建立溝通機制,甚至改變組織思考的方式。在這樣的企業中,顧客的意見不只是用來佐證成功,而是被視為發現問題、創造機會、驅動改變的重要資源。企業若能持續傾聽顧客,便能在需求尚未明確之前預見變化,並迅速回應。

在這種架構下,服務成為企業文化的一部分。不是僅限於某些專責部門,更非短期的市場手段,而是組織中每一個人都必須內化的工作態度。從產品設計、流程優化,到員工互動方式,無一不圍繞著「如何為顧客創造價值」的問題展開。這樣的服務觀不僅體現在解決問題的效率上,更反映在對細節的關注、對承諾的履行,以及對顧客反應的敏銳理解中。對於這些企業而言,讓顧客感到滿意並非目標,而是最低限度的起點;真正的標準,是能否持續創造一種值得信賴的經驗。

這樣的經營哲學也對內部溝通與組織運作方式產生根本影響。顧客導向不僅需要一線員工的努力,更仰賴整體系統的配合與支持。優秀的企業會主動促成跨部門的協作,避免資訊斷裂或責任推卸,以確保顧客接收到的是一致而連貫的訊息與服務。這也意味著,內部制度的設計必須能夠容納顧客反饋的進入點,並具備足夠的彈性與即時性,讓顧客聲音能真正被轉化為實際的行動改進。

品質,在這樣的系統中,並非單指產品規格或錯誤率的降低,而是一種整體信任的展現。企業是否值得信賴,往往不是來自一次性的成功經驗,而是能否持續、穩定地提供顧客所期待的價值,甚至在顧客未意識到的需求上領先一步。這種信任感的建立,正是顧客導向企業與一般企業最根本的區別。對前者而言,每一次的互動都是企業文化的延伸,也是品牌承諾的落實。

真正顧客導向的企業,從不將服務視為成本負擔,而是看作長期競爭力的核心來源。他們願意投注資源在了解顧客行為、分析市場脈動與設計

六、持續簡化的卓越邏輯：《追求卓越》

更細緻的體驗流程上，不僅為了留住顧客，更因為這樣的過程能驅動創新、提升價值。

顧客的角色，從接受者轉變為參與者，企業與顧客之間也不再是單向輸出，而是一種不斷互動、彼此塑造的關係。

顧客導向並非一種經營技巧，而是一種文化取向。它要求組織整體對「他者」保持敏感，並願意不斷調整自身以回應外界變化。這種文化建立之後，不僅能提升市場敏銳度與應變速度，更能強化內部的凝聚力與使命感。因為當每個人都認同自己工作的終點是為了他人創造價值時，工作的意義就會超越任務本身，轉化為一種驅動組織持續向前的內在動力。

4. 創新與企業精神的制度設計

創新向來被視為企業持續成長與保持競爭力的核心動能，然而在卓越企業的觀察中，創新並非偶然發生的靈光乍現，而是一種可以被制度化、培養並延續的文化實踐。這些企業的成功關鍵，在於他們懂得如何在組織中創造一種允許試驗、容許錯誤並獎勵冒險的環境，使創意不再只是少數天才的特權，而成為人人皆可參與的日常工作的一部分。

這樣的制度設計，不是單靠設定研發部門或設立創意工作坊即可達成，而是要從企業的治理邏輯出發，重新調整權力分配與資源運用的方式。

首先，創新的發生需要充分的自主權與彈性，員工必須在不受過度監控與流程約束的情況下，擁有試錯與改進的空間。因此，卓越企業傾向削減繁文縟節，避免將創意壓縮於層層報備與批准之中，而是讓有潛力的構想可以在第一時間獲得嘗試的機會。這種對創新空間的保護，往往來自高層對冒險行為的認可與支持，而非僅靠書面政策。

4. 創新與企業精神的制度設計

其次，創新文化的培養仰賴結構性的制度鼓勵。這些企業普遍會設計出一套支持創意生成與實踐的機制，包括內部提案平臺、專案資助計畫、跨部門交流空間，甚至允許員工將部分時間投入自選專案，以催化新構想的誕生。更重要的是，企業不將失敗視為績效缺陷，而是看作學習過程的一部分，甚至將合理失誤納入獎勵制度之中。這樣的態度使得創新從高風險行為，轉化為可以承擔的組織嘗試，並降低員工在發表新點子時的心理障礙。

創新的另一個關鍵在於組織內部對多元觀點的接納。若企業文化傾向同質性與服從性，創意將難以發展。卓越企業傾向構建開放與包容的討論氛圍，讓不同部門、背景與職能的人才能夠碰撞出新的視角。這種跨界合作不只是策略上的安排，更是一種制度性鼓勵，促使知識流動不被部門牆阻斷。換言之，創新不是單點發生，而是由整體環境所構成的集體行為。

企業精神的展現不僅在於個別員工的進取行為，更體現在企業是否具備讓創新者得以生存與成長的環境。在這些企業中，創意的實踐者不再是邊緣人物，而被視為推動組織前進的主力。他們獲得制度的支持、資源的配置與文化的認可，得以在組織中持續實驗，甚至成為未來領導者的儲備對象。這樣的企業精神，不只是鼓勵創業行為，而是打造一種內部創業的制度邏輯，讓組織內部擁有類似創業生態的靈活與自驅力。

創新與企業精神若要在組織中落地生根，必須超越個人層面的激情與才華，而需由制度層面加以建構與維護。唯有當組織的文化、流程與結構彼此對齊，創新才能從偶然變成常態，從邊緣走向核心。對卓越企業而言，創新不再是少數菁英的事，而是一種可以被組織化、被擴散、被延續的能力，也因此構成了他們得以持續卓越的根本基礎。

5. 以人為本的組織動能

在探討卓越企業的共通特質時,「以人為本」始終是無可忽視的核心理念。這些企業深知,無論是品質提升、創新推進,還是顧客服務的極致表現,都無法脫離人的參與與投入。人不是工具性的「勞動單位」,而是組織動能的本源。當企業能夠真正從價值觀出發,將人視為組織的主體與創造者,而非被管理的客體,其組織文化將轉化為一種具有高度內驅力的動態系統。

這樣的企業文化並非抽象理想,而是透過具體實踐逐步建構而成。首先,尊重個人是起點。在卓越企業中,尊重不只是停留在語言層面,而是具體體現在制度設計與日常運作中。包括給予員工意見表達的空間、提供適切的工作自主性、建立公平透明的回饋與晉升機制等,皆是尊重的實踐。當員工感受到自己被信任且被看重,他們對工作的投入就會不再是責任的履行,而是價值的體現。

進一步來看,授權則是尊重的延伸。企業若真心相信員工的能力與判斷,便不應以層層審核作為控制方式,而應將決策權逐步下放,使員工在實務現場能夠做出最即時且有效的判斷。這種授權並不意味放任,而是一種基於信任與責任的平衡關係。唯有授權與責任並重,員工才會在享有自主的同時,也自覺肩負貢獻組織的義務。

卓越企業往往投入大量資源於人才的培育與激勵。他們不將培訓視為短期手段,而是長期的能力建構與文化養成。這些企業會系統性地設計內部學習機制,讓新進與資深員工皆能持續成長,並透過明確的職涯路徑規劃,使個人目標能與組織願景產生連結。這種持續投資的背後,是對人的長遠價值的堅信,也是企業將人視為最重要資產的具體表現。

更關鍵的是，這些企業在組織設計上也展現出對人的關照。他們傾向採用較扁平的結構，減少階層隔閡，使溝通更為直接、資訊流動更為順暢。高層管理者不再是遠距離的指令發出者，而是願意親自走入基層、了解現場脈動的參與者。這樣的行為本身便具有強烈的象徵意義，它傳達出企業對於「人」的重視不僅在口號上，更是在日常互動中具體實現。

從語言的使用亦可觀察出企業文化中的人本特質。許多卓越企業發展出一套內部通用的語言系統，用以強化認同感與歸屬感。這些語言不只是溝通工具，更是一種文化符號，使員工在參與其中時，能感受到自己是組織一份子。當組織語言與價值觀一致時，文化便能滲透到每一個行動細節中，進而形塑整體的行為邏輯。

不可忽略的是，這樣的人本管理邏輯也為組織帶來具體的績效成果。研究顯示，當員工感受到自身被尊重、信任並獲得成長機會時，其工作滿意度、創造力與留任率皆有明顯提升。換言之，將人放在組織中心，不只是倫理上的選擇，更是經營上的智慧。唯有當企業願意以長期視角看待人力資源，其組織才可能真正轉化為一個能夠自主學習、自我調整的有機體。

所謂「以人為本」絕非口號式的溫情，而是透過制度、文化與實務層層落實的一種結構性選擇。卓越企業的獨特之處，不在於他們有更多資源或更少挑戰，而是在於他們深刻理解到：唯有尊重人性、釋放潛能，企業才能在高度競爭與快速變遷的環境中，持續保有活力與創造力。

6. 堅持核心專業，避免多元化陷阱

在成長壓力與市場誘惑交織的情境下，企業往往傾向透過多角化經營來擴展規模與分散風險。然而，在卓越企業的實踐經驗中，多元化並不總

六、持續簡化的卓越邏輯：《追求卓越》

是通往成功的捷徑，反而常因資源分散、專業稀釋與文化衝突而導致整體效率下滑。

這些企業之所以能長期維持競爭優勢，關鍵在於他們深刻理解並堅守自身的核心能力，並在擴張的過程中持續以專業為中心進行選擇，而非盲目追求市場覆蓋率或短期回報。

卓越企業在決策時會不斷自我提問：這項業務是否與我們原有的能力與價值觀一致？是否能在既有資源的基礎上創造附加價值？是否會對組織文化與流程造成破壞？這些看似保守的反思，實則構成企業長期穩健經營的關鍵邏輯。他們並不否定成長的必要性，但認為真正可持續的擴張，必須建立在對「自己擅長什麼」的清晰理解上。當企業對自身優勢認知模糊，進入陌生領域的結果往往是資源錯置與組織混亂。

在實務層面，這些企業展現出一種「聚焦原則」的經營態度。他們寧可將資源集中於少數能創造最大價值的產品線或服務模式，也不願在過多業務間疲於奔命。這樣的策略不僅有助於提升專業深度與品牌辨識度，也使組織能夠更有效地進行學習與創新，避免在不同邏輯與文化牽引下喪失核心方向。此外，聚焦原則也讓企業更容易形成清晰的一致性，對外傳遞穩定訊號，對內則減少部門間的矛盾與資源爭奪。

堅持專業並不意味拒絕變化，而是在變化中尋求與自身本質相契合的機會。卓越企業在考慮進入新領域時，往往以現有能力是否具備可轉移性為前提。他們會評估既有技術、人力與系統能否應用於新事業，並將策略重點放在延伸發展而非完全陌生的冒險。這樣的做法雖然較為謹慎，卻更能保證整體運作的協調性與文化的延續性。

此外，這些企業也意識到，多元化若缺乏明確整合機制，容易導致組織碎片化與價值觀衝突。一旦新事業與原有業務的思維邏輯差異過大，就會產生決策延宕、溝通不良與資源錯配等問題。為避免這類風險，卓越企

業會設法透過制度設計與領導介入，強化不同單位之間的協調性，並確保新進成員能快速理解並融入企業文化。唯有如此，多元化才不會變成失控的擴張，而能轉化為相乘的動能。

堅守專業不僅有助於穩定企業內部運作，更能在市場中建立清晰的定位與信任。當顧客與利害關係人明確理解企業「代表的是什麼」、「擅長的是什麼」時，便更容易形成忠誠關係，進而降低溝通成本與信任門檻。反之，若企業經常更換方向或進入無關領域，則容易導致形象模糊與信任流失，甚至在危機時缺乏可依循的核心價值以支撐決策。

卓越企業的擴張邏輯並非來自於對規模的渴望，而是建立在對自我能力與邊界的清醒認知上。他們懂得在選擇中有所不為，並以核心專業為錨，進行理性而穩健的延伸。這種專注所帶來的不只是技術精進與品牌深化，更是一種難以模仿的組織韌性，使企業即使在外部劇變之下，依然能穩守其位、靈活應變。

7. 從權力配置到結構簡化

在面對高度變動與競爭加劇的環境時，卓越企業展現出一種獨特的管理思維：不再將「集權」與「分權」視為對立的選擇，而是透過情境導向的權力配置，找到組織穩定與彈性之間的最佳平衡點。

高層領導在重大決策、企業願景與資源配置上保有核心控制權，確保全局一致與風險可控；而在與市場密切互動的領域，如產品開發、顧客服務或流程優化上，則鼓勵基層主動判斷與快速行動，讓組織能即時回應環境變化，不因層層報備而延誤機會。

這種彈性分權的運作，並非來自制度文件上的權責劃分，而是建立在

六、持續簡化的卓越邏輯：《追求卓越》

領導者對組織節奏與任務特性的深刻理解之上。他們能清楚界定哪些原則不得讓渡、哪些權限可因地制宜，進而塑造出一種「穩中有變、變中有序」的管理結構。在這樣的條件下，員工不再只是命令的執行者，而成為能自主思考與回應的行動主體，提升了整體的應變速度與現場解決力。

為了使這種集分權的彈性機制有效運作，組織的結構設計也需同步調整。卓越企業普遍採取扁平化的管理架構，減少不必要的層級，讓決策權能更快地流動到接近問題的現場。同時，他們也重視人員配置的精簡與彈性，優先培養多工能力與跨域素養，讓團隊在面對不同任務時能靈活組合、即時啟動。這種「精而強」的組織，不仰賴冗長審核或固定流程，而是以任務導向的編組方式快速投入與調整，成為提升組織行動力的重要基礎。

簡化不代表鬆散，反而要求更高的自律與信任。卓越企業在制度設計上，會刻意削減過度繁複的流程，避免會議與簽核成為創新與效率的障礙。他們將標準作業程序化繁為簡，讓各層級員工知道何時可自決、何時需請示，並透過明確的責任界線與資訊透明度來維持秩序。例如，在許多這類企業中，內部資訊系統並非以層級為主，而是採去中心化設計，確保不同部門、職級的成員都能取得完成任務所需的資訊，從而提高決策效率與即時性。

這種結構與制度上的簡約設計，也大幅強化了組織的學習能力與修正機制。當基層能直接面對問題並快速回報，高層便能掌握最真實的市場脈動與內部瓶頸，進而調整策略與資源分配。同時，當錯誤發生時，也能在初期即被察覺與處理，減少擴大風險的可能性。這樣的即時感知與回應能力，使得整個組織能在動態環境中持續演進，並逐步形成一種自我強化的回饋循環。

值得注意的是，這樣的彈性設計並非只適用於特定組織規模，而是根

據企業所處發展階段進行調整。在創業初期，企業往往傾向於較強的集權以建立基本秩序；隨著規模擴大與業務複雜度提高，則需逐步下放權責，讓第一線更有自主判斷空間，以避免過度集權成為瓶頸。卓越企業之所以能在不同階段持續成長，關鍵即在於他們不將組織設計視為靜態圖像，而是作為一種可隨需重組、動態調整的策略性工具。

總結來說，卓越企業在結合集權與分權的同時，也透過扁平結構、精簡流程與資訊透明來建立一套支撐彈性運作的管理機制。這種設計不僅提升了整體效率，更讓組織具備了高度的適應力與學習韌性。對他們而言，穩定並非源自於控制，而是來自於一套能夠在秩序中容納變化、在授權中維持一致的組織邏輯。正是這樣的邏輯，使得他們能在競爭壓力與不確定性中，持續維持行動一致性與組織生命力。

8. 事務性與反式領導之整合

在組織運作的現實中，領導從來不只是制定方針與發布命令，它是一種貫穿於制度與文化之間、介於策略與日常之中的連續動態。卓越企業所展現的領導特質，並非僅止於傳統的「事務性管理」（transactional leadership），也不完全傾向抽象理想的「反式領導」（transformational leadership），而是融合兩者特質，在穩定中帶動革新，於實踐中傳遞信念。

所謂事務性領導，是在確保組織穩定與目標達成中運作的機制，它涉及制度建構、流程管理、資源調配與績效控管，是維持日常運作不可或缺的一環。領導者在這裡扮演的是組織穩定的維護者，他們設計結構、設定指標、追蹤成果，確保團隊步調一致、運行有序。這種領導樣貌強調明確性與可預測性，有助於組織建立規範與效率，也讓成員理解自己的責任邊

六、持續簡化的卓越邏輯：《追求卓越》

界與行動依據。

然而，組織真正的成長與變革，往往來自另一種較為深層的影響方式 —— 也就是反式領導。這類領導者不只是管理流程，更關心人們為何而行。他們透過個人榜樣、語言魅力與價值訴求，引導組織追求更高的使命與更深的認同。員工在這樣的領導下，不再只是執行任務的齒輪，而是被賦予參與目的的主體。

在卓越企業中，兩種領導形貌並非各自為政，而是交錯運作。一位成功的領導者，往往能在規範與靈感之間靈活切換。他們能根據不同情境調整角色，一方面要求制度落實與績效精準，另一方面也不忘透過語言與行動喚起成員對使命的認同與投入。這種切換並非矛盾，而是一種對領導本質更深刻的理解。

這樣的雙重領導樣貌也反映了組織的多重運作層次：在制度面，企業需要一致性與可衡量性；在文化面，則需要願景與情感連結。卓越領導者懂得在不同層面使用不同語言 —— 一方面以數據與指標回應績效需求，一方面以信念與故事支撐文化建構。這種能力讓他們在面對危機時快速應變，也能在平穩時期持續激發組織活力。

重要的是，這種領導風格的有效性來自一致性與真誠。員工是否信任領導者，關鍵不在於語言是否動人，而是行為是否與言語一致。反式領導之所以能轉化人心，正因其在價值選擇上表現出堅定與穩定，讓組織成員相信他們所相信的，不是空談，而是具體可行的信仰。

當事務性與反式領導能彼此補位，組織便具備穩定推進與深度轉化的雙重能力。前者讓企業維持運作基礎，後者則推動文化深化與組織演進。如此領導模式，使卓越企業得以在策略調整與文化傳承之間取得動態平衡，兼顧本質堅守與時代應變。

因此，卓越領導者不以特定風格自限，而是在不同情境中展現多重角色。他們是規劃者，也是召喚者；是制度設計者，也是價值實踐者。領導，最終不只是權力的展現，更是一種持續創造信任、釋放能量與指引方向的能力。

9. 文化傳承與語言策略

在卓越企業的長期經營中，文化從來不只是背景環境或價值附屬品，而是一種深具結構性的力量，形塑著組織內部的行為邏輯與決策方向。這種文化並非來自一紙政策或幾句標語，而是透過制度安排、語言實踐與日常互動，逐步內化為組織運作的隱性機制。特別是在不確定性高漲的經濟環境中，穩定且一致的文化能提供組織方向感，使成員即使身處模糊情境中，仍能依循共同的價值準則做出合理判斷。

語言在這樣的文化建構中扮演關鍵角色。它不僅是溝通工具，更是價值觀的載體與文化的象徵。卓越企業通常擁有一套專屬的語言系統，包括固定用語、隱喻、歷史故事與象徵語句，這些元素能將抽象理念轉化為具體訊號，使員工理解何者為被認同的行為。當語言持續被使用與重述，它不再只是修辭，而成為行動的邏輯起點。例如一句如「品質不是目標，而是一種態度」的語句，能潛移默化地影響員工看待工作細節與責任標準的方式。

語言策略也促進文化的傳播。當一套語言在組織內被廣泛使用，它便能提升跨部門與跨層級的協作效率，並讓新進成員快速適應組織文化。久而久之，語言成為一種高效能的管理工具，使文化在日常中自然流動，強化一致性的行為模式。

六、持續簡化的卓越邏輯：《追求卓越》

　　卓越企業的語言策略之所以有效，關鍵在於價值觀本身具備穩定性與可實踐性。這些企業不僅明確詮釋如誠信、責任、尊重或顧客導向等核心信念，更透過故事講述、成功案例與具體行動強化其內化過程。相較於僅列於手冊的條文規定，內部表揚堅持原則或展現責任感的真實故事更能被記憶與模仿。

　　為強化文化的持續性，卓越企業會有意識地設計文化傳承機制，例如內部儀式、獎項設計與文化年報等，將過往實踐經驗轉化為象徵資源，協助新一代成員理解企業的來歷與方向。

　　文化的力量尤其在模糊情境中展現其引導作用。在突發狀況或制度空白的情境下，若組織已建立起可感的文化語境，成員便能依據共享價值進行判斷，做出符合組織精神的選擇。這種自律性行動不僅提升反應速度，也降低對上級指示的依賴，使組織即使在快速變動中仍保有整體一致性。

　　文化與語言的結合為領導者提供高度象徵性的管理工具。卓越領導者不只是規範的執行者，更是文化的傳遞者與語境的建構者。他們透過故事、象徵與語言創造一種共享認知，讓組織記得初衷、看見未來。唯有當語言與行動一致，價值與制度對齊，文化才可能落實，成為驅動組織持續演化的內在動力。

10. 未來組織類型的反思與適應性策略

　　面對快速變動的環境與技術驅動的產業重塑，組織已不再能依賴單一架構或固定模型因應所有挑戰。過往穩定有效的管理體系，面對當代的不確定性與跨界競爭，往往顯得遲緩甚至無效。

　　卓越企業所展現出的智慧，不在於選擇某一種絕對的組織形態，而是

10. 未來組織類型的反思與適應性策略

持續反思組織設計的適切性，並隨情境調整結構與運作方式。他們理解，組織架構不應是靜態的框架，而是一種策略性工具，用以支撐行動、調整焦點與激發潛能。

在這樣的觀點下，組織設計的核心邏輯從「分類」轉向「連結」，從「控制」轉向「協調」。這使得傳統上依功能區劃、層級分明的金字塔式結構逐漸退位，取而代之的是更多元而靈活的組合形式。例如，專案型、任務導向、網路式與跨部門小組等型態，逐漸成為面對問題與創新挑戰的主流配置。這些形式雖然在穩定性與控制性上較弱，但卻能提供更高的反應速度與知識整合能力，使組織在高度變動的環境中保持學習與轉化的能力。

不同組織型態各具優劣，並無絕對優解。以功能型組織為例，其在標準化作業、專業深化方面表現穩定，但面對跨域問題時常顯得缺乏彈性。而事業部型組織則有助於提升經營自主性與市場導向，卻可能因重複資源配置與部門利益競爭而降低整體協同效率。至於矩陣型組織雖試圖整合功能與產品邏輯，卻常因雙重權責混淆導致角色衝突與決策困難。在卓越企業的視角中，這些組織型態都不該被視為永久解方，而應被理解為階段性的策略選擇。

因此，更具前瞻性的做法，是建立一種可重構的組織能力。企業不再僅以組織圖來描繪權力與責任，而是以工作流、資源網與行動節奏來定義組織本體。這種觀念強調：組織必須擁有將自己重新編排的能力。不論是新市場的開發、新技術的導入，或是突發性風險的應對，企業都能迅速調整其結構與協作方式，以最適狀態面對變化。組織設計從靜態圖像變為動態過程，這是卓越企業在制度上最具適應性的展現。

適應性策略也體現在人才運用與決策模式上。當組織由固定結構轉向彈性網路，領導者便不再單純是控制者，而需成為資源整合與合作促進的

六、持續簡化的卓越邏輯：《追求卓越》

中介。權力的分配將更多轉向基於專業、信任與情境適應性，而非形式上的職級高低。同時，跨部門與跨功能的協作也將變得更為常態，組織將傾向採用任務導向型團隊，以解決特定議題後再解散或重組，使知識與人力能夠流動並持續創新。

面對未來的不確定性，卓越企業不會執著於某一種組織架構的優越性，而是投注更多心力在提升組織本身的反應速度、學習能力與整合資源的靈活度。他們關注的是如何打造一種具備韌性與彈性的系統，使企業在動盪中不致崩解，在變革中仍能保持方向。這並不意味結構不重要，而是強調結構本身應具備調整性，而非成為組織進步的束縛。

最終，未來的組織形式不再是關於選擇哪一種「標準模型」，而是能否持續維持一種「變動中的穩定性」。組織必須學會在秩序與靈活之間調節，並將制度、文化與行動能力整合為一套可應變的系統。卓越企業的領導者，正是以這種思維面對組織的每一次轉型——不斷調整、不斷試驗，讓組織的形狀服務於目標，而非成為目標本身。

11. 從顧客接觸到持續簡化的管理核心

在各種管理理論與策略實踐之間，卓越企業所展現的關鍵並非技術的先進或資源的豐富，而是一種深植於組織核心的日常行動邏輯。他們以極高的一致性貫穿顧客需求、內部運作與組織文化，並持續回到最基本的問題：我們如何創造價值？如何在複雜中尋找簡單？正是在這樣的反覆追問中，卓越的本質逐漸顯現，不是外在炫目的創舉，而是內部邏輯的清晰與持續簡化的能力。

企業與顧客的接觸，是這套邏輯的起點。在卓越企業中，顧客並非被

11. 從顧客接觸到持續簡化的管理核心

動接收產品與服務的對象,而是參與企業價值創造過程的主體。他們會傾聽顧客的意見、觀察顧客的行為,甚至預測尚未被明言的需求。這不只是市場調查的技術操作,而是一種文化認知:真正的創新與改善,往往來自顧客現場的細節與體驗。這樣的觀點讓企業不再將產品與服務視為「輸出物」,而是將顧客接觸點視為反覆試驗與學習的機會,並從中累積對市場的深度理解。

這種與顧客的密切互動,也使得企業必須維持極高的反應速度與調整能力。然而,敏捷不意味混亂,快速也不代表無序。卓越企業之所以能夠在行動中保有一致性,關鍵在於他們內部管理系統的高度簡化。這樣的簡化不是削弱制度,而是去除不必要的流程與干擾,使資源能專注於真正創造價值的活動。他們懂得從管理的邊界退出,讓組織運作更貼近現場、貼近顧客、貼近成果。

簡化的管理邏輯,也表現在組織如何面對決策與行動之間的落差。當許多企業還在為決策慢、執行難苦惱時,卓越企業早已轉向「邊行動邊修正」的節奏。他們不過度依賴預測與模擬,而是建立一套允許試驗、快速調整的行動機制。這不僅提升效率,也降低犯錯成本,因為問題往往能在早期就被發現與處理。這樣的行動邏輯,使得企業在變動環境中依然保有控制力,並透過實際操作逐步驗證策略的有效性。

而要維持這樣的機制穩定運作,企業內部必須擁有一套共享且穩定的價值信念。這種信念不會干擾行動自由,反而成為決策時的基準與方向。正是因為內部文化清楚而一致,企業才能在高彈性的制度下維持高品質的執行水準。員工在這樣的文化中,知道什麼值得投入、什麼可以嘗試、什麼不該妥協,這讓組織即使結構鬆散,卻仍能展現強大的行動一致性。

從顧客接觸到管理簡化,從價值導向到文化內建,卓越企業的核心並非單一技術或特定制度,而是一種整體運作哲學的體現。他們不尋求掌握

六、持續簡化的卓越邏輯：《追求卓越》

一切，而是讓組織成員能夠自我調節、自我驅動。這樣的企業，看似平凡，卻能在長時間內持續創造非凡成果，因為他們不斷提醒自己：「管理的重點，不是更複雜的控制，而是更清晰的目標與更簡單的實踐方式。」

卓越並不是終點，而是一種持續對話的過程。它不來自一次性的突破，而是源自每天都能將尋常事做得不尋常的能力。當組織能夠將簡單視為智慧、將行動視為學習、將顧客視為夥伴，那麼無論面對什麼樣的未來挑戰，它都將有能力重新定義自己，也重新定義「卓越」的意義。

七、

行動中的管理邏輯：《經理工作的性質》

1. 經理工作的核心樣貌與研究起點

在傳統管理理論中，經理人長期被想像為理性規劃者，其工作可分為規劃、組織、指揮、協調與控制五大功能。然而，亨利・明茲伯格（Henry Mintzberg）對這一想像提出了深刻挑戰。他透過實地觀察與訪談研究，發現經理人的日常工作實際上充滿變動與複雜性，遠遠超出傳統理論所能涵蓋的框架。其代表作《經理工作的性質》（*The Nature of Managerial Work*）不僅改寫了管理學界對經理角色的理解，更揭示出管理工作背後的真實樣貌與制度邏輯。

明茲伯格的研究興起於 1960 年代末期，當時他正在麻省理工學院斯隆管理學院進行博士研究。在當代管理學仍以理性模型為主流的背景下，他決定採取截然不同的路線，捨棄對理論假設的推演，轉而進行大量的田野觀察。他花費多年時間蒐集了數百封信件、數百次訪談紀錄，並親自觀察多位高階經理人的工作行程，試圖從細節中描繪出經理實際的行為模式。他認為，與其假設經理的工作是系統規劃，不如直接進入現場，看他們實際怎麼做、說什麼、接觸誰、回應什麼樣的突發事件。

研究結果顯示，經理人的工作並非如教科書中所描述的有條不紊、步

七、行動中的管理邏輯：《經理工作的性質》

驟分明，而是充滿短暫性、多樣性與瑣碎性的混合體。他們的每日行程被大量的會議、電話、簡報、突發事件、即時決策占滿，幾乎沒有長時間專注於單一任務的空間。明茲伯格觀察到，經理人平均每件工作不到 10 分鐘，多數溝通以口頭為主，資訊來源更傾向非正式管道，如走廊談話或午餐閒聊。這種強烈依賴非正式聯繫與即時資訊的傾向，與傳統理性決策模型形成鮮明對比。

明茲伯格據此指出，經理工作並非單純是制度設計與監控，而是一種在資訊不完整、時間有限、壓力龐大下持續進行的判斷與協調實踐。經理人面對的問題往往不具明確邊界，必須在行動中即時處理、持續調整。他們不是抽離現場的「計畫者」，而是深陷現場、擁抱混沌的「行動者」。這項觀察為管理學研究帶來兩項重要轉變：第一，它重新定位經理角色為現場互動的核心樞紐；第二，它要求我們理解管理不只是理論演繹，更是行動實踐。

為了進一步系統化這些觀察，明茲伯格將經理人的職責區分為十種角色，並依據其功能性分為三大類型：**人際關係角色**（例如掛名首腦、聯繫者、領導者）、**資訊處理角色**（如監聽者、傳播者、發言人）與**決策角色**（例如企業家、故障排除者、資源配置者與談判者）。這種分類方式不同於傳統的功能論（functionalism），它強調行為本身與環境互動的關係，並試圖理解經理如何透過實際行動整合組織內外的資訊、人力與資源。

更重要的是，明茲伯格的研究不僅僅停留於描述，還提供一種對經理工作本質的哲學反思。他認為管理並不是追求完美執行，而是在不確定中持續進行的即時回應與折衷判斷。經理的專業不在於能預測未來，而在於能在瞬息萬變的環境中持續維繫組織的運作邏輯。這樣的洞見，使《經理工作的性質》不僅是一部實證研究，更是一部挑戰管理學基本假設的經典著作。

從這個意義來看，明茲伯格並未為經理提供標準化的操作指引，而是邀請我們重新理解管理作為一種現場實踐、一種持續協調與調整的動態過程。他也提醒讀者，不應將經理人視為純然的技術執行者，而應理解其角色中所包含的組織倫理、文化媒介與社會協商能力。透過這樣的視角，管理的本質不再是控制與計畫，而是理解與參與。

2. 日常節奏中的現場行動與資訊偏好

在明茲伯格對高階經理人的實地觀察中，一項反覆出現的核心現象是他們日常工作的高度節奏化與極端碎片化。根據他的研究，一位總經理在一天之中平均會處理超過 50 項不同的互動任務，其中半數以上在 9 分鐘內完成，甚至許多不到 5 分鐘。這種緊湊與分秒必爭的工作樣貌，並非偶然或個別現象，而是經理工作在現代組織中的常態表現，揭示出管理並非理性規劃的延伸，而是一場無間斷的即時應變與互動協調。

這種日常節奏源於兩項結構性因素：資訊處理壓力與多重角色要求。經理人時常身處高度不確定、時間緊迫的情境之中，需快速對內部流程與外部需求做出反應。他們無法長時間專注於單一議題，反而經常在數個任務間來回穿梭，隨時中斷、即時銜接。無論是應付供應商突發要求、處理部門衝突、回應媒體查詢或與主管開會，這些事件的交錯形成一種反應性管理（reactive management）的模式，使經理人將注意力分散於各種即時行動中，難以抽身進行長期思考與深度規畫。

這樣的工作型態也形塑了經理人對資訊的偏好——傾向即時、具情境性、可直接感知的現場資訊，而非延遲產出的書面報告或結構化資料分析。明茲伯格觀察到，經理人高度依賴非正式交流來蒐集資訊，無論是走

七、行動中的管理邏輯：《經理工作的性質》

廊交談、午餐對話，還是辦公室閒聊與電梯寒暄，這些看似零碎的互動，卻構成了經理獲取第一手情報與判斷組織脈動的關鍵管道。口語的即時性與情境感，使其成為資訊傳遞的主體形式，也讓經理能在互動中快速調整策略與語氣，維持對環境的掌控感。

此一資訊偏好不僅影響經理人的溝通方式，更深刻反映其行動導向的風格。他們對可見、可聽、可觸的現場資訊特別敏感，傾向透過實地觀察與直接經驗做出判斷。例如，許多經理會親自走訪部門現場，與不同層級的員工對話，以側面掌握團隊士氣與實際狀況。他們不滿足於過度包裝的統計數字，而是偏好從情境氛圍、語調變化、互動節奏中，捕捉那些難以量化的動態訊號。這些行為使得經理在資訊流通的節點上，既是接收者也是解讀者，更是訊號的再創造者。

然而，這種高度依賴即時與直觀的資訊習慣，也帶來一定風險。若缺乏制度化的記錄與結構化分析，經理的判斷可能受到特定事件或情緒干擾，進而限制對系統性問題的深入掌握。此外，口語與非正式資訊雖具臨場感，卻難以留痕與累積，容易造成組織知識的流失與決策透明度的降低。明茲伯格並未否定這種現場導向的價值，但是他提醒我們，若要讓直覺經驗真正轉化為組織智慧，必須配合制度設計，將經理人的感知能力與資訊敏銳度轉譯為可共享的組織資產。

同樣值得注意的是，這種行動節奏也衍生出強烈的即興性管理特質。經理人往往難以預測自己一日的進程，即便有計畫，也常因突發事件而隨時改變。例如，預定的專案會議可能因臨時來客被迫延後、午休可能被一通緊急電話打斷、原定的工作安排更可能被政策變動或市場訊息瞬間推翻。這並不意味著經理缺乏規劃能力，而是指出他們的規劃必須保持彈性，並能在不確定中隨時調整。明茲伯格稱之為「計畫中的無計畫」(planning through improvisation)，強調經理的專業能力並非體現在執行固定藍

圖，而在於如何在雜訊中維持決策的連續性與行動的邏輯感。

經理人的日常節奏不僅是壓力來源，更是其實踐管理的場域。他們在極短時間內穿梭於人事、資訊與判斷之間，以高度密集且感知驅動的方式，維繫組織的運作節奏與變動韌性。在這樣的脈絡中，經理不只是決策者，更是環境的即時感應器與互動的編舞者。

要真正理解管理如何發生，必須回到這些細碎卻關鍵的日常互動之中，觀察他們如何藉由即時回應與情境選擇，推動組織在不確定中穩定前行。

3. 經理角色的網路位置與情境調整能力

在明茲伯格對經理工作的觀察中，一項鮮明的特徵是其聯繫密度之高與角色轉換之頻繁。他指出，經理的工作並非坐在辦公室發號施令，而是如同一個組織網路中的節點，串連內外、上下、平行關係，長期處於資訊與人際互動的樞紐位置。這種高密度的互動網路不僅形塑了經理的影響力，也決定了其在組織中角色運作的邏輯結構與調整機制。

經理的聯繫對象可大致分為三類：內部下屬、外部利害關係人，以及少量來自更高層的指令源。根據明茲伯格的實地研究，經理人絕大多數時間都投注於與下屬與外部人士的互動，而與上級的接觸反而極為有限，通常不到其工作時間的十分之一。這一發現顛覆了「向上報告」為核心的管理想像，凸顯出經理人的主要任務其實是將策略語言轉譯為行動節奏、將組織目標連結至外部現實。換言之，經理更像是「節點型中介者」(nodal intermediary)，同時肩負執行、連結與代表的三重角色。

在這樣的聯繫基礎上，明茲伯格提出了著名的十大經理角色模型，並依據功能性分為三大類型：**人際關係角色**（如掛名首腦、領導者、聯繫

七、行動中的管理邏輯：《經理工作的性質》

者），**資訊處理角色**（如監聽者、傳播者、發言人），以及**決策角色**（如企業家、故障排除者、資源配置者、談判者）。這些角色並非彼此分立或按步驟操作，而是根據實際情境不斷重組與交錯演出。例如，一位經理上午可能是談判者，下午便轉為危機處理者，晚間則代表組織發言。角色的切換，往往不是事前設計的，而是由環境刺激與互動需求自然驅動，使經理人的行為呈現高度的非線性與即興性。

這也說明了經理人為何需具備高度的情境感知力與角色轉換能力。在高風險專案中，他們需扮演企業家與危機解決者；在組織穩定期，則轉向資訊傳遞與內部激勵。在這樣的變動中，經理人不能僅依職稱運作，而必須擁有隨機應變、判斷時機與重組行動的能力。實際上，一位優秀的經理常常在一次會議中同時扮演三至四種角色，而這種多重負載正是他們核心專業的表現之一。

此外，經理角色的調整也受限於個人特質與職位設定。雖然結構上相同職務者承擔相似責任，但其實際角色實踐往往因人而異。有些人偏好擔任聯繫者與發言人，擅長溝通協調與外部關係經營；有些人則更善於扮演故障排除者或資源配置者，處理決策與分配問題。這種差異不僅反映個性與能力的多樣，也突顯經理工作無法被單一模型所涵蓋——它是一種人與環境交互形塑的行動構成。

組織設計與管理風格也深刻影響角色分布。例如，在去中心化組織中，中階經理常被賦予更多資源配置與決策空間，提升其企業家與談判者角色的比重；反之，在官僚體系中，經理人的角色則趨於行政化與執行化，功能集中於傳遞資訊與落實命令。此外，時間因素同樣關鍵。初任經理人多半專注於監督與執行，隨著職涯演進，才逐步轉向策略性與外部關係導向的角色。角色的轉變既是學習過程，也是職能成長的軌跡。

綜上所述，明茲伯格的研究提醒我們，理解經理人，不能只從其工作

清單或職務說明出發，而必須進一步觀察他們如何在高度動態的聯繫網路中，持續調整自己的行動角色。這種角色的多重性與可變性，正是經理工作價值的來源。真正有效的經理，不在於是否能執行既定計畫，而在於是否能在多重要求中迅速切換位置、協調衝突、整合節奏，進而讓組織在穩定與變動之間持續前進。

4. 提升經理效率的實踐原則

面對資訊壓力龐大、工作節奏快速的組織環境，經理若欲有效履行其多重角色，勢必得發展一套具體的效率策略。明茲伯格在研究中指出，經理之所以難以提升效率，往往不是因為缺乏時間，而是因為時間未能被妥善組織與運用。因此，經理效率的核心並不在於工時的延長，而在於對資訊、決策與協作方式的科學掌握與策略運用。

首先，資訊共用是提升效率的基石。資訊不應是經理專屬的資源，而應透過透明機制與下屬共享，形成共同判斷與決策的基礎。特別是面對高度動態的市場或政策環境，資訊的即時流通能有效縮短反應時間，避免層層轉譯導致的誤解或延誤。實際上，在許多高效能組織中，經理人都刻意建立非正式的資訊交流網路，例如定期的簡報會、共筆式知識平臺或即時通訊群組，以提升團隊整體的認知一致性與回應敏捷度。

其次，有效的工作分工與授權也是不可或缺的效率策略。經理需學會區分哪些任務必須親自處理，哪些則可委由他人執行。在此脈絡下，「表面性工作」的自覺辨識成為關鍵。明茲伯格提醒，經理極易被雜務牽制，導致忽略真正需要策略思考的關鍵議題。透過授權，他們可將例行性、技術性或非關鍵性工作交給具備專業能力的下屬，自己則保留足夠空間聚焦於複雜決策、變革規劃與人際整合等核心事務。這不僅有助於緩解壓力，

七、行動中的管理邏輯：《經理工作的性質》

也有助於發展下屬的能力與責任感，進而提升整體團隊運作的成熟度。

再者，對外部力量的系統性協調亦為經理效率的關鍵來源。在現代組織中，經理不僅面對內部同仁，還需回應外部多元利害關係人，例如客戶、供應商、股東、媒體或政府機構。有效管理這些關係，需要經理人具備議題辨識與平衡利益的能力。與其被動回應外在壓力，優秀的經理應主動設計對話機制，定期聽取各方聲音，並將其納入策略研擬過程之中，方能降低衝突、爭取支持，最終轉化為組織推進的助力。

面對經理職務本身的龐大負荷，有效的職位配置與團隊制度設計亦是提升效率的策略。例如，設置由兩至三人共擔的管理單元，可藉由明確角色分工與資訊共用，分擔高階經理的壓力，並強化決策品質。這類制度設計要求組織具備充分的信任基礎與穩定的溝通流程，否則容易因資訊斷裂或方針不一致而造成執行障礙。

效率提升也需倚賴策略性思維的養成。經理人若只關注眼前營運，將難以引領組織長期發展。因此，他們需刻意為自己保留預留思考未來的時間與空間。這包括週期性的策略反思、情境分析、前瞻預測等活動，並與分析者合作導入專業的數據支持與系統性評估工具。如此一來，經理人便能在資訊複雜、變數多元的條件下，仍維持思維清晰與決策理性，從而達到效率與品質的兼顧。

提升經理效率不只是追求更快的執行，而是整體管理方式的再設計。這涉及資訊分享的文化建構、授權與信任的制度設計、外部關係的策略協調，以及內部思維的長期培養。有效的經理人，正是那些懂得如何主動設計自己工作節奏與互動模式，並能根據情境不斷調整策略與資源運用邏輯的人。

效率，於此不再是加速執行，而是深化選擇的能力。

5. 程式化管理與分析者的關鍵功能

隨著組織規模與運作複雜度的提升，經理的工作愈發需要依賴一套可預測、可重複且具邏輯性的程式化機制（programmed routines）來協助其決策與執行。明茲伯格指出，經理雖然需處理大量即時且高度情境化的任務，但若無法建立穩定的管理流程與作業框架，將無法有效應對繁瑣與變動並存的現實。因此，管理工作的程式化並非削弱經理的靈活性，而是為其提供決策效率與組織一致性的後盾。

程式化管理的核心在於將重複發生的活動系統性標準化，使經理能將更多心力保留給非例行的策略性議題。舉例來說，若每次預算分配皆重新討論流程與標準，將浪費大量時間並使決策結果因人而異，缺乏可預測性與公平性。然而，若能制定一套明確的預算配置程式，並依據過去績效、成長潛力與組織優先順序設定參數，則可有效減少爭議與摩擦，亦提升整體執行效率。

在此基礎上，分析者（analysts）即扮演關鍵推手的角色。與經理的綜合視角與實務判斷互補，分析者具備專業工具與資料處理能力，能將龐雜資訊轉化為系統化輸入，使決策流程不再依賴直覺，而是根據邏輯模型與數據驗證。特別在二個層面上，分析者對程式化管理具實質貢獻。

第一，**資訊整理與監控能力**。分析者能建構資料庫與監測系統，將原本分散、片段甚至模糊的資訊加以統整與視覺化，使經理能快速掌握重點動態。例如，針對客戶滿意度或產品退貨率的異常趨勢，分析者能即時發出預警信號，協助經理在問題擴大前調整策略，這類反應機制是提升組織敏捷性的關鍵。

第二，**策略設計與模式建構**。分析者常運用統計模型、模擬技術與場景分析，協助經理預測不同決策情境下的後果，從而支持其制定長期規劃

七、行動中的管理邏輯:《經理工作的性質》

或重大改革。這類結構化思維能降低經理因經驗偏誤所造成的判斷失準,也能協助識別機會與風險之間的微妙平衡。例如,在擴張新市場或整併他人部門時,分析者提供的風險矩陣與資源配置模擬,常成為策略選擇的關鍵參考依據。

第三,**突發狀況應變與專案追蹤**。當組織面臨不確定事件(如供應鏈中斷、政策突變),分析者可快速彙整相關資訊、評估影響範圍,並提出應對方案,讓經理能在壓力下依循邏輯而非憑感覺作決策。同時,在大型專案推動中,分析者透過甘特圖、進度追蹤系統與績效指標評估機制,讓經理掌握進展並及時調整資源配置,避免偏離目標或陷入盲點。

然而,程式化管理的真正挑戰不在於技術,而在於如何讓這些制度與流程不僅服務於控制與監督,更能激發創新與靈活應變。因此,經理與分析者之間須建立互信與協作的關係。經理應視分析者為「專業思維的延伸」而非單純的執行者,而分析者亦需理解實務限制,避免提供理論上正確但實際難以落實的建議。

總結而言,程式化管理與分析者的合作,使經理在面對高不確定性的環境中,能以更理性、有效的方式配置資源與推動策略。這並非消除人治,而是在制度中保留彈性,並透過專業補強管理的可控性與可持續性。唯有當組織同時重視標準化與洞察力,程式化管理才不會流於僵化,而能成為經理實踐現代治理的有力工具。

6. 從角色到實踐的管理洞見

明茲伯格對經理工作的研究顛覆了過往將管理視為計畫、組織、指揮、協調、控制等線性流程的傳統看法,轉而強調經理人每日在高度動態

與互動環境中,透過多元角色交替展演,實踐其職能。他所揭示的,不僅是經理工作的複雜性,更是其深層的節奏與邏輯。這些發現,不僅豐富了組織理論,更為後續的管理實踐與教育提供了新的視角。

從本書出發,我們可以清楚看見經理工作的本質是非連續、應變且以人為本的。無論是掛名首腦、監聽者,還是資源配置者與談判者,每一項角色都不是孤立存在,而是在不同情境中根據任務需要與人際互動轉化而成。這種角色的彈性與切換能力,使經理得以處理現場多重要求,同時維持組織運作的節奏與邏輯。明茲伯格指出,這些角色不是抽象的理論標籤,而是經理實際在應對複雜現實時的行動實踐。

而經理工作的核心挑戰,並非只是任務繁重或資訊過載,而在於如何在時間緊迫、資源有限、利益衝突的環境中,做出能兼顧效率與正當性的判斷。這正是為何他強調資訊的重要性:資訊的質與量,直接決定了經理的視野與行動可能。同時,資訊不僅限於報表與統計,更包含從對話、觀察、會議與日常互動中所獲得的即時回饋。因此,一位優秀的經理,往往不只是思考者,更是觀察者與溝通者,透過不斷的互動理解組織脈動。

此外,明茲伯格對「表面性傾向」的提醒尤其值得重視。他指出,經理工作容易因瑣碎與多樣性而陷入應付模式,難以深入思考長期策略。因此,如何在多工處理與即時回應的同時,保留思考的空間與結構,成為提高管理效能的關鍵。而他提出的「分擔管理」、「重視程式化作業」、「借助分析者專業」等建議,正是為了幫助經理從日常運作中脫身,重新奪回策略主導權。

明茲伯格的研究不只是揭示經理的工作實態,更開啟了一種新的管理哲學:強調在真實情境中觀察人們如何行動,而非僅憑制度推演與假設模型。他提醒我們,管理不只是技能的組合,更是一種社會過程,需要同理、觀察、判斷與對話。在這樣的理解下,經理角色的多重性與變動性,

七、行動中的管理邏輯：《經理工作的性質》

不再是混亂的象徵，而是一種對複雜現實的積極回應。

　　成功的管理來自於對角色的覺察、對資訊的敏感、對環境的回應以及對策略的擘畫。在這個快速變遷的時代，經理不僅是任務的執行者，更是連結個體、資訊與組織目標之間的樞紐。管理的本質，最終仍回到對人與現實世界的深刻理解與回應能力。

八、

行動驅動的管理核心：《執行》

1. 重新定義執行力

在企業經營日趨複雜的今日，許多管理者對於「執行」的理解仍停留在片段化與事務性操作的層次，忽略其實執行本身是一種整合性的組織能力。由拉里・博西迪（Lawrence Bossidy）與拉姆・查蘭（Ram Charan）共同撰寫的《執行：如何完成任務的學問》（*Execution: The Discipline of Getting Things Done*）一書，正是在這樣的管理迷思中提出根本性的修正觀點。

兩位作者分別來自不同的實務與顧問領域。博西迪曾擔任漢威聯合國際公司（Honeywell International）總裁，擁有豐富的跨產業轉型經驗；查蘭則為多家《財富雜誌》（*Fortune*）五百大企業擔任策略顧問，以洞察組織運作著稱。這本書不只是總結企業績效提升的經驗，更從領導者實際角色出發，全面重構了「執行」在管理中的核心定位。

博西迪與查蘭指出，執行力並不是策略實踐的附屬環節，而是決定策略能否發揮作用的先決條件。若將策略視為企業方向盤，那麼執行就是轉動方向盤的雙手。策略的高瞻遠矚，必須透過執行的腳踏實地才能轉化為營運成果。企業若不能建立起有系統的執行能力，即使手握願景與資源，

八、行動驅動的管理核心:《執行》

也終將停滯於紙上談兵。此一觀點不同於傳統管理書籍將策略與操作明確切割,而是主張兩者必須環環相扣,在設計策略之初便同步考量執行的可能性與節奏。

此外,作者特別強調「執行是一種文化,而非流程」。許多公司雖擁有各種流程制度,但真正困住企業成長的,往往是人與人之間無法正確對話、責任未能清楚界定,以及高層未曾親自介入實務執行。

執行文化的建立仰賴領導者對現實的正視與參與。他們主張領導者不能只停留在擬定方向與激勵人心,更要深入營運現場,與團隊成員共同面對挑戰,才能真正落實組織的目標。領導者若未能親自掌握企業的運作節奏,則無法要求組織成員具備同樣的執行力。

《執行》之所以在管理領域引發廣泛迴響,正是因為它點出了多數企業失敗的核心癥結:不是缺乏策略,而是缺乏能將策略轉化為成果的能力。在這本書中,作者以高度實務導向的視角,提出「人員流程」、「策略流程」與「經營流程」三大核心架構,並主張這三者若無法整合運作,任何願景終將淪為口號。這種結構化的觀點讓執行不再只是模糊的管理口語,而是一套可被明確檢核、持續強化的行動邏輯。

從今日的企業競爭角度來看,執行力不僅是效率的象徵,更是組織持續前進的引擎。當企業能夠將「執行」重新定義為核心能力,並將其內化為文化,才能在策略不斷更替、市場變動快速的環境中,始終保持行動的一致性與成果的可預期性。

2. 領導參與與現場掌握

　　在組織管理的實務現場，許多企業的領導者傾向於將「執行」視為中層或基層管理人員的責任，自己則專注於策略與遠景的規劃。然而拉里・博西迪與拉姆・查蘭卻認為，這種「高處不勝寒」的領導風格正是執行力崩解的根源。真正高效的執行文化，必須從最上層的領導者開始，並且以親身參與為前提。也唯有如此，執行才能從制度化的流程，轉化為一種內化於行為的組織習慣。

　　博西迪曾強調：「領導不是高談闊論的藝術，而是深入實務的參與。」這並非一種修辭，而是長期經營中的實踐體悟。許多高階主管往往以為參與具體事務是種身段降低，實則不然。唯有真正踏入現場，理解部門運作的細節與困境，領導者才能在制定策略與人事安排時，作出符合組織實況的判斷。領導者若不熟悉自己企業的營運節奏，只憑報表與簡報掌握局勢，那麼其決策將極易失真，也難以贏得團隊的認同。

　　多數企業缺乏執行力的真正原因，並不在於流程設計不周，而在於領導層與現場脫節。這種脫節會導致責任落空、資源錯配與反覆協調的低效率循環。若高層只扮演象徵性的策略指導角色，而未對計畫執行過程提供具體支持或監督，那麼下屬自然無法建立起「執行有回應、行動有意義」的認知。這不僅影響士氣，更會形成一種對話無效、目標空洞的文化。

　　領導者親自參與還有另一個關鍵效用：掌握現場對話的節奏與深度。企業文化的根基來自對話，而非口號。當領導者親自參與討論，提出具體問題、引導實質對話，才能促使組織從表面協調進入到真正的問題解決。相反地，如果會議僅僅是流程過場、發言缺乏實質內容，那麼整個組織也將習慣於虛應故事，失去回應現實的能力。

　　此外，領導者透過實際參與，能有效建立橫向與縱向的信任網路。下

八、行動驅動的管理核心：《執行》

屬在與高層直接互動的過程中，不僅獲得實務指導，也能理解公司目標與標準的本質。這樣的互動過程有助於強化組織認同感與責任意識，也讓目標從上而下地轉化為可執行的具體任務。當目標不再是「別人訂的」，而是經過對話與理解所形成的共識，員工執行起來的動能也會隨之轉變。

《執行》一書反覆強調的並非「管理制度設計」的技術性，而是「領導參與行為」的根本轉化。它挑戰了過往將領導與執行二分的觀點，主張有效的執行文化從來不是命令的結果，而是參與的成果。當領導者願意走下高臺，深入流程、接觸人群，企業才能真正實現策略與現場的雙向對齊，進而建立出一種能夠長期支撐績效表現的執行文化。

3. 整合三大管理流程的實踐邏輯

一個組織的執行能力，並非源自某單一部門或技巧，而是建立在整體系統性運作的邏輯上。要真正具備執行力，企業必須整合「人員」、「策略」與「經營」三大管理流程，使其不僅形式上並列，更在內容上互為依據、相互支撐。這種整合，不是將三個流程堆疊起來，而是要建立一種動態機制，使三者在發展過程中不斷調整並緊密扣合。

在人員流程中，組織需清楚掌握現有人力資源的結構與潛力，並將其作為策略設計的起點。策略若與現實人力條件脫節，最終將淪為紙上談兵。唯有深入理解組織內部的能力結構，並能依目標導向適時調整領導配置與團隊架構，策略才能真正成為可行的方向，而非理想的假設。這也說明，人員流程並非策略執行後的配套機制，而是策略形成前的基礎性準備。

策略流程的重點，在於能否將抽象的願景或方向轉化為具體的運作架構與優先行動。在這個流程中，領導階層不只是制定計畫，更必須擔任選

擇與聚焦的角色，排除模糊不清或無法落實的主張，將資源鎖定在組織有能力達成的項目上。因此，有效的策略設計本身就是一種執行行為，它不僅包含願景，也內嵌了如何實現該願景的邏輯。

至於經營流程，則是驗證策略能否在現場實踐的關鍵平臺。經營不只是對日常營運的管理，而是策略能否轉化為績效的途徑。這一流程需建立在持續追蹤、反饋調整與責任歸屬的機制上，否則即使策略方向正確，也無法避免執行落空。當策略與經營產生落差時，組織必須回頭檢視流程整合是否出現斷裂，而非將問題簡化為個別單位的績效不彰。

三大流程必須以互動方式運作，並形成一套可以自我調整的結構。執行不再是策略完成後的「第二階段」，而是一個在策略、人員與經營之間持續循環的過程。領導者若無法透徹掌握三流程的連動關係，並親自參與其中的關鍵節點，企業將難以真正建立起具備應變力與可持續性的執行文化。

4. 執行文化的根基

在一個真正重視執行的組織中，人才流程（people process）從來不是附屬在策略規劃或經營管理之外的邊陲功能，而是整體運作邏輯的出發點與根基。執行之所以能夠有效推動，往往取決於企業是否具備一個有深度且動態的領導梯隊，這並非只靠人力資源制度所能支撐，而是來自組織對人才觀念的全面轉變：從「人適應系統」轉向「系統服務人」。

在人才優先的文化中，企業不再將人員規劃視為對策略的後續補充，而是將之納入策略形成的前提條件。所有對未來方向的判斷、資源配置的選擇與營運結構的設定，都需以現有與可開發之人才結構為起點。這樣的

八、行動驅動的管理核心：《執行》

做法並非保守，而是對執行現實的充分認知。當策略與實際能力脫節時，即使構想再完整，也將無法有效推進。

因此，領導者的首要任務，不是編寫高遠的藍圖，而是辨識誰具備推動藍圖的潛力，誰擁有能承擔關鍵責任的實質能力。這種辨識工作不應簡化為績效排名或性格分類，而應建立在長期觀察、動態評估與跨部門討論之上。更重要的是，組織需要發展一種對人才的集體洞察機制，讓對人的認知不只存在於少數高層的腦中，而成為團隊之間共享的判斷能力。

從這個觀點出發，組織對人的投資，也不再侷限於訓練與升遷流程，而延伸至更深層的責任配置與未來情境模擬。對一位具潛力的人選，應該不只關心他當下的表現，更要思考他在不同情境中的反應、壓力下的選擇，以及其價值觀是否與企業文化相容。這種對人才的深度經營，正是執行文化能否穩固的關鍵。

此外，企業在建構人員流程時，必須將領導力發展視為一個持續的系統，而非一次性的任務。培育不是為了填補空缺，而是為了建立一個可以面對未知挑戰的結構。唯有如此，組織才能在動態環境下維持足夠的執行彈性與策略轉換能力。

在一個執行為核心的組織裡，人才不再只是「職位的填補者」，而是「變革的觸發器」。這樣的角色定位，將徹底改變企業在評估、發展與留任人才時的思維，也讓執行文化不再依賴少數人的領導力，而能由廣泛的組織基底共同支撐。

5. 策略設計與可執行性檢驗

策略若無可執行性，終究不過是一種理想的想像。當企業僅以抽象願景或預設推論構建其發展方向，卻未納入組織現實與人力條件的盤點，那麼這樣的策略注定淪為紙上計畫。執行導向的策略設計，必須回歸一個基本原則：策略的邏輯要能與實際條件緊密連動，並且具有足夠的彈性去應對環境的動態變化。

在這樣的設計觀中，策略不再只是高層決策者用以象徵組織方向的口號，也不是單向下達的目標設定；而是透過系統性思考，進行現實狀態、資源配置與組織能力的連結運算。策略形成的過程本身，應即是一種可行性檢驗的過程。換言之，策略不是提出之後再尋找可執行的證明，而是設計時即內建其實施的基礎條件。

這樣的設計思維，要求策略制定者具備雙重視角：一方面要擁有全局理解，能夠描繪未來發展的可能性；另一方面，也必須掌握組織內部的運作現況與執行瓶頸，了解哪些要素是可調動的，哪些限制是當前無法突破的。唯有這種雙重視角，才能讓策略成為組織真正能夠「實作」的框架，而不只是「認同」的概念。

可執行性不僅僅是策略實施後的檢核標準，更應該是策略設計過程中最核心的評量指標。這包括對所需人力是否具備、跨部門協作是否暢通、績效機制是否同步，甚至是企業文化是否足以支持該方向的推動。許多策略之所以失敗，往往不是方向錯誤，而是低估了組織內部條件與外部環境的落差，導致過度理想化的設計無法轉化為行動。

此外，策略設計必須避免片面化與靜態化思維。過去企業經常將策略規劃視為年度儀式，以預測為基礎擬定行動藍圖，卻缺乏持續性的檢視與動態調整機制。在快速變動的市場條件下，策略必須具備回饋迴路，讓組

八、行動驅動的管理核心：《執行》

織能依據執行經驗不斷修正，將計畫性與適應性結合為一體。

因此，一項有效的策略應具備三項關鍵條件：一是**方向清晰且目標具體**，能指引行動而非模糊陳述；二是**邏輯一致且資源可配**，能與人員與經營流程對應；三是**設計中內含實踐機制**，能在推動過程中自我檢驗與修正。當策略具備這三項條件，才能成為推動組織執行力的起點，而非削弱執行力的幻想。

6. 建立具體責任與追蹤機制

組織的執行力，最終必須落實在責任歸屬與行動監督上。再完善的策略設計與流程安排，若無相應的責任結構加以支撐，不僅難以推動，更容易在層層轉化過程中失焦。責任機制的核心意義在於，將抽象目標轉化為具體承擔，讓行動者對結果有所感、對過程有所控，進而形塑整體的執行文化。

在一個缺乏清晰責任鏈的組織中，任務往往停留在「集體」層次，但實際上卻無人承擔具體落實的壓力。責任的模糊化不但稀釋了行動意圖，也削弱了績效評估的依據，使得執行過程難以推進、成果無從檢核。唯有透過結構化的責任分配，組織才能建立「誰該完成什麼、何時完成、如何衡量」的共識與紀律。

然而，責任的建立並非只是「指派工作」，而是要將責任視為一種可追蹤、可回溯、具邏輯連貫性的系統。它不應只是橫向分工的結果，更應縱向連結於策略方向與績效機制。當每項任務都有明確責任人、每個目標都有對應進度點與評估基準，執行過程才會真正具備可控性與驅動力。

在此基礎上，追蹤機制的設計便扮演了關鍵角色。追蹤不只是紀錄，

更是組織對承諾的檢核工具。有效的追蹤應該包括時間節點、進度回報、問題回饋與必要的資源調整空間。這樣的系統設計，能讓組織領導者與執行者維持持續對話、確保資訊透明，也能即時調整偏差；反之，若無持續追蹤，即便最初設定明確，也將隨時間流失其約束力。

此外，責任與追蹤的制度不應淪為監控與懲罰的手段，而應透過正向設計，引導出主動回報與問題揭露的文化。當員工能感受到組織是為了「完成目標」而非「追究責任」而設立追蹤系統時，他們更有可能主動參與、提出建議，甚至自我反省與修正，這正是執行文化的活水來源。

值得注意的是，責任與追蹤的建立不應是靜態制度，而是動態演進的結構。隨著策略變化與組織學習，原有的責任設定與追蹤節奏亦須調整，以對應新的挑戰與學習曲線。唯有如此，執行機制才能與時俱進，成為推動組織實踐與創新的根本架構，而非僵化而形式化的程序壓力。

7. 實事求是的組織對話文化

執行力的建立，往往不在於擁有多少策略文件或討論流程，而是能否在組織內部形成一種面對現實、說實話的文化。企業之所以在執行上停滯不前，往往不是缺乏能力，而是缺乏勇氣。許多組織習慣包裝問題、美化結果，將討論變成表演，讓真實的困境無法浮現，更無從著手解決。這不僅削弱了解決問題的速度，也讓決策脫離實際。

一個具備執行力的組織，其內部對話必須以現實為出發點。這種對話不是互相取悅，也不是單向灌輸，而是能讓不同觀點在理性與尊重的前提下充分碰撞，將問題逐步拆解、釐清、定位，最後找到可行的行動路徑。這樣的對話並不總是舒適的，但卻是必須的。唯有透過不迴避、不掩飾的

八、行動驅動的管理核心:《執行》

溝通,企業才能看見真正的盲點與風險,進而提出貼近現況的解方。

領導者在這個過程中扮演關鍵角色。他的語氣、反應與提問方式,會形塑整個組織的溝通氣氛。若他總是打斷質疑、不願承認問題、只接收順耳的訊息,下屬自然學會隱瞞與迎合;反之,當領導者能主動揭示現實、誠實面對挫敗,並對不同意見給予正向回應,實事求是的態度就會逐漸擴散,成為組織文化的一部分。

這種文化並非一蹴可及,而是來自持續不斷的示範與強化。從高階會議到基層檢討,每一次對話都是機會。當組織能夠習慣以事實為本,將挑戰視為共同面對的議題而非個人責任的推諉,執行力才會真正紮根。實事求是不是一種價值口號,而是一套說話與做事的方式,只有不斷實踐,才能讓組織具備真實面對世界的能力。

8. 簡化、聚焦與可衡量的目標設定原則

一個擁有執行力的組織,不僅需要明確的方向,也必須擁有清晰、簡單且可操作的目標。許多企業在策略規劃中洋洋灑灑列出十數項目標,乍看完整,實則分散焦點。當所有目標都看起來一樣重要,實際上沒有一項能真正推動整體進步。組織最常見的困境之一,正是過度複雜的目標體系讓人無所適從,導致執行失焦。

有效的目標設計應具備三個核心特質:簡化、聚焦與可衡量。**簡化**並不意味著粗略,而是將目標精煉至每個人都能理解與記憶的程度。若領導者無法在數分鐘內清楚說明公司的優先事項,便難以期待組織成員能夠朝同一方向前進。**聚焦**則是策略上的取捨,企業資源有限,若沒有選擇,就不可能有所突破。能夠抓住關鍵少數,往往比涵蓋全面還來得重要。至於

可衡量性，則是為了確保行動不會停留在口號層次。唯有將目標轉化為明確的數據與時限，才能在進程中持續追蹤、調整與推進。

簡單與聚焦的背後，是對現實條件的深刻理解。一個策略若無法被組織內部實際運作的邏輯支持，再完美也只是空談。反之，一個簡明、聚焦、並可衡量的目標，則能成為組織日常工作的導航系統，讓每個單位都知道自己該往哪裡走、什麼時候該到達、又該如何衡量進展是否落實。

在實務上，這樣的目標不應多於三至五項，每一項皆需有具體的承擔者、時程與衡量方式。更重要的是，這些目標之間需有優先順序，而非等重並列。這不僅有助於跨部門的協調與資源配置，也讓決策時的取捨變得合理與一致。

一個能夠清楚聚焦的組織，不只是提升效率，更是在執行過程中降低內部摩擦與衝突的關鍵。當每個人都清楚知道什麼是當前最重要的任務，行動就不再雜亂無章，而能形成合力，推動組織穩健前行。

9. 獎懲機制與領導者教練責任

執行文化的建立，必須以具體而明確的激勵與回饋機制為根基。若組織內部的績效與報酬之間缺乏清楚連結，員工將無從理解何種行為值得肯定，也無法建立執行成果與個人價值之間的直接關係。這不僅會削弱組織對目標的凝聚力，更會使真正具備執行力的成員失去動力與方向感。在一個強調執行的企業裡，獎懲制度必須精準對應於員工的表現，讓每個人都清楚了解自己的責任區域與衡量標準，並感受到努力與成就之間的公平交換。

這樣的獎懲結構，並不只是單純的數字遊戲。它更深層地反映出組織價值觀的導向與文化的落實。若高績效者與低績效者無區別對待，組織的

八、行動驅動的管理核心：《執行》

訊號便會失真，導致績效與承諾失去意義，團隊中自然無法形成積極向前的氛圍。而要使這套制度真正發揮效用，領導者的角色至關重要。他們不僅需親自參與績效判斷與人才發展的決策，更應成為組織中教練式管理的實踐者，透過引導、回饋與支持，協助團隊成員在不斷試錯與學習中精進自身能力。

教練型領導的價值在於持續投入與細膩觀察，而非高高在上的指令發布。優秀的領導者不僅在選才與任用階段展現洞察力，更在日常互動中發掘潛力、校準目標與調整方法。這種領導模式需要強大的同理心與觀察力，同時也要求領導者不斷修煉自身對人性、動機與學習曲線的理解能力。他們知道，每一次一對一的會談，都是培育執行力的契機；每一個具體的問題討論，都是強化責任感的過程。相較於傳統領導者僅關注結果，教練型領導更重視過程中的啟發與成長，並以此打造一支能夠自我驅動的執行團隊。

從制度設計到實際行動，領導者的身教與作為會逐步在組織中產生示範效應。一旦高層展現出重視績效與培育並重的態度，中階主管與基層員工自然會依循其模式，形成自上而下的文化擴散。長此以往，獎懲制度將不再只是工具，而會內化為一種共同認可的運作邏輯，使執行文化不只存在於報表與制度之中，更紮根於日常的對話、選才與回饋之內。

10. 行為示範與文化擴散

一個組織是否能真正落實執行文化，往往取決於領導者的言行是否一致。當領導者僅以口號呼籲執行力，卻未在日常決策、會議互動與問題處理上展現相應行為，組織自然無法產生信任與跟隨的動力；反之，當高階主管

10. 行為示範與文化擴散

持續以自身的作為，展現出對現實的直面態度、對問題的積極介入以及對結果的高度負責，這樣的行為模式便會在潛移默化中成為團隊仿效的典範。

行為的示範效應不僅影響部屬對任務的態度，更會深刻塑造整個組織的對話氛圍與工作節奏。領導者在會議中是否勇於提出關鍵問題、是否願意傾聽不同觀點，以及是否真誠回應反對聲音，這些細節都將決定組織是否能形成一種實事求是、坦誠互信的文化土壤。當這樣的對話成為常態，部門間的協作也不再流於表面，而是圍繞具體問題展開真實討論，進而促進決策品質與行動一致性的提升。

在這樣的文化氛圍下，執行不再是來自上級的要求，而是一種內化於每位員工心中的專業標準。這種轉化過程，並非透過強制命令所能完成，而需長時間的持續示範與有意識的文化經營。當領導者在日常營運中持續強調責任、成果與學習，他們實際上正在編織一套組織內部的社會運作規則（social software），這套規則將成為組織運作的隱性力量，支撐行動的一致性與效率。

值得注意的是，這種由上而下的文化擴散並非一條線性的傳遞鏈，而是透過不斷重複的互動，在組織的各個層級中產生回饋與再塑。當中階主管也開始以同樣標準要求自己與團隊，當基層員工感受到透明、公平與方向清晰的氛圍時，文化的擴散便不再只是理念的傳播，而成為實際制度與日常行為的組合。

因此，真正的執行文化並不是一套由制度推動的機械流程，而是一種由領導者以身作則所啟動、進而逐步內化至整個組織的行為習慣。這樣的文化將不再依賴特定人物維繫，而能在面對外部變局時展現出持續適應與行動的韌性。

當行為模式成為組織默認的標準，執行便不再是壓力，而是一種自然的反應。

八、行動驅動的管理核心:《執行》

九、

卓越躍升的組織理論重構：
《從優秀到卓越》

1. 優秀是卓越的最大障礙

在企業管理中，「優秀」常被視為令人羨慕的終點，但這樣的想法，反而可能成為阻礙更高成就的最大障礙。許多企業在建立起穩定獲利模式後，便逐漸陷入一種看似安全、實則停滯的狀態。當目標只是維持現有水準、避免犯錯，而非持續挑戰與進化，組織就可能在無聲無息中與卓越漸行漸遠。這種現象的危險性，在於它常常不易察覺，甚至被合理化成「務實經營」的藉口，使企業在表面穩健中喪失了轉型的動能。

管理學者吉姆・柯林斯（Jim Collins）便針對這一現象提出了深刻的剖析。他並非傳統的企業顧問，而是長期致力於研究卓越組織背後機制的學者。柯林斯曾任教於史丹佛大學商學院，並與研究團隊投入五年時間，從 1,435 家企業中篩選出 11 家真正完成從穩定優秀邁向長期卓越的公司。這項研究成果，即為他廣受關注的著作《從優秀到卓越》（*Good to Great*）。

柯林斯在書中指出，卓越並不是來自劇烈變革或天才領導者的特例，而是可被觀察、分析，甚至學習與複製的過程。那些能成功完成跨越的公司，大多在尚未陷入危機之前，便開始有意識地檢視自身結構、重新思索

九、卓越躍升的組織理論重構：《從優秀到卓越》

資源配置與領導思維。他們的共通點不是創新驚人或資源豐富，而是在關鍵時刻，能夠不被「已經不錯」的現況綁住，而是願意進一步追問：「如果能更好，為何停留於此？」

這樣的問題意識，正是從優秀走向卓越的起點。柯林斯甚至明確指出：「優秀是卓越的最大敵人。」因為一旦將「不出錯」當作目標，組織便不再有改進的壓力。這與一般人對失敗恐懼所造成的停滯不同，而是一種來自成功的麻痺，一種因為達標而停止思考的危機。企業若無法及早察覺這層盲點，最終就可能被過去的成功邏輯所束縛，在市場變局中逐漸失去競爭力。

《從優秀到卓越》之所以在全球管理領域引發迴響，不僅是因為其研究資料嚴謹，更因其提供了一套系統化、可實踐的框架，幫助企業從「已經不錯」邁向「非凡穩定」。這套框架所揭示的，不是一夜致富的捷徑，而是如何在看似平穩的現況中，建立突破思維與長期文化的養成。對於當代仍陷於穩定中求生的企業來說，這份洞察，無疑具有穿透性的啟發價值。

2. 第五級領導者的矛盾特質與接班思維

在大多數人對卓越領導者的想像中，強勢、自信、魅力四射似乎成為主流標準。然而，柯林斯對這種既定印象提出了根本挑戰。他所提出的「第五級領導者」（Level 5 Leadership）概念，正是針對真正能引領企業走向卓越的領導者所進行的長期觀察與歸納。

這類領導者的核心特質，並非來自個人魅力或支配力，而是一種獨特的矛盾結合：內在的謙遜與外在的堅定並存，個性內斂但意志強悍，既願意將功勞歸於他人，又毫不退縮地承擔責任。

2. 第五級領導者的矛盾特質與接班思維

柯林斯發現，那些完成從優秀到卓越轉型的企業，其領導者並不追求曝光或聲望。他們常常是低調、寡言甚至被誤認為「無趣」的人，但卻擁有難以撼動的決心與清晰的目標。這些人並不把自己的形象置於企業發展之前，而是持續將注意力放在長期成果與組織價值的累積。他們不倚靠個人魅力驅動團隊，也不期待憑藉臨時靈感來解決問題，而是透過紀律與堅定，建構出具備延續性的績效系統。

這樣的領導風格之所以少見，是因為它違反了當代企業文化中對「英雄型領袖」的熱衷。許多組織仍將成功歸因於單一領導者的「遠見」，但事實上，柯林斯團隊所觀察到的卓越企業，更多是由一群深具合作精神的高層團隊所共同推動。

第五級領導者懂得建立制度與文化，培養能與其同樣堅定的接班人，而非讓組織依賴於個別英雄的才能。這使得卓越不再只是短暫的閃光，而能在世代更替間繼續推進。

更值得注意的是，第五級領導者並非天生具備這些特質，而往往是在實踐與反思中逐步形成。他們會在成功時將榮耀歸於團隊、時機或運氣，而在失敗時動承擔責任。這種自我要求與謙遜精神，使他們在推動組織改革時，更能贏得成員的信任與凝聚力。長遠來看，這樣的領導風格反而比個人主義更具有擴散與複製的可能性。

第五級領導力的真正價值，並不僅止於人格特質，而在於它所帶來的組織效應：它促成的是一種可以跨越領導更替、延續核心價值的文化結構。這些領導者不以留下名字為目標，而是致力於讓組織在沒有他們之後依然能穩健運行，甚至更上一層樓。他們真正關心的不是「我是誰」，而是「我們能成為什麼」。正因如此，他們為企業注入的，不只是戰略執行力，而是一種深層的價值傳承機制。

九、卓越躍升的組織理論重構：《從優秀到卓越》

3. 組織轉型的前提邏輯

在多數管理經典的敘述中，策略規劃往往被視為企業成功的起點。然而，柯林斯的研究揭示出一個更根本的邏輯順序：在策略之前，應當是選人。

他發現，真正能從優秀躍升至卓越的企業，並非從制定遠大的藍圖開始，而是從「選對人」作為第一步。這些企業的領導者深知，唯有先確保合適的人在對的位置上，後續的願景擘劃與策略執行才具備可行性與穩定性。這種順序上的轉向，不只是技術操作的微調，而是一種整體組織哲學的重塑。

「先人後事」不只是人資部門的工作準則，更是一套貫穿於組織變革與領導決策中的深層邏輯。柯林斯指出，那些具備轉型潛力的企業，其領導團隊在初期階段並未急於推進特定計畫，而是投注大量心力於建立一個具備判斷力、責任感與協作精神的核心班底。這樣的做法並非反映保守或拖延，而是出於對轉型風險與組織可塑性的清醒認知。畢竟，再完美的策略若缺乏願意共同承擔與執行的團隊，也終將淪為紙上談兵。

這種選才邏輯不僅著眼於能力，更強調價值觀與組織文化的契合度。卓越企業的領導者對於「合適的人」有著極高的辨識標準，他們不會因眼前的短期任務而妥協用人原則，而是堅持只聘用那些能在未來承擔更多責任、擁有成長潛力的夥伴；相對地，那些無法與組織方向同步的人，即使專業再強，也會被及時汰換。這種「嚴格但不冷酷」的用人觀，使得組織能保持一種內在的清晰與行動一致性。

柯林斯也強調，成功的轉型並非仰賴一位天才領導者配上一群執行者，而是仰賴一個能集體推進的管理團隊。這些團隊在策略討論過程中常常意見激烈、辯論不休，但一旦形成共識，便能迅速統一行動、不計個人功勞地推動執行。這種集體運作機制正是「先人後事」邏輯的延伸實踐：

因為選對了人，所以才能進入高效的決策與執行節奏。

此外，真正卓越的企業也會主動處理「錯位」問題。他們不會讓不合適的人長期滯留組織內部，避免拖慢整體發展節奏。對於高階人員，柯林斯特別提出三項指導原則：一、如無法明確判斷某人是否適任，則寧可暫時空缺，也不輕易妥協；二、當換人已成定局，應果斷執行；三、不要把優秀人才只當作解決燃眉之急的工具，而是看作未來長期發展的關鍵資產。這些原則凸顯了「先人後事」並非一時的策略技巧，而是一套面對長期競爭的不變心法。

簡言之，從優秀跨越至卓越的起點，從來都不是關於要做什麼，而是關於與誰一起做。只有當正確的人在場，正確的事才有可能發生。先人後事，是企業邁向卓越之路上最關鍵也最容易被忽視的起點。

4. 史托克戴爾悖論與文化生成

在轉型企業的歷程中，面對現實的能力遠比預設目標來得重要。這並非只是關於接受不利情勢的消極服從，而是一種積極的心理強度，它要求組織在最艱困的環境下仍能維持冷靜觀察與果斷行動。柯林斯將這種態度凝鍊為「史托克戴爾悖論」(Stockdale Paradox)：一方面要保持對最終成功的堅定信念，另一方面卻又要正視當前最殘酷的事實，絕不自欺。這兩者看似矛盾，卻共同構成轉型文化中的精神核心。

企業文化的塑造，常常在逆境中才顯出其真實輪廓。組織若缺乏直視問題的機制與勇氣，往往會在外在環境變動下陷入自我麻痺的泥淖；相反，能擁抱現實、願意揭露真相的文化，反而更容易快速適應與調整。從這樣的觀點出發，卓越並不來自於避免問題，而是來自於對問題的深刻理解與組織性的回應。

九、卓越躍升的組織理論重構：《從優秀到卓越》

在柯林斯的研究中，那些實現從優秀到卓越的企業無一例外地建立了「讓真相浮現」的制度性管道。他們鼓勵問題被提出，甚至主動創造讓不同聲音被聽見的機會。這種文化並不強調樂觀口號，而是要求每位成員對事實保持誠實的態度。會議不是用來肯定領導者的決策，而是用來檢視現況的真實樣貌、挑戰假設、揭露盲點。這些過程有時是痛苦的，但也正是在這些對話中，企業才能釐清行動方向。

史托克戴爾悖論真正的難處，不在於是否知曉這個概念，而在於能否長期實踐。人類天性傾向逃避不安與混亂，組織也常有自我保護的機制，使不利資訊遭到壓抑或轉譯。許多企業在內部表現出表面上的和諧與效率，實則在忽視累積性的問題。當現實最終無法再被掩蓋時，組織才驚覺原來問題早已深植結構當中。因此，那些具備實事求是文化的企業，才得以在風險真正發生前就預作準備，甚至在危機中找出創新的出路。

從制度面來看，創造一個可以真誠說話的空間是第一步。柯林斯強調幾項具體方法：其一，領導者要樂於提出問題，而非習慣給出答案；其二，在高階管理層之間建立真誠辯論的文化，使對話不流於表面禮貌，而能深刻碰觸問題本質；其三，強調事後檢討，而非事前責難，讓失敗變成可學習的素材，而非迴避的污名；其四，建立資訊機制，使紅色旗幟的訊號無法被忽視，形成具反饋性的監測網路。這些做法不是一蹴可幾的改革，而是逐步累積的文化工程。

史托克戴爾悖論的價值，不只在於它是一種心理韌性，更在於它是一種行動邏輯：每一個決策、每一次會議、每一場對話，都需要在堅持信念與誠實面對之間取得平衡。這種文化一旦建立，企業便能以更扎實的步伐推進策略，也更有能力應對不可預測的挑戰。

在企業走向卓越的過程中，真正的困難從來不在於技術或資源的不足，而是組織是否願意誠實地凝視自己的現況。唯有當信念不因挫敗而動

搖，真相不因壓力而沉沒，組織才能真正邁開腳步，跨過「優秀」的自我滿足，通往長期且有機的卓越之路。

5. 刺蝟理念的形成與意涵

在企業從優秀邁向卓越的歷程中，最具分水嶺意義的，往往不是外部技術或市場策略的突破，而是對組織本質的深刻理解與聚焦。柯林斯將這種深度聚焦的原則形象化為「刺蝟理念」（Hedgehog Concept），指出卓越企業之所以能長期維持高績效，關鍵在於它們能夠專注於少數本質性問題，並反覆深化，而非分散於眾多策略選項中疲於奔命。

刺蝟理念的核心在於簡單，而非簡化。它源自三個相互交會的認知維度：第一，企業真正擅長、能做到世界一流的領域是什麼；第二，企業的經濟引擎是如何運作的，即最關鍵的獲利驅動因素；第三，企業對什麼抱持深刻的熱情。這三個圈的交集，就是刺蝟理念的所在。值得注意的是，這不僅是策略選擇，更是一種自我認知的過程，它要求企業誠實地剖析自己真正的優勢與限制。

這個理念與傳統管理思維不同之處，在於它不是建立在機會導向上，而是建立在定位與本質的澄清上。刺蝟企業不追逐流行，也不因短期利益而偏離主軸，它們透過長期累積的洞察與紀律，將組織資源集中投注在最具穿透力的方向上。這種聚焦帶來的不只是策略清晰，更是一種文化的一致性，讓所有成員對「我們為何存在、該做什麼、不該做什麼」有清楚的共識。

值得強調的是，刺蝟理念並非來自高層靈光乍現的啟示，而是透過一種漸進式、重複性探索的過程形成。柯林斯稱這個過程為「理事會機制」

九、卓越躍升的組織理論重構：《從優秀到卓越》

（Council Mechanism），即由一群深度參與企業運作、能坦誠對話的人組成決策核心，透過不斷提問、討論與實證資料的檢視，反覆打磨出最符合組織本質的方向。這種集體思考的機制，使刺蝟理念不淪為口號或願景，而真正轉化為日常經營的依據。

在實務上，擁有刺蝟理念的企業能夠做出清晰果斷的取捨。例如，它們願意捨棄營收可觀卻偏離核心的業務，也能明確拒絕與使命無關的機會。這種選擇看似保守，實則展現了深層的紀律與成熟的經營智慧。當外部環境不斷變動時，刺蝟理念讓企業不至於陷入方向混亂，也避免因策略漂移而失去內部整合力。

更進一步地，刺蝟理念也提升了組織內部的決策效率。當一個企業對自身本質有明確認知時，多數日常判斷都可以在此基礎上自動對齊，減少反覆討論與資源拉扯。管理團隊不需為每一次新機會重新定義目標，而是能在一致原則下迅速行動，形成一種高一致性與高敏捷性的決策環境。

然而，擁有刺蝟理念不代表企業將一勞永逸。正如柯林斯提醒，這是一種需要長期維持的專注狀態。企業必須不斷檢視自身的三個圈是否仍保持交集，尤其在外部環境或內部能力結構出現重大變動時，更需審慎確認是否仍在原有的刺蝟路徑上。否則，再強的策略，一旦脫離本質，也會逐漸失效。

總而言之，刺蝟理念不是技巧性工具，而是一種建立在自我認知與價值觀之上的經營哲學。唯有企業真正理解自己的核心優勢、經濟動力與文化熱情，並將三者整合為單一聚焦的行動軸線，才能在競爭激烈的環境中不斷推進、累積動能，最終實現穩健而持久的卓越。

6. 紀律結合創業精神

在許多企業文化的轉型論述中，自律常被視為組織機制的延伸，似乎只要制度完備、規範齊全，就能維持績效穩定。然而，柯林斯透過深入研究指出，真正能驅動企業從優秀邁向卓越的文化，不是仰賴外在規則的壓制，而是一種源於內部認同的自律精神。這種文化同時具備紀律的堅定性與創業的主動性，是一種張力並存的組織生命力。

所謂自律文化，並非僅指個人行為的規範化，更重要的是組織整體對核心理念與運作邏輯的高度一致與堅守。柯林斯指出，卓越企業普遍呈現出一種「制度框架內的自由」，即在明確的原則與共識下，員工得以在不違背大方向的前提中靈活發揮。這樣的文化不靠層層控管，也無需高度指令，反而是透過組織內部對於何為「該做的事」有一致認知，進而產生自發性行動。

這種文化的形成仰賴三個關鍵層次：自律的人、自律的思考與自律的行動。首先，卓越企業在招募與篩選人才時，重視的不是技術背景或短期績效，而是人格特質與價值觀的契合。他們傾向選擇那些對責任有自覺、能主動約束自己並對組織目標有高度認同的人。這樣的成員不需靠外在壓力驅動，就能自我要求、持續精準。

其次，自律的思考要求組織在決策時不盲從趨勢、不被短期績效綁架，而是反覆檢視與驗證是否符合核心理念與刺蝟原則。在卓越企業中，紀律並不意味著保守，而是一種思維上的邏輯一致性與策略堅持。這使得企業即使面臨外部誘惑或內部資源壓力，也不輕易偏離主軸，能長期累積其核心優勢。

最後，自律的行動體現在執行上的一致與堅定。柯林斯觀察到，這些企業的員工在沒有密集監督的情況下，也能持續完成高品質任務，甚至主

動超越目標。這不是來自嚴苛的監管，而是一種源自價值觀認同的責任感。組織中每一位成員都把實現卓越視為自身義務，而非上級壓力。

自律文化的成熟，並不排除創業精神的存在。相反地，真正的創新與主動來自於一種內在驅動，而非追逐機會的衝動。卓越企業成功之處，不在於無所不用其極地追逐每一個可能的成長點，而是能在刺蝟理念的原則下，集中火力、穩健前行。在這樣的架構中，創業精神不再是冒進式的賭博，而是有原則、有邏輯的實驗與突破。

有趣的是，柯林斯亦指出，自律文化與官僚體制本質上是對立的。當企業能透過紀律的人與思維建構出一致的價值系統時，就不再需要以冗長流程或層層稽核來確保行為正確。官僚文化往往是對人才失望的補償，而真正卓越的組織，則透過篩選與淘汰機制，保有高素質成員，進而擺脫對繁文縟節的依賴。

總體而言，自律文化並非來自強人領導的個人意志，也不是靠短期激勵手段維繫，而是整體組織長期堅守核心價值與原則所逐步內化的成果。它讓企業得以在快速變動的環境中維持方向感，在自由與紀律之間取得微妙平衡。當紀律與創業精神彼此融合，企業就能形成一種不靠權威驅動、也不易因人而改的穩定文化，成為推動卓越最深層的動力來源。

7. 驅動力與本質的辨析

科技的進展無疑是當代企業轉型與成長的重要背景因素，但柯林斯對於技術與卓越之間的關係提出了極具啟發性的觀察。他指出，真正實現從優秀到卓越的企業，並不是因為技術創新而轉變為卓越，而是這些企業原本就擁有穩健的組織根基與清晰的刺蝟理念，技術在其中所扮演的角色，

7. 驅動力與本質的辨析

不是開啟變革的核心力量，而是一個關鍵的加速器（accelerator），強化原有動能，使其邁向更高層次的績效。

在平庸企業中，技術經常被視為救命稻草，一旦外部環境出現壓力，就寄望透過新科技來帶動轉型，進而解決業績或成長的困境。然而這種策略往往忽略了一個關鍵問題：當組織文化尚未穩固、人才配置未齊備、策略核心尚未成形時，任何技術的導入都無法真正產生深遠效益。這些企業將希望寄託於外部工具，而非內部體質的強化，反而容易陷入技術浮誇與資源浪費的循環。

反觀那些真正邁向卓越的公司，它們之所以能在適當時機成為科技應用的先鋒，是因為已經建立起清晰的方向與紀律文化，知道哪些技術值得投資、如何應用才能服務於核心目標。技術對它們而言，是為了深化刺蝟理念中的關鍵能力，而非創造表面上的創新感。正因如此，它們不會盲目追逐技術趨勢，也不輕易受業界炒作牽引，而是將科技納入一套嚴謹的策略審核與執行邏輯當中。

此外，柯林斯強調技術本身從未是企業卓越或衰退的決定性因素。相反地，是企業內部對於技術角色的正確認知與選擇，才構成關鍵差異。優秀企業之所以無法邁向卓越，常常正是因為它們被迫跟隨技術，而非有能力選擇技術。這也說明了一個深層的洞見：企業若無法將科技決策與核心理念綁定，只會讓技術變成一種短暫的話題或成本壓力，而無法形成持久的競爭優勢。

技術加速器的真正價值，在於其能強化那些已經正確的選擇與行動，而非彌補錯誤方向的不足。在實踐中，這意味著企業應當先建立清楚的自我認知、穩定的策略架構與有紀律的行動體系，接著再根據這些基礎，有選擇性地導入與之契合的技術解方。換言之，技術的影響力，不在於它本身的先進程度，而在於企業是否具備判斷與整合的能力。

九、卓越躍升的組織理論重構：《從優秀到卓越》

在這樣的觀點下，科技不再被神化，也不再是變革的起點。它只是那一股已經啟動的飛輪所依附的加速度，是一項工具，而非策略的靈魂。真正的驅動力，來自於企業內部結構、文化與價值觀的穩固，這些因素才是能夠承載科技並放大其效益的基礎。

因此，想要成為卓越企業的關鍵，並不在於能否掌握最新的技術工具，而在於企業是否能在策略清晰、自律文化與紀律行動的基礎上，精準擷取科技的加乘價值，讓技術真正成為推動飛輪轉動的力量，而不是企圖跳過累積階段的捷徑。

8. 飛輪效應的滾動邏輯

在描繪企業從優秀跨越到卓越的過程中，柯林斯以「飛輪效應」（Flywheel Effect）作為形象的比喻，精準呈現這一變革並非倏然而至的戲劇性轉折，而是一種持續堆疊、逐步加速的組織動能。這一觀念挑戰了許多企業對「突破」的幻想，指出真正深遠的成果往往來自無數次看似平凡卻方向一致的努力，而非單一行動或重大改革。

飛輪本身象徵的是沉重且不易啟動的變革工程。在初期，每一次推動所獲得的進展都極為微小，甚至不被外界所察覺。但正是這些看似微不足道的推動，當長期累積之後，逐漸構築出組織內部的動能與慣性。一旦飛輪開始自我轉動，其速度與效益將呈現指數型成長，而這一突破時刻看似突然降臨，實則是長時間紀律行動與方向一致所導致的結果。

柯林斯強調，在飛輪效應的邏輯中，沒有「神來一筆」的靈光乍現，也不存在單一政策、科技或個人領導所能催生的奇蹟。卓越的形成來自集體、日復一日的努力，而非外部事件或革命式的舉措。這種模式需要的是

144

耐心、紀律與長期視野，尤其是在尚未看到成果時持續投入正確方向的信念與堅持。

與此形成對比的，是柯林斯所謂的「厄運之輪」(The Doom Loop)現象。某些企業領導者不願意接受緩慢而堅定的推進過程，轉而依賴激進變革、大規模重組或話題性策略來製造短期聲量。這種策略雖可能一時奏效，但由於缺乏內部一致性與長期動能，很容易陷入持續更動方向、決策反覆不定的狀況，最終不但無法建立飛輪，反而耗盡資源與信任，導致組織停滯甚至衰退。

飛輪效應的關鍵在於建立一套具備連貫邏輯的行動路徑，從領導者的選擇、刺蝟理念的釐清、自律文化的落實，到策略與人才的精準配對，每一步皆相互扣連。當這些元素在組織中逐步累積到某一臨界點時，突破就會自然而然地發生，不需宣傳、不需標語，更不需要外部認可。它是一種內建於系統中的進展，是一套深層運作的邏輯機制。

更重要的是，飛輪效應的真義不只在於達成一次性成果，而在於如何持續轉動，使卓越不僅是突破的狀態，更成為一種可維持、可擴張的組織能力。它呼籲企業領導者拋棄對快速成功的執迷，轉而投注於穩定而堅定的推進，不求速成，而求深根。正是在這種持續、默默且專注的投入中，企業真正實現了從量變到質變的蛻變。

總結來看，飛輪效應所呈現的是一種強調內生動能與正向循環的管理觀點。它不是技巧，也不是管理工具，而是一套關於組織行為、文化與紀律的核心信念。唯有當這樣的信念內化為整個組織的日常實踐時，卓越才可能持續發生，而非曇花一現的奇蹟。

九、卓越躍升的組織理論重構：《從優秀到卓越》

9. 價值驅動與未來挑戰

企業從優秀跨越到卓越固然困難，但真正的挑戰在於如何維持卓越、延續動能，並在變動的環境中持續前行。柯林斯指出，突破只是開始，若缺乏價值導向與組織韌性，卓越終將轉瞬即逝。唯有將卓越轉化為一種持久的文化與核心信仰，企業才能跨越短期的表現曲線，邁向真正的恆久發展。

支撐卓越持續運行的，是企業對其存在意義的清晰理解與堅定承諾。這不僅是為了盈利，更是為了實踐一套超越商業目標的價值體系。這些價值可能源於對顧客的長期承諾、對創新的執著，或是對產業倫理的堅守。但無論具體形式為何，唯有當價值成為企業決策的根本準則，組織才能在外部環境劇變時保持內在一致與方向穩定。

柯林斯在本章中強調，將卓越延續為基業的關鍵之一，是建立能平衡「保持核心」與「驅動進步」兩者的文化動能。他稱這種動能為「核心與刺激雙引擎」（preserve the core and stimulate progress），意即企業應一方面堅守其不可妥協的核心理念與價值觀，另一方面則要持續在策略、組織形式、科技應用上保持彈性與創新力。只有這樣，企業才能避免因僵化而喪失生命力，或因過度轉變而失去自我定位。

進一步來說，柯林斯將《從優秀到卓越》的核心理念，與他早期作品《基業長青》（Built to Last）之間的關聯做出區分。《從優秀到卓越》聚焦於企業如何建立突破的內在邏輯與結構，而《基業長青》則著重於如何維持這種卓越成就並歷久不衰。前者是起步與轉型，後者則是延續與傳承。兩者合而觀之，構成一條完整的企業進化路徑，從戰略突破走向文化深植。

然而，要從卓越走向恆久，除了制度設計與文化建構，領導者的思維也必須轉變。領導者不能將組織視為自己事業的延伸或成就的象徵，而應

9. 價值驅動與未來挑戰

致力於打造一個能在自己離開之後依然運作良好的體系。這種領導觀並不著眼於個人影響力的極大化，而是投注於組織本身的韌性與自我驅動能力。領導者真正的成就，不在於留下名聲，而在於留下一套運作邏輯與價值體系，使企業得以持續前行。

從卓越走向恆久的過程，也意味著企業必須建立一種面對未來的能力。這不僅是預測趨勢，更是培養一種能在面對不確定性時仍保持信念與紀律的組織文化。它要求企業擁有清晰的信仰核心，並能在新情境下延展出具體對策。當環境、科技、顧客偏好不斷轉變，唯有這樣的文化與價值觀，才能讓組織在不迷失自我的前提下持續演化。

綜觀全書，《從優秀到卓越》不只是對績效提升的說明書，更是一套關於組織如何塑造自我、理解自己與延續自身的深層結構性思維。它的終點，不是一次性成果的達成，而是一種內建於組織中的長期動能，使卓越成為企業習以為常的狀態。唯有如此，企業才能真正走上從成功走向永續的道路。

九、卓越躍升的組織理論重構：《從優秀到卓越》

十、

策略創造與組織再生的競爭觀：
《為未來而競爭》

1. 策略作為創造性視角

　　當代企業在面對市場劇變與技術顛覆時，往往將策略視為一套可分析、可預測的管理工具，透過 SWOT、五力分析或其他邏輯模型來處理不確定性。然而，加里・哈默爾（Gary Hamel）與普拉哈拉德（C.K. Prahalad）在《為未來而競爭》（*Competing for the Future*）中對此提出深刻反思。他們認為，這種策略觀點猶如一套緊身衣，把企業對未來的想像與行動能力束縛於一套過度理性化的思維框架之中。

　　哈默爾與普拉哈拉德主張，策略不該只是管理層年度報告中的數字演算，也不應是對過去趨勢的被動回應。他們提出一個嶄新的觀點——策略應是一場有機的、具開創性的對話，一種關於「我們要成為什麼樣的企業」的組織性提問。這樣的策略不只是邏輯規劃，而是一種激發行動與願景的語言實踐。

　　為了突破傳統策略語彙的侷限，他們引入「策略化」（strategizing）一詞，強調策略是一種持續形構未來的動態過程，而非靜態產出。這也意味著，企業的思考不應再受限於既有市場邏輯與產業結構，而要勇於想像產

十、策略創造與組織再生的競爭觀：《為未來而競爭》

業邊界的轉變、需求型態的變形，甚至顧客尚未察覺的價值來源。

真正的策略能力，不在於分析現有資源的最佳配置，而在於創造未來的可能性與行動場景。

在這樣的觀點下，策略不再是企業適應未來的方法，而是企業定義未來的方式。這場語言與思維的轉變，正是哈默爾與普拉哈拉德所提出策略革新的起點。

2. 策略學習的實踐落差

企業對於策略的理解，長期以來受到「計畫導向」思維的支配。這種模式將策略視為一項週期性任務，由高層透過資料分析與市場預測制定方向，再交由各部門層層推動執行。然而，哈默爾與普拉哈拉德認為，真正的挑戰並非來自策略是否明確，而在於企業是否具備持續學習與預見未來的能力。若策略只是一次性的結果，組織便可能停滯於過去的判斷之中，錯失對變化的敏感度與反應速度。

這種落差來自一種觀念上的誤會：將策略視為靜態產出，而非動態學習過程。哈默爾與普拉哈拉德指出，許多企業之所以在劇變中失速，是因為它們誤以為策略是一種對未來的控制，而不是對未來的探索。這導致策略形成過程中缺乏真正的組織學習——學習如何看見新的可能性、學習如何打破對過去成功經驗的依賴、學習如何面對不確定性的本質。預見的能力，不僅建立在分析資料的技巧，更取決於企業是否鼓勵成員參與討論未來、共享觀點與發展願景。

更進一步，預見需要企業對時間的理解有所轉變。傳統規劃著重於短期執行與預算控管，而預見則要求企業建立一套「未來導向」的思維機

制。這意味著組織必須放棄將未來當作線性延伸的幻象,而改以「情境式」思考面對多元可能路徑。

預見不保證正確預測,但它強化組織辨識趨勢、解釋動向、修正假設的能力。唯有如此,企業才能在面對複雜與不確定時,發展出更具彈性的策略反應系統。

哈默爾與普拉哈拉德的觀點,重新定位了策略在組織中的角色:它不是一套行動指南,而是一場集體認知的進化。從規劃到預見,是從管理過去轉向創造未來的過程。

真正的策略,不在於文件是否完備,而在於組織是否已開始提出正確問題,並持續學習與調整。

3. 重塑企業競爭焦點

傳統競爭策略往往以「市占率」為指標,企業的成功被簡化為在既有市場中所占比例的多寡。然而,哈默爾與普拉哈拉德認為,這樣的思維限制了企業的視野與創造性。他們提出「機會份額」(share of opportunity)的概念,主張企業應將焦點從分食現有蛋糕,轉向擴大市場潛力與未來可能性。企業不是在爭奪既定空間,而是參與重新定義市場邊界的遊戲。

「市占率」的邏輯預設市場已經成熟,競爭者只能透過效率提升或價格戰來取勝。然而這種零和邏輯,在快速變動的環境中容易使企業陷入防守與保守的策略框架。相對之下,「機會份額」思維強調的是未被滿足的需求、新興顧客群與尚未形成的產品空間。這種轉向不只是擴大機會的規模,更是一種對未來價值的敏感嗅覺。企業若能發展出對機會的直覺與辨識力,就有機會在尚未擁擠的賽道中建立領先優勢。

十、策略創造與組織再生的競爭觀：《為未來而競爭》

哈默爾與普拉哈拉德的觀點背後，是對企業本質的再定位。他們主張公司不應只看自己是產品或服務的提供者，而應是能力與潛能的整合體。一個企業若將自身視為「核心能力的組合」，便能以更有彈性的方式回應環境變化，也能更快辨識哪些新興機會與自身資源互補。這種能力導向的思維，讓企業得以超越現成市場，進入尚未定義的領域，在競爭尚未成形前，先行卡位。

更重要的是，「機會份額」思維帶動的是一種文化的轉變。它要求企業擺脫對短期績效的依賴，轉而投注於長期成長的探索；它也要求管理階層能夠培養組織內部的創新能力與跨部門對話，讓來自前線的觀察有機會成為策略選項的一部分。

當企業真正將焦點放在機會上，而不是在現狀中互相廝殺，就可能打破舊有產業規則，開創新的成長曲線。

4. 重構企業的價值定義

哈默爾與普拉哈拉德對企業價值的理解，不再停留於傳統財務報表中的資產與市占，而是轉向內部資源的動態整合，尤其是「核心能力」的建構與發展。他們主張，企業應將自身視為一套能力體系的集合體，而非單一事業部門或產品線的組合。這樣的觀點挑戰了以營運結構為中心的管理思維，強調組織存在的根本價值，是在於其能否持續整合知識、創造能力、並將之轉化為具市場競爭力的應用方案。

核心能力的本質不在於眼前的產品或服務，而在於支撐這些產品背後的深層技術、組織程序與學習能力。它是一種橫跨部門的知識網路，使企業得以在多元市場中靈活應對、跨界創新。舉例來說，一家企業若擁有強

大的材料科學研發能力,其未來可以進入醫療、能源或消費品等不同產業,而不受限於原有市場。這樣的能力觀,讓企業更專注於長期競爭優勢的培育,而非短期營收的最大化。

然而,發展核心能力並非仰賴少數天才型領導者,而是來自組織整體學習結構的建立。哈默爾與普拉哈拉德強調,管理階層的任務不只是制定策略,更要創造一個能促進知識整合與傳承的文化。這樣的文化讓不同部門能共享經驗、讓前線人員能參與創新,也讓過去的技術資產能夠被重新組裝應用。核心能力因而不是靜態的資源,而是透過組織互動持續演化的能力基底。

這個視角帶來一項重要啟示:企業的價值,不再由既有的市場地位所決定,而是取決於能否在未來的市場變局中持續構築新的能力。也因此,企業的策略起點不再只是回答「我們現在做什麼」,而是問「我們能夠學會做什麼」。這種價值定義的轉向,重新塑造了企業與未來的關係,也為競爭優勢的理解開啟了更深遠的可能性。

5. 反思瘦身迷思與再生可能

哈默爾與普拉哈拉德對 1990 年代盛行於企業界的「瘦身改革」風潮提出深刻批判。他們認為,許多企業在面對經濟壓力與成長停滯時,選擇以裁員、關閉部門、削減成本作為回應方式,但這類行動多半只對短期報表有利,卻難以支撐企業的長期生命力。當組織只在追求效率的名義下不斷壓縮規模,最終將犧牲創新潛能與人才累積,使企業陷入自我削弱的惡性循環。

哈默爾與普拉哈拉德指出,「精簡」若未與「再生」同步發生,組織便

十、策略創造與組織再生的競爭觀：《為未來而競爭》

會落入他們所稱的「企業厭食症」困境 —— 只專注消減，卻未重建體質。他們主張，真正的組織變革不應僅止於清理過往的錯誤，更重要的是啟動一套向未來進化的能力重構機制。也就是說，企業應該將眼光從短期資本報酬率的壓力中移開，轉而思考如何發展下一階段的核心競爭力。唯有當組織能夠藉由文化上的轉向，重新看待學習、試驗與創新作為成長的根源，才有可能走出不斷重組卻始終停滯的困局。

這種文化轉向的關鍵在於重構價值衡量的尺度。傳統上，管理績效被簡化為財務比率或裁減幅度，但哈默爾與普拉哈拉德主張應將「企業生命力」視為長期經營的核心指標。這不只是營收與成本的平衡問題，而是組織能否持續探索新機會、吸引創新人才、打造開放而動態的學習環境。文化若以再生為本，便會看重提問勝於回答、看重探索勝於預測，也更願意投資於尚未顯現報酬的潛力專案。

此外，兩位作者亦提醒企業反思組織設計中的權力分配與知識結構。他們觀察到，歐洲與日本的傳統企業較傾向菁英文化，由高層掌控知識與策略決策；相對之下，美國企業在推動內部民主與激勵基層參與上，展現出更大的彈性。哈默爾與普拉哈拉德並不主張複製某種模式，而是指出再生文化的核心，在於是否允許新世代的聲音進入決策中心、是否能讓組織自身成為創意與動能的孵化器。

成長不應只是財務數字上的躍升，而應是組織對未來挑戰的主動回應。唯有將文化從防禦式的削減，轉化為進取式的再生，企業才可能真正邁向下一階段的進化。這是對傳統管理思維的挑戰，也是對未來組織可能性的深刻回應。

若企業只關注財務數字，而不願面對能力與文化的重構挑戰，那麼瘦身改革最終將走向另一種資本驅動的迷思。

6. 效率迷思與資本驅動

　　在全球化與股東價值主導的時代脈絡下，哈默爾與普拉哈拉德對「重組」作為企業變革策略提出尖銳批評。他們認為，當組織將資源投入效率優化與成本壓縮，而非未來機會的探索，便會陷入「資本驅動的迷思」。這類迷思將企業經營視為財務槓桿的運作問題，強調以最少的資本投入獲取最大報酬，卻忽略了長期競爭力需建立在創新與能力擴展的基礎上。

　　在實務上，許多企業為了提升資本報酬率（ROI），選擇從「分母」下手，也就是壓低資產與投資額，以求帳面表現快速提升。哈默爾與普拉哈拉德指出，這種操作邏輯雖在短期內有效，但當企業不再投資於未來、削弱研發與組織學習的資源時，長遠而言只會使企業喪失競爭根基。這種「會計式管理」，將重組簡化為刪減預算與裁撤人力，反而使組織無力應對外部變動與市場轉折。

　　兩位作者特別指出，美國與英國企業雖以資本生產率聞名，但其高效率往往建立在人員精簡與資本削減的基礎上，反而忽略了發展潛力的投資。他們認為，真正的經營重建應該包含願景與策略的更新，而非只是針對成本結構進行修補。尤其在面對產業加速變遷時，企業若無法跳脫財務報表的制約，就無法有效轉向新興領域，也難以培育足以支撐未來的能力網路。

　　在批判效率迷思的同時，哈默爾與普拉哈拉德也呼籲企業高層重新審視「重組」與「重建」之間的差異。重組僅處理眼前的組織病灶，追求的是精簡與績效；而重建則要求企業正視結構性轉型，從內部價值觀、組織設計到市場定位都須一併翻修。可惜的是，大多數企業在壓力驅動下只願進行表層修整，錯失了根本性轉型的契機。

　　此種短視行為，也使企業在競爭中處於被動。當其他先行者已開始布

十、策略創造與組織再生的競爭觀：《為未來而競爭》

局未來，願意承擔試驗風險與培育能力，過度依賴資本邏輯的企業卻仍困於如何「做得更少但更好」的效率陷阱之中。這類企業最終往往錯估產業轉向的速度，或低估顧客需求的變化，結果只能疲於應對，被動追趕。

在哈默爾與普拉哈拉德的筆下，真正的問題從不是組織做得是否夠有效率，而是是否仍具備進化與創造的能力。效率無可否認是必要條件，但若其代價是犧牲未來的可能性，那麼效率就成了企業走向停滯與衰退的起點。

企業若真要為未來而競爭，就必須將策略思維從資本控制轉向價值創造，從成本導向轉向機會導向。

7. 從模仿到超越

當企業試圖在快速變化的市場中站穩腳步，「模仿」經常成為最安全的選擇，然而，哈默爾與普拉哈拉德在分析全錄（Xerox）公司的案例時卻提出警示：模仿雖可在短期內拉近與領先者的距離，但唯有創新與價值重構，才是企業真正邁向卓越的關鍵。

全錄公司曾是影印技術的代名詞，亦曾是創新的典範，然而在 1980 年代與 1990 年代的競爭風暴中，卻不斷失去市占率給日本對手如佳能（Canon）與夏普（Sharp）。雖然全錄試圖透過降低成本、提升品質來彌補差距，並在顧客滿意度與營運效率上取得顯著進展，卻仍無法奪回失去的領導地位。哈默爾與普拉哈拉德指出，這正是因為全錄在策略上仍處於追趕與模仿的心態，缺乏對未來市場的主動定義能力。

在他們看來，全錄的問題不在於其執行能力，而在於未能將自身創新成果轉化為長期競爭優勢。例如，全錄雖早期開發出辦公室軟體與網路應

用的原型，但未能將這些發明系統性地轉化為營收與市場地位。這種創新與商業化之間的落差，凸顯出領導階層缺乏「再定義市場」的策略能力。也就是說，創新若無法重塑企業的核心定位與價值主張，就只是曇花一現的技術成果。

哈默爾與普拉哈拉德進一步指出，企業若要擺脫模仿的路徑依賴，需從三個面向著手：首先，重新定義何謂「競爭」，不再只是比誰做得更快、更便宜，而是比誰更能創造顧客未曾想像的價值。其次，企業需建立一套能快速轉換構想為行動的策略架構，使創新不僅停留在研發階段，而能迅速落實並擴散。最後，領導者應當致力於塑造一種「未來導向的企業文化」，鼓勵內部質疑現有框架、挑戰產業邏輯，甚至顛覆自身成功經驗。

全錄的故事說明，即便企業一度創造過技術奇蹟，也可能因遲未調整其策略重心而逐步邊緣化。這並非個別失誤，而是反映了一種普遍性的盲點：過度依賴過往的成功模式，將創新視為技術問題，而非戰略問題。

哈默爾與普拉哈拉德提醒我們，真正的策略能力，不在於模仿競爭者的做法，而在於超越競爭者的思維框架。

正如他們所言，市場領導地位從不是永久性的資產，而是一種必須持續透過創新與價值更新來維持的狀態。對企業而言，模仿或許是必要的起點，但若不敢從根本上重新想像自身存在的理由與方式，終將難以跨越從生存到卓越的關鍵門檻。

8. EDS 的策略實驗與組織學習

當企業的策略不再以現況為起點，而是從對未來的想像出發，組織轉型的力量將因此被徹底釋放。電子資料系統公司（Electronic Data Sys-

十、策略創造與組織再生的競爭觀：《為未來而競爭》

tems，簡稱 EDS）便是這種思維的具體實踐。哈默爾與普拉哈拉德以此案例說明，若企業能將策略視為集體學習的過程，而非少數高層的年度產物，便能在劇變的產業中走出一條嶄新的成長曲線。

EDS 在 1990 年代初期面臨營運瓶頸，雖然過去長期穩健獲利，卻逐漸無法應對顧客需求的轉變與新興競爭者的挑戰。公司高層意識到，若不對策略思維與組織模式進行根本性的革新，將難以維持成長動能。與其從市場份額出發，他們選擇從未來的「可能性」反推現在該做什麼，也就是以「未來觀」（industry foresight）作為策略的起點。

這一轉變不僅是觀念的革新，更牽動整個組織運作模式的再設計。EDS 開啟了一項全公司的策略共創計畫，動員多達 2,000 人直接參與未來藍圖的構思，涵蓋了各部門與階層，更觸及 3 萬名員工間接參與。這個歷時超過一年、跨越多個地區與文化的集體實驗，建立了「全球化、資訊化、個體化」三項策略核心，並使公司得以重新界定其產業角色──不只是資訊技術服務的供應者，更是顧客知識轉換與行動實踐的協作夥伴。

哈默爾與普拉哈拉德認為，這場策略革新的關鍵不在於計畫本身，而在於其過程所激發的組織學習能量。相較於傳統的策略規劃，其由上而下、封閉制訂的方式往往將未來壓縮為數字與報表，EDS 選擇了一種開放的、具探索性的機制，讓策略在眾人對未來的理解中逐步成形。這樣的過程不僅使決策更貼近市場變化，也提升了員工的參與感與認同度。

更重要的是，這套「從未來反推現在」的邏輯，讓 EDS 在面對新科技與市場趨勢時具備前瞻性。例如，他們及早辨識到桌上型電腦取代大型主機的趨勢，也掌握到資訊服務從企業轉向家庭的需求轉移，進而提前調整技術研發與業務重心。在這樣的策略框架下，EDS 不再只是追趕市場變化，而是成為變化的推動者。

這個案例揭示了一個重要啟示：策略並不是計畫表的羅列，而是一種

組織對未來世界的集體想像與實踐能力。如哈默爾與普拉哈拉德所言，唯有那些願意讓策略成為「組織性學習歷程」的企業，才有能力在動盪中保有方向，並創造出真正屬於自己的競爭空間。EDS 的經驗顯示，當企業敢於拋下過去的優勢與思維束縛，並從對未來的想像開始布局，其創新與轉型將不再是應急策略，而是一場持續生成的組織進化。

9. 策略化的挑戰與重塑管理思維

《為未來而競爭》不僅是一部關於策略理論的著作，更是一場對企業領導者心智模式的深層挑戰。加里·哈默爾與普拉哈拉德並未止步於工具或架構的更新，他們提出的是一種觀念上的革命：策略應成為一個組織持續探索、對話與調整的過程，而非一次性的文件產出。未來不再是被動等待的結果，而是企業共同參與建構的可能場景。

傳統的策略模式往往建基於可控性與確定性，依賴預測模型與歷史資料，導致企業常陷入反應式思維。哈默爾與普拉哈拉德指出，這樣的策略往往「太遲也太少」。他們提出如「策略意圖」（strategic intent）、「先見之明」（foresight）與「核心能力」等概念，目的在於打破這種線性、封閉的規劃慣性，引導企業邁向一種更開放、探索性的策略實踐。

真正的挑戰，來自於組織文化與領導者心態的改變。策略化的實踐要求領導者放下對控制的依賴，擁抱模糊、傾聽基層、尊重多元觀點，並建立一個跨部門、跨世代對話的機制。在這樣的文化中，策略不再由少數菁英制訂，而是來自整個組織對未來的共同詮釋。當員工被視為參與者而非執行者，策略便成為一種具生命力的組織學習機制。

最終，這場策略革新引導我們提出一個根本性的提問：企業是否願意

十、策略創造與組織再生的競爭觀:《為未來而競爭》

為未來投注足夠的注意力與勇氣?

策略不是一紙計畫,也不是風險保險,而是一種深層承諾 —— 一種對未來負責的態度與實踐。唯有具備這樣的心智準備,企業才能在不確定的時代中持續前行,並創造出屬於自己的競爭位置。

十一、

持續演化與價值傳承：《基業長青》

1. 理想與制度的整合

企業之所以能歷久不衰，關鍵不在於短期操作技巧或個別領袖的才華，而是在於是否具備一套能夠自我演進的深層機制。吉姆・柯林斯與傑瑞・波拉斯（Jerry I. Porras）透過《基業長青》所展開的研究，正是試圖釐清這些基礎條件。

他們花費六年，篩選出 18 家歷史悠久、持續表現卓越的「高瞻遠矚公司」，與 18 家在同產業中表現不若前者的企業進行對照，從中歸納出企業得以長期維持競爭優勢的本質。

這些高瞻遠矚公司不僅經歷多次產品生命週期，還歷經數代領導者的交替，卻能維持穩定成長，其差異不在於擁有高人一等的策略藍圖或天才型的創辦人，而是因為它們從創立伊始就致力於建立一種能夠支持自我進化的制度性結構。這種結構並非僅仰賴某位領袖的遠見，而是深植於組織核心的一套價值系統與行動邏輯。企業領導者更像是一位「造鐘者」，致力於打造一套能夠自動運轉的機制，而非僅是每日的報時者。

在這個框架下，企業被視為一個可自我調整與成長的系統，而非單靠策略即可駕馭的對象。真正使組織維持長期一致性的，並非單一政策或領

十一、持續演化與價值傳承：《基業長青》

導決策，而是一套深層的組織信念與制度融合。柯林斯與波拉斯總結為「儲存核心、刺激進步」：企業透過文化制度保留最基本的理念，同時設計一套能推動變革的內部結構，使穩定與創新得以並存。這種穩定與動態的辯證關係，正是企業走向長期繁榮的根本動能。

更重要的是，《基業長青》打破了許多關於企業成功的迷思。研究顯示，這些長青企業不依賴英雄式的領袖，也不仰賴萬用策略手冊，而是透過組織基因的設計，把價值觀、人才機制與創新驅動緊密整合，形成一種能對抗不確定性的穩健體質。企業的卓越不再是偶然成果，而是制度邏輯與文化演化的結果。

這項觀點為經營者提供了一種全新的視野：成功不仰賴運氣或個別天才，而在於從組織深處建立出一套可自我繁衍、跨越時間的成長機制。企業因此不僅是經濟體，更是承載理想、制度與文化的持續性實踐者。

2. 企業成功的認知誤區

在《基業長青》一書中，柯林斯與波拉斯最具挑戰性的貢獻，或許不是提出了某種新的管理模型，而是用實證研究徹底顛覆了許多長久以來在企業界根深蒂固的成功迷思。他們以系統性資料分析為基礎，對比高瞻遠矚公司與同產業對照企業的歷史發展，從中歸納出一個震撼性的結論：許多被視為理所當然的成功條件，其實並不成立，有些甚至會誤導企業走向錯誤方向。

首先，柯林斯與波拉斯指出，「偉大的構想」並不是企業長期成功的必要起點。許多人誤以為卓越企業都是從劃時代的產品或創新點子發跡，但事實上，許多高瞻遠矚的公司在草創初期所依賴的產品並不具有突破

2. 企業成功的認知誤區

性,而是靠著持續投入、試錯與演進才逐步打造出核心競爭力。他們的起點常常平凡,真正的不凡來自於不懈的內在驅動與價值堅持。

另一個廣泛流傳的觀點是:企業若要轉型或創造突破,必須依賴具有遠見的魅力型領袖。但研究顯示,高瞻遠矚公司的成功與其說是來自領袖的個人光環,不如說是源自一種制度化的領導傳承。這些公司擅長從內部培養接班梯隊,使得企業的核心理念與文化得以跨世代延續。換句話說,真正影響企業長治久安的,不是某一位英雄式的 CEO,而是一套能夠複製與培養價值的內部系統。

研究也顯示,「唯利是圖」並非企業成功的必備條件。這些長青企業往往具備一種更深層的存在目的 —— 使命感(sense of purpose),使他們在追求財務成果之外,仍維持清晰的方向與內在動力。這些企業並不否認獲利的重要性,但更看重的是為社會、顧客與員工創造價值的意義。諷刺的是,正是這種超越利潤的追求,使得它們在長期中反而創造了更高的財務報酬。這呼應了管理思想中「目標反作用」(goal displacement)的概念:當利潤變成唯一目的,反而會喪失推動組織成長的真正動力。

此外,書中也駁斥了「變是唯一的不變」這類看似前衛的口號。柯林斯與波拉斯強調,變革固然重要,但前提是要先釐清哪些東西「不能變」。企業若沒有堅定的核心理念作為支點,變革就容易變成隨波逐流、機會主義式的應變

那些高瞻遠矚的公司之所以能夠歷久彌新,是因為它們懂得在保持核心價值的同時,靈活調整外部策略與流程。這種對「變」與「不變」的雙重掌握,才是真正的適應力。

在企業實務中,還有一種常見的誤區是認為:「最成功的策略來自於縝密的計畫與高層的全盤規劃。」然而,作者發現,高瞻遠矚公司的許多關鍵行動,反而是源於嘗試錯誤、實驗精神與自下而上的創新動能。企業

十一、持續演化與價值傳承：《基業長青》

如同生物體，不是由一張設計圖直接成型，而是經由不斷突變與淘汰而演化出適應環境的最佳結構。這種類似「自然選擇」的策略邏輯，反映出企業發展的真正動力其實來自文化機制與行動彈性，而非單一領導者的設計意圖。

最後，柯林斯與波拉斯也針對所謂的「最佳工作場所」提出質疑。他們指出，高瞻遠矚公司對員工的要求極為嚴格，並非總是外界所想像的溫暖舒適的環境。唯有真誠認同企業理念的人，才能在這些組織中獲得長期發展；反之，即使才能出眾，但若無法契合組織文化，終將被淘汰。這並非專制，而是一種文化上的高度一致與信念驅動。這些企業重視的不是表面上的「包容性」，而是文化契合度與行動一致性。

透過這一系列的分析，柯林斯與波拉斯揭露了一個深刻而不易察覺的真相：企業的卓越從來不是來自外顯的成功模式，而是來自內在信念、制度建構與文化共識的累積。他們的研究不只是拆解迷思，更是引導企業將目光從表象的策略，轉向更深層的組織本質。

在理解企業如何結合理想與制度以支持長期進化後，更進一步的問題在於：「這樣的理想具體是什麼？」這便導向長青企業最根本的內部支柱——核心理念。

3. 核心理念的內涵與企業穩定基礎

企業在應對外部環境快速變化的同時，若要維持長期穩定與韌性，勢必需要某種形式的內部凝聚力量。這種力量不是靠領導風格或管理技術所能長久支撐，而必須奠基於企業對自我存在意義的深層認知，也就是核心理念。柯林斯與波拉斯指出，這組理念構成企業所有決策的出發點，其價

3. 核心理念的內涵與企業穩定基礎

值不在於形式宣示,而在於能否長期滲透並指引組織行動。

核心理念可進一步拆解為兩個組成要素:使命(purpose)與價值觀(core values)。使命代表企業存在的根本理由,這個理由不以獲利為前提,而是指向對社會或顧客所創造的長遠價值,例如「改善人類與科技的互動方式」,而非單純的市占率目標;價值觀則是一套組織決策的深層準則,例如誠信、創新、以人為本等,定義了企業行動的邊界與優先序。

柯林斯與波拉斯強調,這些價值不應只是懸掛在牆上的標語,而應內化為員工每日工作的基本判準。當企業面臨策略轉折或營運壓力時,能否堅守這些原則,正是檢驗其是否真正擁有核心理念的關鍵。而當這些價值深植制度設計中,就不需依賴領導者「提醒」,反而能自動啟動組織的道德與決策機制。

穩定不等於僵化。真正的穩定來自於清楚知道哪些可以調整、哪些必須堅持。企業若將核心理念視為不變的內在軸線,便能在策略、組織與流程上靈活調整而不致迷失方向。這正是長青企業擁有的核心競爭力——即使市場更迭、世代交替,組織仍有辨識力與持續整合的能力。

值得注意的是,柯林斯與波拉斯並不主張所有企業都需擁有一致的價值內容。他們強調,關鍵不在於理念是什麼,而在於企業是否真誠堅守自己所信仰的核心價值,並確保其制度化地傳遞與實踐。唯有如此,理念才能從抽象信條轉化為具體行為準則,使組織在面對外在變局時不致失重。

因此,核心理念不只是企業的文化底蘊,它更是企業持續演化的穩定引擎。當這套理念真正成為組織決策與行動的出發點時,企業才能在不確定的環境中保持定力,並在每一次選擇中逐步累積出真正的長青體質。

十一、持續演化與價值傳承：《基業長青》

4. 教派般的價值內化機制

　　企業文化不僅是經營風格的表徵，更是一種深層且持久的內化力量，足以形塑組織成員的行為習慣與價值取向。那些能夠歷久不衰的企業，往往不是靠一時的策略創見或市場機會，而是透過一種如信仰般的文化認同，使核心理念得以在日常運作中自然生根。柯林斯與波拉斯觀察發現，高瞻遠矚的企業之所以能在變局中保持定力，並非全賴領導者的個人魅力，而在於一套強固的價值體系，已深植於組織成員的日常行動之中。

　　這類文化的建立，不是空泛的標語或牆上的口號，而是從選才邏輯、行為準則到員工培育機制的全面貫徹。在這些企業中，個人能力雖重要，但是否認同企業價值觀，才是真正的門檻。許多高瞻遠矚的公司在招募時即設下高門檻的文化契合度檢核，若求職者與價值觀不符，即使能力出眾亦可能遭拒。一旦成為組織成員，企業會透過內部語言、儀式設計與制度化訓練等方式，不斷強化價值觀的實踐，使理念成為行動的自然反應，而非外加規範的要求。

　　波拉斯將這種文化形態稱為「教派般的文化」（cult-like culture），用以形容企業在維護核心價值上的執著，如同信仰社群對教義的堅持。當這些價值觀遭質疑或偏離，組織內部常會產生強烈反應，顯示其已不再是管理工具，而是身分認同的構成部分。這並非文化僵化的象徵，反而是企業在擁抱成長與改變時，仍能保有價值一致性的根本支撐。

　　唯有當文化成為行動的下意識基礎，企業才能在人事更替與外在變動中維持組織的穩定性與行動一致。

5. 內部傳承與制度永續的交織策略

　　除了文化的深層內化外，長青企業之所以能夠跨越世代更迭、維持價值連續與制度穩定，更關鍵的是其背後一套系統性的制度傳承機制。柯林斯與波拉斯指出，那些能夠穿越時代興衰的企業，通常不依賴外來的英雄型領袖，而是透過自我孕育的領導體系與內部培育機制，確保文化與理念得以延續。這樣的穩定性，不是偶然的結果，而是源於制度設計中對傳承與延續的有意安排。

　　這種傳承並非僅止於高層人事接續，更是一種制度化的集體記憶。當核心理念被內嵌進日常流程，從選才、培訓、評核到晉升，都以價值觀為依歸時，企業就不再仰賴個別人物的領導風格，而是建立起一套可複製的價值實踐機制。柯林斯觀察到，許多高瞻遠矚的公司高層領導者往往出身於企業內部，這些人長期浸潤於組織文化中，在進入決策圈之前早已內化核心信念，因而能成為制度穩定的延伸，而非其破壞者。

　　相對地，當企業過度依賴外部領導人才，往往會產生兩種風險：其一是**文化衝擊**，外來者可能難以即時理解與尊重原有文化，導致價值錯置；其二是**傳承斷裂**，缺乏制度性人才養成與價值內化的機制時，組織便容易在領導更迭中失去穩定核心。因此，長青企業傾向長期投資於內部接班體系的建構，並以輪調、歷練與逐級晉升的制度設計，強化接班人的全方位理解與文化認同。

　　更進一步而言，制度的永續與彈性本身也是文化傳承的保障。柯林斯曾強調，優秀的制度不是預測一切，而是能在面對未知時仍守住初心、回應變化。長青企業所設計的制度，不僅能支撐日常運作，更能承載理念，並在策略、流程與結構調整時維持一貫性。在這種設計下，領導者不再是凌駕制度的例外個體，而是制度本身的實踐者與傳遞者，使領導權轉化為

十一、持續演化與價值傳承：《基業長青》

穩定力量的一環。

從這個角度看，文化與制度不再是彼此分離的構成，而是一組相互交織的共構體。制度為文化提供形式與延續的骨架，文化則賦予制度以方向與意義。當企業能夠將制度視為價值的載體，而非單純的操作規則，並以制度傳承作為文化實踐的延伸，便能在不確定的環境中建立真正的組織韌性。

6. 利潤之外的目的導向

在先前釐清企業迷思的基礎上，柯林斯與波拉斯更深入指出：企業若欲長期存續，關鍵在於是否擁有一套超越財務目標的核心目的。

若企業的存在僅僅是為了賺錢，它將難以在風雨變幻的市場環境中保持方向與動力。柯林斯與波拉斯在研究中發現，那些得以長期繁榮的企業，無不擁有超越財務利益的根本使命。

這些企業並非忽視利潤，而是將其視為一種結果，而非唯一的目的。他們所追求的，是一種信念驅動的發展模式，將組織導向更深層次的社會與人文價值。

這樣的企業，會在目標設定與決策過程中，持續回應一個根本問題：我們存在的意義是什麼？這不是一種空泛的口號，而是長青企業面對每一個選擇時都反覆確認的價值參照系。當企業具備清晰且深刻的目的感時，即使在短期遭遇營運壓力，也不會輕易偏離原則。他們有能力延遲滿足，以維護長期的信任與文化連貫性。

柯林斯與波拉斯指出，企業若能成功將理想與經營結合，便能形塑出一種「務實的理想主義」：既不失對世界的正面想像，也不拋棄對績效的專

業要求。這種結合是一種張力，也是一種能量的來源。

高瞻遠矚的企業往往不是因為放棄現實而追求崇高理想，而是因為堅持理想而創造出更具永續性的現實成果。

這樣的價值取向，會深刻地改變企業內部的動力系統。當員工相信自己是在參與一項有意義的事業，而非僅僅完成工作指令，他們的投入與忠誠便不再需要外在誘因強化，而是源自對企業使命的認同。這種使命感使組織不再僅靠制度維繫秩序，而是透過共享的信念形成真正的協作關係。由此出發，企業不僅能夠吸引擁有相同價值觀的人才，更能夠維持高度一致性的行動力。

有趣的是，正因為這些企業不以利潤為唯一導向，他們反而在財務表現上展現出更強的穩定性與成長性。柯林斯與波拉斯發現，長期而言，高瞻遠矚企業的平均投資報酬率與市場表現，皆遠遠超過僅追求財務目標的企業。這不是因為他們放棄了商業邏輯，而是因為他們在更高的層次上重新定義了成功的意涵。他們透過使命感將企業的價值鏈上綁上了更長遠的連結，使品牌、顧客、員工與社會產生更深的黏著。

這種目標導向的邏輯，不會因為短期的市場波動而動搖，也不容易因為高層更替而失去方向。正因如此，那些真正能夠歷經世代更迭而不墜的企業，幾乎無一不是擁有清晰、堅定且超越利潤導向的核心目的。這個目的，才是支撐組織穿越時間洪流的真正舵手。

7. 從膽大包天到具體落實

在長青企業的發展歷程中，目標從來不只是經營方針的一項附屬，而是企業行動的聚焦點與組織能量的驅動核心。柯林斯與波拉斯強調，這些

十一、持續演化與價值傳承：《基業長青》

　　企業之所以能在競爭劇變的市場中持續推進，關鍵在於他們善於運用極具張力的目標，將遠大的使命轉化為具體可行的挑戰任務，進一步激發組織內部的創造力與執行力。

　　這些目標常常並不理性地保守，相反地，它們往往「看似不可能」。但正因為如此，才具有召喚力。在這些企業中，目標不是經過長時間沙盤推演的結果，而更像是一種信念驅動的選擇，具備強烈的感召意義。當組織成員被投放在一個超越常規的挑戰情境中時，內在的潛力才會被真正激發，並形成一股從下而上的學習與突破循環。

　　這種膽大包天式的目標並非空泛的理想主義，而是具備高可視性與高聚焦性的策略裝置。一個明確、可感、甚至有點不合理的目標，可以讓組織不需冗長動員，就能形成共識並展開行動。這類目標之所以能發揮強大作用，在於它們既非純粹戰略規劃的產物，也非單一高層拍板的命令，而是介於理想與實務之間的能量焦點，在企業整體文化中被視為可接近的試煉場。

　　實踐層面上，這類目標往往帶有階段性與象徵性，它們不僅回應企業當前的成長痛點，也同步反映企業對於未來角色的自我定位。對長青企業而言，這些目標具有高度整合性，它們與核心價值無縫連接，讓組織成員在執行過程中不會迷失方向。正是在這樣的整體一致性下，企業得以透過目標建構出「願景可視化」的路徑，使原本抽象的未來圖像成為人人可參與的實作工程。

　　然而，這些目標之所以有效，並不只是因為其規模宏大或難度驚人，而是因為它們能夠持續產生學習迴路與組織進化。在實作過程中，企業往往遭遇挫敗與不確定性，這些經驗反而進一步精煉企業的執行機制與問題解決能力。長青企業從來不將失敗視為羞恥，而是視為與目標對話的過程。正因為這些目標不是終點，而是實踐中的動態指標，企業便能在多次

修正與重組中累積真正的能力。

從這個角度來看，膽大包天的目標並非只是一種激勵手段，而是策略發展的一個實驗平臺。它們為企業提供了空間與理由去跳脫既有流程與思考模式，容許「先試再說」的探索行動發生，從而釋放出組織中被常規束縛的潛能。

企業越是能將這些目標與日常實務連結得更緊密，越能將願景導入具體流程，建立從目標到行動再到成果的自我驗證機制。

對長青企業而言，真正值得追求的不是一次目標的達成，而是一套能不斷啟動與承載目標的組織系統。唯有當企業將目標視為一種「共構願景的工具」，而非績效考核的指標，才能真正釋放目標背後的變革動力。

8. 企業的內在演化引擎

在穩健成長與長期競爭中存活的企業，其核心並不只是擁有一套明確的策略目標或領導願景，更關鍵的是具備一種能自我驅動、自我校正的內在進化機制。這套機制既非由外部壓力強加，也不是一次性改造，而是深植於組織文化與流程中的結構性動能。

柯林斯與波拉斯指出，企業真正的競爭力，來自其能否在看似安穩的情勢中，主動提出挑戰、設下變革門檻，甚至在未被要求的時候就先行創新。

這種自我激勵機制並非單靠個人意志或領導魅力即可維繫，它需要組織建立起一整套促進反思與學習的制度安排。在許多長青企業中，這種制度展現在多層級的回饋機制、內部批判性反省、以及針對流程與產品的週期性測試上。這些機制讓企業即使在外部看似成功的時期，也能持續暴露

十一、持續演化與價值傳承:《基業長青》

問題與壓力點,避免被「暫時有效」的模式所綁架,進而維持組織的適應力與調整能力。

持續創新不是來自一時的靈光乍現,而是來自於持續嘗試、錯誤與修正的制度化過程。這些企業很少將創新視為重大突破的偶發事件,而是將其視為日常營運的一部分。他們善於透過小規模試驗逐步累積理解,讓每次錯誤成為下次決策的資產,而非資源的損耗。這樣的「微進化」模式,也因此成為企業內部學習的重要管道,讓創新變成可以持續複製與傳承的行為模式,而不依賴特定天才或外部激勵。

這套內在演化的邏輯也涵蓋組織對「失敗」的重新定義。在這些企業中,失敗並不總是與風險管理失誤畫上等號,它也可能被視為探索未來可能性的必要代價。因此,企業更重視的是失敗後的回饋機制是否有效、學習是否被制度化,以及是否真正驅動下一輪的優化。

透過不斷內化這些反省歷程,企業才能真正避免僵化與自滿,並在變化尚未迫近時就提前完成轉化。

值得一提的是,自我激勵的來源也往往不只是來自績效數字或市場壓力,而是源於組織對自我要求的標準設定。這些企業對「好」的定義,遠高於產業常模與市場平均,甚至不以對手表現為對照基準。當一個組織將自身標準設定在內部最佳、未來可能或尚未實現的理想狀態上時,自然會生成一種持續推動進步的內在張力。這種張力不需靠外力強化,它會自我生成、自我擴散,並滲透至整個組織的行為與決策之中。

總體而言,能夠持續自我激勵與創新的企業,並非因為他們掌握了某種獨門技術或擁有罕見資源,而是因為他們成功建構出一種讓學習、錯誤與挑戰成為日常文化的組織邏輯。這種邏輯不仰賴單一事件或個別領導,而是源於整體制度的設計、標準的選擇與文化的深植。正是在這樣的基礎

上，企業才得以在穩定中創新，在熟悉中尋找變異，並持續啟動自己的未來演化路徑。

9. 理念、制度與實驗精神的融合

　　企業之所以能夠在激烈競爭中持續進化，並非僅靠策略規劃或領導魅力，更在於是否成功建構出一套兼容理念穩定與制度變革的整體運作模式。這種整合，不是單向度的線性推進，而是一種在價值堅持與結構調整之間的張力運作。波拉斯與柯林斯的研究指出，企業若要長期存續，必須將核心理念內嵌於組織制度，並透過不斷的試驗與選擇機制，完成自我修正與演化。這種模式本質上是一種複雜系統邏輯，非一人之力可形塑，也無法單靠策略文件加以複製。

　　所謂「進化邏輯」，強調企業發展並非由頂層設計直接導引，而是透過多重路徑與變異機制，在日常行動中累積微小變化，逐漸形成新結構。這與達爾文提出的「不定向變異，定向選擇」概念高度相似。企業必須同時容許試誤的多樣性，也要建立有效的選擇與淘汰機制，才能讓有潛力的創新得以存活與放大。這種做法並不追求百分之百成功率，而是允許大量實驗錯誤，從中萃取有效方案。成功的企業不一定是擁有最多創意的組織，而是最懂得如何過濾、保留並擴大那些真正有效創意的組織。

　　在這樣的進化系統中，理念的角色尤為關鍵。理念不只是企業的信仰宣示，它更像是整套制度設計的「原點設定」，決定了哪些變異是可接受的、哪些方向是被鼓勵的。若沒有理念作為演化方向的「邊界條件」，企業很容易陷入無節制的擴張、策略漂移，甚至成為每波市場趨勢的追隨者。唯有明確的理念作為選擇標準，企業才能在變化中保有辨識力，不致

十一、持續演化與價值傳承：《基業長青》

迷失於無邊的可能性中。

與此同時，制度設計則是讓理念能夠持續運作的操作性機制。這些制度並非靜態的組織結構圖，而是一種允許跨部門學習、鼓勵異議聲音、促成快速迭代的動態機制。例如，有些企業透過實驗室型單位推動內部創新，有些則透過跨部門專案打破流程慣性，不論形式為何，其核心皆在於提供一個結構性的環境，讓理念與變化得以同時發生，而非互相抵觸。

進一步來看，真正能將理念與制度有效整合的企業，往往具備一種深層的「實驗精神」。這種精神並不等於無限制的試驗，而是一種面對未知的正向態度與高度適應力。它要求組織在行動中保持好奇，允許局部顛覆，也勇於承認錯誤。更重要的是，它要求企業不只在技術層面創新，也要在管理、文化、流程甚至價值判斷層面進行實驗。唯有如此，進化才能不侷限於產品或技術，更擴展到整體組織能力的提升。

這樣的整合邏輯也呼應了長青企業中常見的一種態度：不過度依賴宏大藍圖，而重視可操作的制度與文化支撐。他們深知單靠遠見無法抵擋現實的複雜與不確定，唯有把遠見拆解為可以實踐的小型結構，才足以維持彈性與韌性。

在這些企業中，策略不被當作一次性的計畫書，而是持續演進的框架；文化不只是宣言，而是由日常制度與行動實踐所累積而成。

總結來看，企業之所以能在長期中維持競爭力，正是因為其能將核心理念、制度設計與實驗精神交織為一個動態整體。這個整體並非靜態的模式，而是一種能夠對內在需求與外部變化持續反應的系統性結構。當一個組織能夠在這樣的系統中同時維持方向、容納多樣並驅動進化，它不只是因應未來，更是共同創造未來的一部分。

十二、

從資訊處理到組織進化：
《管理決策新科學》

1. 職能定位與理論重構

　　隨著管理科學進入理性化與系統化的新階段，愈來愈多學者開始重新審視管理的基本職能結構。其中，赫伯特・賽門（Herbert A. Simon）在組織理論與行為經濟學的跨域貢獻，推動了一項關鍵的理論轉向：即將「決策」視為管理活動的核心機制，而非僅為計畫或控制之下的附屬程序。這項主張不僅改變了管理理論的敘事方式，也促使人們從動態與程序導向的視角，重新思索組織如何運作與演化。

　　在其代表性的研究中，賽門明確指出管理實踐的本質並非來自靜態的角色分類，而是來自不斷發生的選擇行為──這種行為是管理者對環境變化、目標調整與資源分配的即時回應。從這個觀點出發，「管理」與「決策」幾近同義，所有看似不同的管理任務，無論是制定策略、建立組織結構，或監控績效，最終都需透過一連串選擇與判斷來實現。

　　在這樣的邏輯下，賽門嘗試構築一個具結構性的決策歷程模型，強調決策不應被簡化為某一個明確抉擇的瞬間，而是包含情報蒐集、方案設計、選擇實施與後續審查的完整歷程。透過這種程序化的詮釋，管理不再

十二、從資訊處理到組織進化:《管理決策新科學》

只是結果的呈現,而是一種組織內部持續運作的邏輯流程。每一項行動的生成,都根植於資訊處理、目標釐清與資源權衡的細緻運算。

更進一步地,賽門對於「理性」的批判與修正,為管理理論奠定了新的行為基礎。他指出,實際的管理情境充滿不確定性與限制,決策者無法如傳統經濟學所假設的那樣達到「完全理性」,而是受限於知識不完備、時間不足與計算能力有限。在這樣的現實條件下,組織與制度便成為協助決策者達成「可接受解」的中介機制,亦即他所提出的「有限理性」(bounded rationality) 概念,成為後續決策理論不可或缺的基石。

這樣的觀點,也反映在其對資訊科技與組織行為的融合探索之中。在某些研究中,他更進一步將組織比喻為一個由人與機構共同組成的系統性決策單位,這種觀點預示了現代「人機協同」概念的萌芽,也揭示了在資訊密集與流程自動化的時代,管理的關鍵將不在於「做什麼」,而在於「選擇怎麼做」。

因此,將管理理解為一種決策過程,而非靜態的角色任務分類,不僅有助於重建管理的理論架構,也提供當代組織在動態環境中應對變化的新工具。管理者的關鍵能力,不再是對既有制度的維持,而是對可行方案的辨識與對環境訊號的解碼。這樣的職能轉向,也正呼應了賽門在其研究中所反覆強調的命題:在複雜世界中,管理的價值,不在於統御一切,而在於創造有效選擇的條件與能力。

2. 情報、設計、選擇與審查的邏輯展開

將決策視為一種單點抉擇的觀念,往往無法涵蓋實務運作中的複雜現象。事實上,決策本質上是一個動態且具層次的過程,由多個相互銜接的

2. 情報、設計、選擇與審查的邏輯展開

環節所構成,其邏輯展開可被區分為**情報蒐集**、**方案設計**、**選擇執行**與**審查回饋**等四個階段。這一模型試圖揭示的是:真正影響決策品質的關鍵,不是最終的選擇本身,而是過程中如何逐步建立認知架構、生成選項、以及對方案結果的反思與修正。

第一階段,即情報活動階段,是整個決策歷程的基礎。在此階段中,決策者需對內外部環境展開系統性觀察,透過資訊的蒐集與判讀,辨識出需要回應的問題區域。這些情報不僅包括可量化的經濟數據或操作參數,也涵蓋對文化、技術與制度變化的感知。在知識尚未充分組織前,問題的界定與優先順序仍具高度流動性,這也決定了後續行動的可能方向。

接續而來的設計階段,則關注於行動選項的生成與構建。此一階段並非純粹技術性操作,而是充滿假設、想像與篩選的探索過程。設計並非尋找單一正解,而是設法提出數個可接受的替代方案,並對其進行初步評估。此時,決策者不僅要依據前階段獲得的情報進行推理,更要具備整合資源與預見潛在風險的能力。

第三階段為選擇活動,亦即在眾多備選方案中作出判斷與抉擇。這裡所謂的「選擇」並非簡單的數量比較,而是對價值偏好、風險承受度、以及制度約束的綜合回應。在有限資源與時間壓力下,決策者往往追求的不是理論上的最優解,而是「可接受且可行的合理選項」。這種「令人滿意」的選擇標準(satisficing standard),正是現實情境中常見的理性妥協。

最後的審查階段,則回應了決策本身需具備的適應性與修正性。當策略進入執行階段後,實際情況往往會與預期產生偏差,這便要求決策系統能不斷監控執行成果,並適時作出修正。此階段不僅是對結果的回饋判斷,更是整個決策學習機制的重要環節。透過審查,組織得以校準認知偏誤、強化預測能力,並為後續決策累積經驗知識。

儘管這四個階段可被清晰劃分,它們在實際運作中往往相互交織。例

十二、從資訊處理到組織進化：《管理決策新科學》

如，在方案設計時，可能發現原有情報不足而需倒回第一階段補充；在選擇方案後，也可能因執行阻礙而重新進入設計流程。因此，決策不應被視為線性程序，而是一種具回饋性與多迴圈結構的動態系統。其特性在於：每一階段都可能重新定義問題本身，並促使組織以更高的敏感度面對環境的持續變化。

如此一來，決策歷程不再是單一個體瞬間智慧的展現，而是組織透過制度性程序累積判斷品質的機制。這也揭示出一項深遠的意涵：高品質的管理，不在於瞬間的明斷，而在於能否設計出支持有效選擇的決策系統。

3. 程式化與非程式化的區辨

在組織日常運作的諸多決策活動中，並非所有問題皆具有相同的結構清晰度與可預測性。某些情境中，行動邏輯可被清楚定義，程序與標準高度穩定；而在另一些情境中，決策問題則呈現高度的不確定與多義性，難以套用固定法則。基於此現象，組織決策可被理解為一種分布於「程式化」(programmed) 與「非程式化」(non-programmed) 兩端的連續光譜，而非截然二分的類型對立。

所謂程式化決策，指的是對於重複性高、結構清晰、情境穩定的問題，組織得以透過既定規則、標準作業程序或例行慣例來處理。這類決策的特點，在於其具備可預測性與可複製性，決策者可依據前例快速執行，不需動用大量分析資源。例如，在人力資源部門進行定期職位調動的決策，若程序與評估標準早已制度化，就屬於此類。

相對而言，非程式化決策則多半針對新出現、複雜且資訊不完全的問題，其情境往往缺乏可借用的既定模型，亦不具備足夠歷史經驗作為參

照。此類決策依賴較高程度的判斷、創造力與跨部門整合，並涉及多元價值觀的平衡與不確定性的管理。通常，它們發生於組織面臨策略轉型、結構重整或創新發展的關鍵時刻。

然而，將這兩類型視為互斥的對立，是對現實過度簡化的理解。較具洞察性的觀點應視其為一種光譜分布：從高度結構化與常規性的問題，到高度開放性與模糊性的挑戰，所有決策實務均可被定位於此連續譜的某個位置。此種觀點不僅更能反映組織運作的多樣性，也鼓勵決策者對問題的特性做出更細緻的判斷，而非僅以「標準或非標準」加以粗略分類。

在光譜的中段，我們可見到許多具部分結構但仍需靈活處理的混合型情境。這些問題可能具備一定的過往經驗基礎，但又需因應新的限制條件或環境變化進行調整。面對這類決策，組織須同時運用規範性邏輯與探索性思維，一方面仰賴原有制度與程序，一方面又需留出足夠空間進行判斷與創新。

此種光譜化理解，隱含一項深層的認知轉向：不再尋求為每類問題套用固定模式，而是根據問題的結構特性與決策環境的變化程度，發展出相應的判斷準則與處理機制。也因此，優秀的管理者並非單純擁有技術性的判斷能力，而是具備調適能力，能在光譜不同端點之間靈活移動，並選擇最適合的處理策略。

此一觀點也啟發組織在設計決策制度與人力配置時，應避免過度標準化導致創造力流失，也不宜任由高不確定性決策長期缺乏制度性支持。唯有建立起對決策類型的細緻辨識與因應策略，組織方能兼顧穩定性與適應性，在日益複雜的環境中維持行動力與方向感。

十二、從資訊處理到組織進化：《管理決策新科學》

4. 決策工具與人機互動的協同架構

隨著資訊技術與計算資源的持續進步，組織管理決策的邏輯結構也隨之產生質的轉化。從早期依賴個人經驗與直覺的決策方式，逐步演進為高度依賴資料運算與系統性支援的決策生態，這一過程不僅改變了決策的工具面貌，也重塑了人與技術之間的互動關係。在這個新架構下，決策不再是孤立的行動選擇，而是內建於資訊流程、人機協同與組織運作中的一個核心模組。

此一轉變最明顯的表現，是決策工具從個人認知的延伸物，演變為資訊處理系統的一部分。各種分析模型、模擬演算技術與演算法驅動的支援系統，使組織得以將重複性高、變數明確的問題轉化為可程式化的規則邏輯，並由演算機制直接介入運作。這種自動化處理的能力大幅提升了決策的效率與一致性，也讓組織能在高頻變動中保持精確的應對節奏。

然而，技術所提供的並非僅是操作層面的輔助工具，更深層的改變是它帶動了對「決策角色」的重新理解。在人機協同的邏輯下，人類決策者不再是唯一的資訊擷取者或解答者，而成為系統設計者、參數設定者與價值判斷的輸入者。此角色轉變，讓人類的職能聚焦於問題界定、假設建構與結果詮釋等層面，而將資料收集、運算與推演交由機器處理，實現了分工上的最適分配。

在這樣的架構中，資訊系統的設計成為決策邏輯的隱性基礎。資料來源的選擇、指標的建構、模型的假設條件與演算方式的選擇，無不深刻影響最終的行動結果。因此，資訊系統不僅是中性的工具，更是一套具備價值假設與認知邏輯的制度性設計。決策者在與系統互動的過程中，實際上是在一個由技術構成的邏輯框架內進行選擇與詮釋。

更值得注意的是，人機協同的決策架構並非自動導向集權或分權，而

是根據問題的性質與技術條件的成熟度進行動態調整。當某些決策模組具備高度運算穩定性與標準化條件時，其執行權限便可向中央集結，以確保資源最適配置；反之，當問題牽涉大量模糊性、價值衝突或環境變數時，決策則更需依賴分布式認知與在地智慧，此時人機互動的設計便應強調靈活性與參與性，而非規則導向的封閉結構。

最終，技術的介入並未取代人的角色，而是重新定義了人與系統的互為依賴關係。成功的決策架構，不在於將所有流程自動化，而在於能否設計出一套允許人機各展所長的互動模型，使資訊處理的邏輯與價值判斷的責任得以清楚分工，並在此基礎上促成決策的品質提升與組織學習的持續進化。

5. 三層模型與集權傾向的結構分析

在探討組織決策的邏輯架構時，賽門所提出的三層次決策模型，提供了理解企業如何配置資源與調節行動的重要視角。他將組織比擬為一個多層蛋糕，由下至上分為三層：最底層是基本作業流程，承載日常生產與服務活動的執行；中間層則是程式化決策的場域，涵蓋例行性規範與制度運作；最高層則是非程式化決策的核心所在，處理策略制定、組織設計與重大方向性調整。這樣的分層結構不僅有助於釐清決策活動的層級與責任分布，也呈現了組織內部從操作到思維、從執行到創造的邏輯進程。

隨著資訊科技的發展與管理工具的進化，企業內部決策的技術基礎出現明顯變化。過去仰賴中階主管執行的日常調配與協調，逐漸透過程式化處理與自動化工具實現標準化與效率提升，使得基層工作在無需過多干預的前提下能順利運作。這不僅降低了人為干預所帶來的誤差，也強化了組織內部的可控性與資訊可得性。然而，這也導致原本屬於中層管理者的部

十二、從資訊處理到組織進化：《管理決策新科學》

分任務被技術所取代，使得組織傾向於進一步集權，將關鍵決策收攏於更高層級的統籌架構之中。

集權化傾向的出現，並非出自組織意識形態的轉變，而是源於系統能夠處理高度關聯資訊的能力日益強化，使得跨部門、跨層級的決策在統一視角下更具效率與整體性。例如，以往工廠部門需各自設立生產計畫與存貨策略，如今透過最佳化模型與資料整合，可以大幅減少存貨浪費與流程中斷。這樣的系統性整合，使得策略層級的決策者可以直接調度生產與物流資源，將原本需要多層協商的問題集中處理，從而讓「權力下放」的組織結構在效率面臨挑戰時轉向「理性集權」。

然而，值得注意的是，這種集權化並不等於傳統的威權式控制。相反地，它是一種基於資訊透明與決策可視化的集權模式，藉由強大的決策支援系統，讓上層管理者得以掌握關鍵數據與預測模型，從而做出更具前瞻性的選擇。這種模式的關鍵在於，不僅強化了整體協調能力，也重新界定了中階與基層管理者的角色與價值——他們不再僅是命令的執行者，而是成為系統的維護者、創新的協作者與政策的落實推動者。

透過這樣的三層次架構與集權傾向的分析，可見組織在面對高度複雜與變動的環境時，傾向建立一種靈活但集中的控制邏輯，使決策在整體一致性與局部彈性之間取得平衡。賽門所倡議的結構，不只是層級化的描述，更是一種對組織運作深層機制的邏輯刻畫，為當代組織在決策系統的設計與實踐上提供了理論依據與方向指引。

6. 集權與分權的條件辯證

在決策技術日益精進的背景下，管理者愈來愈依賴數據與演算法所構築的資訊系統進行判斷。然而，賽門在其研究中強調，任何自動化系統所

能處理的，不過是結構良好、問題明確的部分決策情境。那些涉及直覺、判斷與情境脈絡的非程式化決策，仍然高度依賴人類的認知彈性與經驗詮釋。

從這個觀點出發，過度信賴技術集權所帶來的效率，反而可能掩蓋了組織內部所需的激勵動力與靈活調節，形成一種片面化的決策邏輯。

技術上的集中化確實能在資源配置、目標整合上產生綜效，特別是在具有高度資訊關聯性的任務上，例如供應鏈協調、產能分配或財務監控等。然而，這種整合並不能取代組織內部對多元價值觀與實務判斷的需求。在許多需要理解在地情境、依賴人際溝通或涉及文化敏感度的決策中，分權的機制反而更具彈性與適應性。賽門因此主張，組織在進行集權與分權配置時，應考量的不僅是技術可能性，更應納入激勵結構與學習機制的完整評估。

在實務層面，當程式化決策的範疇逐步擴大，基層與中階管理者的角色容易陷入執行性、被動性的陷阱，失去主動判斷與改進流程的能力。因此，若未同步建立有意義的授權制度與明確的目標導向，就可能造成組織活力的鈍化。反之，當決策權適度下放，並結合有效的目標管理與績效回饋機制，組織反而能夠激發成員的參與感與責任意識。這種分權設計並非與集權對立，而是一種條件性的調節工具，視決策性質、環境變動與人力素質而定。

更進一步來看，組織的決策模式也應該反映其文化取向與策略定位。例如在創新導向的企業中，容錯空間與自主權的擴張被視為激勵員工創意的前提，而在高風險、強監理的產業中，集權則有助於控制流程並確保風險可控。因此，賽門所倡導的並非一種固定的決策結構，而是一種依賴邏輯調節的動態系統，它要求管理者不僅要理解資訊流程的技術基礎，更要掌握激勵與認知的心理結構。

十二、從資訊處理到組織進化：《管理決策新科學》

　　由此可見，決策技術的發展固然為組織帶來效率上的進步，但若忽視了人的角色與動機，就可能落入「技術理性」的陷阱。一個健全的組織決策系統，應同時整合資訊處理能力與人際互動邏輯，透過對集權與分權條件的審慎辨析，確保管理制度既能高效運作，也能維持組織彈性與學習能力。這種兼顧技術與激勵、效率與參與的決策觀，正是賽門對當代管理者最深刻的提醒與啟發。

7. 從資料處理到高階決策支援的挑戰

　　當代組織面對的資訊量已非過往可比，管理者處於持續湧入的數據洪流中，若無有效的系統協助，很容易迷失在資訊繁雜的表層。賽門在其研究中便強調，資訊本身並非稀缺資源，真正稀缺的是處理資訊、辨識關鍵的能力。

　　因此，資訊系統的核心價值，不在於大量儲存或轉發數據，而在於能否成為管理者辨識問題、釐清優先順序並支持決策判斷的有效工具。這樣的觀點挑戰了傳統資訊系統只強調「資料正確性與及時性」的功能定位，進一步揭示資訊與管理之間的結構性邊界。

　　賽門指出，大多數現行的管理資訊系統設計仍偏重於中層或基層作業的支援，對於高階決策所需的策略性資訊卻著墨不足。事實上，愈是接近組織頂層，所需的資訊便愈抽象、愈不確定，也愈難透過標準化的指標呈現。這使得資訊系統的設計若僅從技術供給出發，往往無法回應決策者在高度模糊情境下的判斷需求。

　　因此，高階決策支援系統（Executive Support Systems）的發展，不應只是視覺化儀表板的堆疊，而需以問題導向、情境脈絡與認知協助為基

7. 從資料處理到高階決策支援的挑戰

礎,建構一種「增能型資訊介面」,協助決策者洞察問題本質、想像可能後果與評估多元選擇。

在這樣的架構下,資訊系統的角色也逐漸從被動回報轉向主動診斷。舉例來說,透過模式識別(pattern recognition)與預測分析工具,系統可以協助使用者辨識潛在異常趨勢;再藉由場景模擬(scenario modeling)與多準則評估(multi-criteria evaluation),引導決策者思考複雜選項的潛在利弊。這種從「資料中心」走向「問題中心」的轉型,不僅提升了資訊的決策價值,也重構了管理者與資訊系統之間的互動邏輯。

然而,資訊系統要成為高階決策的有效支援工具,仍面臨幾項根本性挑戰。首先,資料的可得性與可用性之間仍存在斷裂,許多關鍵性決策往往需要橫跨部門、結合外部資訊來源,而這牽涉到資訊整合架構與權責分配機制的設計。其次,資訊系統的設計者必須理解使用者的決策邏輯與思考模式,否則即便系統功能完備,若無法對齊認知結構與使用習慣,最終也難以發揮預期效能。更關鍵的是,資訊技術雖能降低人為誤判的機率,卻無法取代價值判斷與倫理考量,這些仍屬於決策者不可讓渡的責任領域。

總結來說,資訊系統若要真正突破管理邊界,成為策略思維的輔助工具,關鍵不在於技術堆疊,而在於是否能建立起一種以問題為核心、以認知為橋梁、以價值為導向的設計哲學。這種資訊與管理的協作關係,不僅要求技術的精進,更依賴對決策本質與組織文化的深刻理解。

這正是賽門所揭示的關鍵命題:管理從來就不是純技術的問題,而是資訊處理、認知框架與價值選擇的綜合場域。

十二、從資訊處理到組織進化：《管理決策新科學》

8. 階層持續性與功能再分化的發展趨勢

儘管資訊科技與決策自動化的發展使得企業組織面貌發生劇烈轉變，但賽門在其研究中強調，這些技術性的進步並未也不可能顛覆組織的基本架構與邏輯層次。階層化的形式仍將是組織運作的核心樣貌，只是在功能分工與部門劃分上將出現更為細緻與動態的再分化過程。

這種變化不僅展現於部門職責的重新界定，也體現在資訊流、決策權限與操作層級的結構調整上。換言之，未來的組織演化將不是摧毀階層，而是在保留階層框架的基礎上，重新詮釋其內部的功能邏輯與互動規則。

在賽門的視角中，組織仍可視為一種多層次的決策系統，最底層承擔物質生產與日常執行功能，中層負責程式化決策與作業協調，最上層則處理非程式化、策略性的判斷與資源配置。這種三層結構雖然在外觀上類似傳統的官僚體制，但實際運作機制因科技與流程設計的進步而顯著不同。例如，過去因應資訊不足而出現的部門界線，如工程、製造、採購與銷售等，將可能因資訊整合與跨部門平臺的發展而逐漸模糊，轉向以產品線或價值鏈邏輯重新編組部門。

另一方面，組織功能的再分化也伴隨決策系統複雜性的提升而展開。一方面，運籌與資料分析技術的發展使得部門間的協調得以轉由中央化處理，提高整體效率，進而強化集權傾向。另一方面，高階管理決策仍需仰賴彈性與敏捷性，而非完全倚賴系統自動化，這使得某些具有高度不確定性的功能反而適合分散至較貼近現場的節點進行。這種動態分工的趨勢，使得組織不再是一個穩定而靜態的結構，而是一個透過資訊技術與流程調整不斷自我調整的系統性實體。

此外，隨著技術自動化滲透至組織的各個層面，參謀單位的比例正在上升，而基層作業與傳統管理職能的需求則相對下降。這不僅反映了對資

料分析與策略規劃需求的擴張，也說明了組織對高層次認知能力的重視正逐步取代對程序執行能力的依賴。賽門曾明確指出，未來的管理人員不再是流程的監督者，而是政策設計的參與者，是管理架構的重新定義者。這也讓「中層管理人員將被科技淘汰」的預言變得不切實際，因為在新的組織中，參謀性中層角色反而成為策略實踐的關鍵支點。

最後，即使組織架構將更為彈性，資訊流更為即時與對稱，但這並不表示組織可以拋棄層級與部門的安排。相反地，賽門提醒我們，越是在資訊高度密集與決策壓力巨大的環境中，越需要明確的結構來界定責任、分配注意力與維持穩定運作。因此，未來的組織演化，應理解為一種「功能再詮釋的階層持續性」，而非全面顛覆傳統的革命。

這樣的觀點對我們思考組織設計與管理實踐具有深遠意義，因為它不僅揭示了技術變遷的限制，也提供了一種理解變與不變之間張力的系統視角。

9. 從有限理性到組織設計的未來視角

透過本章的討論，我們不難發現，賽門之所以被視為管理決策理論的奠基者之一，不僅因為他對「有限理性」與「令人滿意原則」的深刻揭示，更在於他提供了一套能在高度不確定與資訊密集環境中有效運作的決策與組織架構模型。與傳統經濟學的「完全理性」假設相對，賽門強調管理者在實際行動中往往受限於資訊取得的可行性、認知處理能力以及時間壓力。這種限制並非組織的缺陷，反而構成了理解現代管理實務與設計管理系統的理論基礎。

他的決策階段模型從情報、設計、選擇到審查，清楚描繪出一種循序漸進但充滿迴圈互動的邏輯架構，使決策不再是單一事件，而是一個持續

十二、從資訊處理到組織進化：《管理決策新科學》

的學習與調整歷程。在這個基礎上，賽門進一步指出決策的程式化與非程式化之間並非絕對對立，而是構成一條灰階的光譜。這樣的觀點促使管理者重新思考組織任務的分類方式，也鼓勵發展出多元的應對工具——從標準作業程序到探索性解題技術，從數據自動處理到創造性思維支援。

在資訊與技術快速發展的今天，賽門的思路仍具有高度的啟發性。他對人機互動的前瞻預測，與當今人工智慧、資料分析與決策支援系統的興起可說不謀而合。他所提出的三層組織架構——執行層、操作決策層與策略設計層——依然是觀察企業運作與資訊系統建構的重要分析單位。更值得注意的是，賽門始終將「組織設計」視為一門實踐導向的社會科學，其目標不僅是提升效率與控制力，更是為了在複雜的環境中，讓個人與集體能以更具回應性的方式進行決策。

綜觀賽門在《管理決策新科學》中展現的理論架構與分析視角，其貢獻在於將「決策」從一種被動反應提升為組織主動建構的核心活動。他不僅解構了管理的行動基礎，也開啟了一條通往現代組織智慧化、自動化與認知化的探索路徑。對今日的管理者而言，回到賽門的原點，正是重新理解不確定時代中組織治理本質的關鍵起點。

十三、

文化多樣性與彈性治理:《管理之神》

1. 文化原型作為組織管理的隱喻結構

組織管理並非只是理性規劃與制度設計的產物,許多運作邏輯其實深植於人類文化與心理結構之中。英國管理思想家查爾斯·漢迪(Charles Handy)便以其獨到的人文觀察與實務經驗,提出了一種兼具象徵性與操作性的組織文化分類架構,試圖將看似無形的管理氛圍具體化為可辨識的文化原型。

漢迪在其代表作《管理之神》(*Gods of Management*)中,以希臘神祇作為譬喻,建構出四種管理文化的典型模式:霸權型、角色型、任務型與個性型,並指出這些文化形構在不同組織中的功能、張力與侷限,從而提供理解組織運作的一種文化取徑。

漢迪的學術養成與職場歷練橫跨歐洲與美國,從牛津大學到麻省理工學院的斯隆管理學院,從荷蘭殼牌公司的人事主管到倫敦商學院的創校教授,他對管理現場的觀察遠非學術想像,而是基於組織現實的長期浸潤。

在《管理之神》中,他不僅論述管理風格的分類,更進一步將文化視為組織內在邏輯與結構的核心驅動因子。他主張,理解組織的關鍵,並非從制度、流程或技術開始,而是從文化的「神祇邏輯」著手,因為每一種

十三、文化多樣性與彈性治理：《管理之神》

文化原型，都潛藏著一套對權力、控制、價值與人性的假設，並深刻影響著人們對管理角色與組織目標的理解。

這樣的文化分類並不意圖僵化地劃分組織風格，而是作為辨識與反思的參照架構。正如他所指出，沒有一種文化是絕對優越或永遠適用的，每一種文化都有其優勢與脆弱性，而關鍵在於其與環境條件、組織任務與歷史脈絡之間的契合程度。這種文化原型的視角，使得組織研究得以超越結構功能的技術觀點，進一步觸及組織內部的象徵秩序與心理邏輯。

更重要的是，漢迪的觀點也挑戰了傳統管理學中對標準化與一致性的偏好。他提醒我們，在多變與不確定的環境中，單一文化不僅難以應對複雜情勢，甚至可能成為創新與調適的阻力。因此，文化的多樣性與彈性，不是混亂的代名詞，而是組織韌性的來源。他藉由將組織比喻為由神祇掌管的世界，引導讀者思考：我們對「有效管理」的想像，是不是已經被特定文化預設所限制？又或者，我們是否忽略了文化與組織行動之間深層的共構關係？

從這樣的視角出發，管理不只是理性選擇的技術過程，而是文化型態的實踐場域。而所謂「有效管理」，也不只是達成目標的手段問題，更是組織如何看待人、分配權力與建構價值的根本問題。在後續的分析中，漢迪將逐一展開這四種管理文化的運作邏輯與典型特徵，並藉此揭示：一個組織的文化結構，其實正是其決策速度、權力分配與創新能量的根本來源。

2. 霸權管理文化

在漢迪所提出的四種管理文化類型中，霸權型文化（Power Culture）是一種權力極度集中且仰賴個人意志運作的組織形式。其文化象徵為希臘

2. 霸權管理文化

神話中的宙斯（Zeus），代表一種以核心人物為中心、透過私人關係與信任網路進行決策的權威體系。在這類文化下，組織圖像更接近一張蜘蛛網，而非科層制的金字塔；權力不是按部就班地分層傳遞，而是如同蛛絲般從中心向外輻射，環繞在核心人物四周的親密圈層中逐漸減弱。影響力的大小，並非取決於職稱與職權，而取決於與權力中心之間的距離與互信程度。

此類文化的最大特點，在於決策效率極高。宙斯型領導者無需冗長的委員會討論、也不仰賴制度化程序，一旦做出決定，整個組織便可迅速行動，極具戰術靈活性與行動速度。在面對高度競爭、變化迅速或需要果斷回應的情境下，霸權文化顯得特別有效。然而，這種速度往往是以資訊過濾與參與受限為代價，許多決策並未經過系統性審議，而是來自宙斯型人物的直覺、經驗或情感判斷。因此，領導者的品格與能力即成為整體決策品質的關鍵變數。

這也意味著，在霸權文化下，組織極度依賴領袖的判斷與操守，一位睿智果斷的宙斯能帶領團隊披荊斬棘，但一位昏庸無能的宙斯則可能導致整體失序。當領導者過度集中資訊與資源時，組織的風險承擔也將趨於單點化，脆弱性隨之上升。

此外，這種文化模式強烈排斥外來者的快速融入，決策過程中的「移情作用」——也就是對關係與信任的仰賴——使得組織傾向於只接納熟悉的成員，透過餐敘、引薦與私下互動來試探彼此的可靠性，導致文化封閉與內圈壟斷的現象。

儘管如此，霸權文化亦非全然落伍。在小型創業團隊、危機處理小組或以強人領導為主的組織中，這種高度個人化與彈性的文化仍展現出一定的實用價值。它能夠在制度尚未完善或環境極度不穩定的情況下，提供清晰的指令與統一的行動方向。在這些條件下，宙斯式領導不只是權力的象

徵，更是一種穩定與方向感的來源。組織成員在其中獲得的不僅是角色分工，而是一種信任關係所延伸出的身分歸屬與行動授權。

然而，當組織規模擴大、任務複雜化，或面臨知識密集型的挑戰時，霸權文化的侷限便逐漸浮現。資訊不再能僅由少數人掌控，多元觀點與專業合作變得不可或缺。此時，若仍維持高集中度的控制結構，可能導致創新受限、人才流失，甚至組織倫理風險的累積。因此，霸權文化的優勢與風險始終並存，其有效性取決於組織所處的歷史階段、產業特性與領導者自身的修養與覺察力。

3. 角色管理文化

角色型文化（Role Culture）在漢迪的四象模型中，象徵為太陽神阿波羅（Apollo），代表著秩序、規範與制度理性。相較於霸權型文化以個人影響力為運作核心，角色型文化則以組織架構的清晰分工與正式規則為行動依據，類似現代官僚體制的典型樣貌。在這種文化中，權力並非掌握於單一人物手中，而是分散在各個明確定義的職務角色之中。組織如同一座神廟，每根支柱象徵一個職能部門，支撐著頂部的管理階層，而連接這些部門的張力線則是制度化的規則與作業流程。

角色文化的核心邏輯，是建構在對穩定與預測性的高度依賴上。它假設未來可被建構於過去的延續之中，透過職務設計、標準作業程序與組織圖譜，將組織任務系統化、常規化。每位成員的職責與權限皆由制度事先界定，其個人價值與偏好則被刻意抑制，避免過度個人化對制度運作的干擾。在這樣的文化氛圍中，效率來自於程式的遵守，而非創新的試誤；組織強調程序上的正確性，而非決策的速度或靈活性。

這種制度導向的文化模式，在追求品質一致性、成本控管與大規模穩

定輸出的環境中極具優勢。尤其在製造業、政府機構或法規高度密集的組織中，角色型文化為組織提供一種穩定性與可預期性，使組織得以在龐大與複雜的架構中維持運作秩序。然而，這樣的穩定與清晰同時也帶來僵化與因循的風險。制度雖能抑制過度主觀的任意決策，卻也可能扼殺個人動能與彈性調整的空間。一旦外部環境變化劇烈，或顧客需求開始多元化，角色文化便可能無法迅速回應，導致組織反應遲滯、失去競爭優勢。

更值得注意的是，在角色型文化中，「角色」高於「人」的邏輯，可能產生組織倫理的稀釋現象。當人被視為可替換的制度齒輪，組織將難以激發員工的歸屬感與主動性。對某些成員而言，這樣的環境雖提供了安全感與明確的工作邊界，卻也壓抑了個體潛能的伸展。漢迪認為，這類文化的理想條件是在任務相對穩定、風險可控的局面下，才能發揮其應有功能。當變動與創新成為主旋律時，角色文化若無適當調整，就容易陷入形式主義與組織惰性。

角色型文化的典型挑戰，在於如何在維持制度穩定的同時，引入足夠的變革彈性。許多擁有此種文化的組織會選擇建立跨部門的小組、任務編組或專案團隊，以應對突發事件或改革任務。然而，這些結構外的彈性安排往往只是暫時性的修補，若未能深入改造核心制度與文化心態，終究無法扭轉組織對常態性運作的深層依賴。換言之，角色文化的優勢與困境，始終糾結於其對規則的信仰：制度為其穩固之本，也可能是其變革之障。

4. 任務管理文化

在漢迪對管理文化的分類中，任務型文化（Task Culture）以女戰神雅典娜（Athena）為象徵，代表的是靈活、解決問題導向、專業主義與團隊精神的融合。與角色文化重秩序、霸權文化重權力相比，任務型文化的運

十三、文化多樣性與彈性治理:《管理之神》

作核心在於目標本身。它假定組織的存在是為了解決特定問題或完成明確任務,而非維持制度本位或鞏固權力中心。權威在此文化中並非來自頭銜、職級或人際網路,而是取決於個人專業能力與對任務的貢獻度。

任務型文化最適合以專案為中心的運作模式,其組織圖像如同一張錯綜複雜的網路,節點之間不是依據階層關係,而是根據知識、技能與角色需求而流動配置。團隊的組成往往以任務性質為基礎,成員來自不同部門、專業背景或層級,彼此平等互動,重視目標共識與解決策略的協調一致。這種文化強調彈性、創造力與回應力,在不確定環境中具有高度適應能力,能快速重組資源與人力以回應市場或技術的變動。

由於權力分布與組織結構密切相關,任務型文化中的「權力」不再是穩定占有的資源,而是流動的、情境性的影響力。領導者的產生更多取決於情境需求與任務進展,而非正式權威的授與。一位能帶領團隊突破困難、提出有效解方的專業人士,往往會自然地成為團隊焦點,而非仰賴職稱主導。這種文化特別適合於科技產業、創意領域、顧問服務及其他高知識密集型組織,其中成果導向與專業自主被視為驅動力。

然而,任務型文化並非沒有成本。首先,它的運作高度仰賴個體的能力、責任感與合作意願,因此對成員素質有較高要求。一旦團隊中的信任關係瓦解、目標模糊或專業能力不均衡,網路結構就可能崩解為權責不明與溝通斷裂的碎片組織。其次,任務型文化在缺乏穩定制度支持時,容易流於效率導向的短期主義,忽略組織整體策略與長期資源配置。此外,過度依賴專案式協作,也可能產生資訊孤島與知識流失的現象,導致組織學習難以持續累積。

任務型文化最具活力的場域,往往是處於開創期或變革期的組織階段。當組織面臨市場進入、技術革新或策略轉型的需求時,此種文化能提供彈性與速度,支持快速試驗與即時調整。然而,當組織逐漸進入穩定

期，其高流動性與高自主性的特質，反而可能帶來協調困難與資源重複的問題。此時，若缺乏與角色文化的互補整合，任務文化自身的效能也將逐步遞減。漢迪提醒，任務型文化雖代表當代組織的理想型，但其長期維持需有制度、資源與文化上的三重支持，否則再美好的任務協作，也可能因組織內部缺乏支撐而難以持續。

任務文化提供了一種對於組織權力分布、專業合作與結果評估的新想像，然而其成敗關鍵，不在於形式上的專案制，而在於團隊間是否能真正建立信任、共享目標並實踐知識協作的精神。在知識經濟與數位轉型愈加加速的背景下，任務型文化也為我們揭示了未來組織應如何兼顧彈性與整合、專業與制度的雙重挑戰。

5. 個性管理文化

個性型文化（Person Culture）在四類管理文化模型中，是最貼近個體主義精神的一類，以酒神戴歐尼修斯（Dionysus）為象徵。其核心特徵是：個人作為價值與行動的起點，組織反而退居為服務者、協助者的角色。

與其他三種以任務、角色或權力為中心的文化不同，個性文化並不以組織目標為唯一依歸，而是強調個體的實現與選擇的自由。這類文化的典型代表是以專業人士為主體所構成的組織，例如律師事務所、顧問公司、研究機構或創作型團隊。

在個性文化的結構中，每位成員如同一顆獨立運行的星體，自我管理、自我驅動，所倚賴的是個人專業的能力與市場的需求回饋。組織的存在形式類似於一個共享資源的平臺，提供資訊、人脈、行政支援或社群認同，但不對個人的行動方向做出過度干預。在此情境下，管理者的角色不再是統籌者或領導者，而更接近於協調者或後勤支持者，職責是在不損及

十三、文化多樣性與彈性治理:《管理之神》

個體自主的前提下,維持組織基本運作的秩序。

這類文化的最大優勢,是對個人潛能的高度尊重與發揮。人才不再被視為替換的模組或制度的零件,而是具有不可替代性的知識資產。當組織聚集的都是高素質、自我實現導向的成員,整體工作氛圍往往具備開放性、創造性與深度反思的特質。知識與經驗在對等關係中自然流動,專業聲望與實績成為真正的影響力來源,而非職級與階層。

然而,個性文化也面臨不少內在矛盾。首先,在權力與責任無法集中時,組織共識的建立變得困難。一旦成員價值觀或工作風格差異過大,組織就可能陷入碎片化與無法協調的困境。其次,過度強調個人選擇,會使制度建構、組織發展與長期策略缺乏支撐力。個體關係鬆散、流動性高,使得建立穩定的集體認同變得極為困難。此外,當組織需要應對外部挑戰或內部轉型時,缺乏共同決策機制也將使行動力受限。

存在主義的自由,同時也意味著個人必須承擔選擇的結果與不確定性。在個性型文化中,個人雖享有最大程度的自主性,但也須面對成果、風險與責任的個別化承擔。因此,這類文化特別適合那些擁有高度專業能力、明確自我認同且願意為個人成就負責的工作者。漢迪曾指出,這種文化並不鼓勵過度的組織依附或團隊依賴,而是倡導透過知識交換與價值共鳴,建立自發性的合作關係。

隨著自由工作者、遠距協作與平臺經濟的崛起,個性文化正逐漸從邊緣型態轉為某些產業核心的組織樣貌。在這樣的背景下,組織如何同時保有個人自主與集體功能,成為一項棘手但必要的挑戰。一方面,過度的制度化會壓縮個體空間,另一方面,缺乏適當的制度支撐又會導致效率低落與資源浪費。因此,個性文化的關鍵不在於完全去制度化,而是在制度邊界內尋找個體發展與集體支持的最適平衡點。

總而言之,個性管理文化提出了一種與眾不同的組織邏輯與價值想

像，它讓組織從「目標驅動的機器」轉變為「人才支持的生態系統」。雖然這樣的模式不易維持，也不適用於所有產業，但在強調專業自主與價值實現的領域中，個性文化所展現的彈性與深度，確實為未來組織發展提供了另一種重要的路徑與可能。

6. 多元配置與適性整合的管理邏輯

　　漢迪在探討組織文化時，並未將四種管理文化視為相互排斥的對立範式。他強調，真正有效的組織，往往不是依循單一文化模型運作，而是能夠靈活結合各種文化邏輯，依據組織的任務屬性、發展階段與部門功能進行調整與配置。這樣的觀點擺脫了對「理想型文化」的迷思，轉而關注文化實踐中「適性而非一致」的原則。

　　在這樣的觀點下，組織不再是單一文化的體現，而是由多種文化相互滲透、交織而成的複合體。例如，一家大型科技公司可能在研發部門推行任務導向的協作文化，在行政管理部門維持角色文化的穩定結構，而在創辦人核心圈中則仍保留宙斯型的決策風格。甚至某些專案團隊可能根據成員特性與工作目標，發展出具有個性文化特質的作業方式。這樣的差異化配置，使得組織能夠因地制宜，應對多樣性挑戰與運作複雜性。

　　文化共存不僅是一種靜態結構，也是一種動態調節的能力。組織在面對外部環境劇烈變動或內部結構轉型時，往往需要調整文化重心。例如，當組織處於高速成長階段，任務文化可能占據主導地位；而當進入制度化穩定期，角色文化與流程管理便會逐漸上升為主軸。這種文化重心的轉換，若能以組織需求為導向、兼顧多元文化的包容與調和，將有助於組織維持長期的彈性與韌性。

　　然而，文化多元也可能帶來認同混淆與內部摩擦。當不同文化價值觀

十三、文化多樣性與彈性治理：《管理之神》

無法建立對話與理解機制時，將導致組織溝通失靈、協作效率下降，甚至出現部門間的「文化隔閡」。為避免這種碎裂風險，組織需要設計明確的「文化聯結機制」（cultural linking mechanisms）。這些機制可包括：跨文化的協調團隊、溝通橋梁角色、統一的語言與象徵體系，乃至於制度上刻意保留的彈性空間，讓各文化單元得以相對獨立又相互連結。

在此基礎上，「文化包容性」（cultural inclusiveness）成為組織能否長期維持文化多樣性的重要前提。文化包容並不意味著全然接納，而是能夠辨識與尊重差異，建立適當的邊界與協作模式，讓各種文化不僅共存，還能發揮互補優勢。這樣的能力需要來自組織領導者的文化理解力與調節能力，也仰賴整體組織對於文化多元的制度設計與價值導向。

值得注意的是，多元文化的協調不應成為高層管理者的唯一責任。若將文化聯結視為高層專屬任務，反而可能加重其壓力，弱化中層與基層的文化參與感。因此，文化整合策略應納入組織各層級的共識建立機制，讓文化連結不只是「高空接力」，而能夠成為橫向溝通與協作的一部分。

組織文化的共存與整合，不是一種靜態設計，而是一種結構的動態能量。在快速變動的市場環境中，能否建立一套兼容差異、靈活調整的文化架構，已不僅是一種文化選擇，更是一項組織生存的戰略課題。

透過對文化邏輯的理解與實踐，組織得以發展出既具有穩定性，又不失創造力的多元文化結構，並在複雜現實中保持調適與轉化的能力。

7. 包容力、橋梁與語言系統

當組織內部呈現多元文化共存的狀態，如何有效建立連結與整合機制，便成為維持整體協作與穩定運作的關鍵課題。在漢迪的觀察中，文化

7. 包容力、橋梁與語言系統

之間的聯繫若僅仰賴正式制度或結構調整，往往無法解決深層價值與行為模式的差異。真正的整合必須透過一套能引導文化對話、調節認知落差與促進協同的中介機制。這些機制不僅促進組織的橫向連結，也奠定垂直溝通與跨部門理解的基礎。

首先是「**文化包容力**」(cultural inclusiveness) 的建立。不同於強調同質性的文化整併邏輯，包容力強調在差異中尋找共存的可能性。這並非一種無條件的接納，而是關於如何在維持各自特性的同時，找到共處與合作的界線。具有包容力的組織，能夠容納不同部門或單位在價值觀、語言風格甚至決策節奏上的差異，並不將這些差異視為威脅，而是一種潛在的資源。這種文化上的寬容態度，有賴於高層領導者的價值引導，也仰賴組織整體對「差異即資產」的認知深化。

第二種關鍵機制是文化之間的「**文化橋梁**」(cultural bridges)，文化橋梁指的是一種功能性的中介角色，它可能是人，也可能是制度設計，甚至是一種例行性程序。舉例而言，跨部門協調小組、任務導向的聯繫團隊、或負責雙語轉譯的內部溝通官，皆可能擔任橋梁角色。這些橋梁人物或機制的功能在於，使來自不同文化區塊的人員能夠在一個具體場域中對話、協作與互動，進而產生交集與理解。這種中介結構並非為了解決所有衝突，而是在衝突發生前，預先建構一種對話可能的結構條件。

然而，光有橋梁仍不足以真正促成文化理解，第三個不可或缺的因素是「**共同語言系統**」的建立。在多元文化交錯的組織中，各自的語言符號、術語與溝通模式往往反映其背後的價值偏好與運作邏輯。若無一套共享語彙系統，即使坐在同一張會議桌上，也可能彼此誤解、溝通受阻。因此，共同語言不只是語意上的統一，更是一種象徵系統的協調。這套語言可能來自組織的願景敘事，也可能從經常性使用的術語中自然生成，關鍵在於它能成為跨文化協作的媒介。

十三、文化多樣性與彈性治理：《管理之神》

值得注意的是，語言也可能成為隔閡的來源。當特定部門或文化群體形成過於封閉的術語系統，其它部門便難以進入其知識領域，甚至產生疏離感。此時，語言的排他性反而削弱了文化整合的可能性。因此，建立「對話導向」的語言策略，尤其是透過共同工作坊、跨部門訓練或整合性的溝通平臺，能有效減緩語言上的隔閡，增進互相理解。

三者之間彼此環環相扣：包容力是一種價值前提，橋梁是一種互動機制，而語言則是日常運作中的媒介載體。若組織能在這三個層次上建立穩固的協作基礎，不僅能穩定文化差異下的組織運作，更能將多樣性轉化為創造力的來源。文化連結不只是治理的挑戰，更是一種管理智慧的試煉。

8. 從文化鬆懈到彈性治理

在高度不確定與變動的環境中，組織能否展現出足夠的適應性，往往不是取決於其制度設計的嚴密程度，而是在於是否保有一定程度的「鬆懈空間」（organizational slack）。這並非效率低落的表徵，而是一種有意識的寬容結構，允許多元文化在組織內部保留其獨特性，並在遭遇突發狀況時，為組織提供必要的緩衝與轉化動能。

漢迪在討論組織文化的聯結與運作時，特別指出這種「鬆懈現象」是多元文化共存與協作的必要條件，亦是組織能在複雜系統中保持動態平衡的關鍵。

從治理的角度來看，鬆懈不是無序，也不是管理的鬆散，而是一種有策略的餘裕結構，它使得各種不同文化在不完全整併的前提下得以和平共處。當正式結構與流程無法即時回應外部變化時，正是這些鬆動的邊界讓組織得以快速調整，啟動非常態的應變機制。就像自然系統中的間隙

(ecological niches)維持生態多樣性,文化鬆懈也讓組織保有一定的「創新邊陲」,在正規制度外形成一個個非正式、靈活的實驗場域。

這種鬆懈現象的正面價值,體現在三個面向。其一,作為調節張力的緩衝機制。多元文化之間難免產生目標衝突、語言不通或節奏不同等摩擦,此時若組織內部過度緊繃,易導致制度失靈或人員倦怠;反之,若有適當的彈性結構,便能在摩擦發生時形成「減震帶」,避免衝突外溢擴大。其二,鬆懈使得組織能暫時「脫序」,進而產生創新或跨界對話的可能。例如部門之間的臨時協作專案、非正式社群的知識交換或跨文化的共同實驗,皆是鬆懈空間內可能發生的產物。其三,鬆懈提供臨機應變的空間,讓組織得以從僵化結構中解脫,在面對極端事件或環境劇變時,有餘裕重組其資源與權責分配,展現系統韌性。

然而,文化鬆懈的建立與維持並非自然而然,它仰賴領導者對組織文化的敏銳洞察與信任邏輯的長期建構。一方面,管理者需克服對鬆懈結構可能引發「失控」的焦慮,理解其背後的功能性意義;另一方面,需設計具備適度「彈性邊界」的制度,使文化之間既有各自的行動空間,又能保有交會的機會場域。這種制度設計並非追求一致性與精確度,而是鼓勵多樣性、容忍模糊地帶、允許短期失衡,以換取長期的系統適應力。

換言之,鬆懈並不代表文化的弱化,而是一種高階的組織治理智慧。它使得不同文化能在不壓抑彼此特質的前提下共生,並為面對不確定未來預留可能性。正如漢迪所指出,當環境無法完全預測時,組織真正需要的,不是僵化的計畫與一致的文化,而是能靈活調整、即時反應並從錯誤中快速修正的文化治理能力。這樣的治理邏輯,不僅為文化整合提供緩衝與延展性,也成為當代組織在高度動態環境中生存與演化的底層策略。

十三、文化多樣性與彈性治理:《管理之神》

十四、

科學化治理與人力潛能：《科學管理原理》

1. 泰勒的時代背景與理論構成

在 20 世紀初，工業社會正值轉型階段，隨著生產規模不斷擴張，企業開始面臨組織效率與勞動分工的根本挑戰。這正是腓德烈・溫斯羅・泰勒（Frederick Winslow Taylor）提出科學管理思想的時代背景。身為出身賓夕法尼亞的工程師，泰勒在鋼鐵廠的實務經驗讓他直接觀察到工廠運作中的低效與混亂。他發現，即使技術設備逐漸現代化，勞工在執行同樣任務時效率卻相差極大，這不僅源於技能差異，更與缺乏制度化的管理方式有關。這樣的觀察，使他意識到問題的根源不在於工人個人能力，而在於管理體系本身缺乏科學方法的支持。

在著作《科學管理原理》（The Principles of Scientific Management）中，泰勒企圖對管理進行系統性的重構。他認為，傳統的管理依賴經驗與直覺，往往導致工人操作方式參差不齊，效率無法保障。因此，他強調「管理是一門科學」，其核心應當建立在可測量、可重現且能標準化的原則上。

泰勒的關注重點並非單純提升產能，而是要在不加重工人負擔的前提下，使資方與勞方雙方都能從生產效率的提升中受益。他相信，只要方法

十四、科學化治理與人力潛能：《科學管理原理》

正確，就能讓企業獲得更高利潤，同時也讓工人獲得合理報酬，最終促成雙贏。

泰勒所主張的「科學」，不僅指對作業流程進行量化與規則化，更是一種思想層面的革新。他認為，當人們對工作的理解仍停留在憑經驗、依習慣的層次，整體組織將無法擺脫低效的泥淖。唯有透過標準化操作、科學選才與制度化培訓，才能讓組織實現穩定而持久的高效率。這樣的邏輯背後，潛藏著一項更深層的信念——只要妥善設計制度，普通人也能在合適的位置上發揮第一流的表現。對泰勒而言，制度並非束縛個人的工具，而是一種讓潛能得以具體實現的操作框架。

值得注意的是，泰勒的觀點並非抽象理論，而是來自工廠現場的經驗累積。相較於同時期仍偏重管理者主觀判斷的做法，他嘗試將工序逐一拆解，透過工時分析與動作研究找出最優解，並進一步建立標準流程與獎勵機制。他的做法雖引發不少爭議，但也為管理學打開一條不同以往的路徑。在這樣的脈絡下，泰勒被視為「科學管理之父」，不僅奠定了現代管理制度的技術基礎，也深刻影響後來對組織運作與勞動效率的理解。

當我們回顧這段歷史，可以清楚看見泰勒的貢獻不只在於提出一套方法，更重要的是，他以實證精神與制度設計能力，推動了從人治到法治的管理變革。他所開啟的，不僅是效率的追求，也是組織理性化與制度化的起點。

2. 體制、效率與觀念革命

科學管理思想的真正關鍵，並非僅止於作業流程的改進或技術手段的應用，而在於對「管理本質」的徹底再思。泰勒所帶來的革命性觀點，在

2. 體制、效率與觀念革命

於他將管理從一種藝術性的領導行為，轉化為可被測量、分析與規範的理性系統。他主張，效率不應再依賴個人能力或經驗傳承，而必須透過制度設計來推動，成為整體組織架構與價值觀念的改變成果，而非僅是單一技術層面的提升。這種觀點，構成了科學管理的觀念基礎。

在這樣的理路下，泰勒提出的「體制設計」強調一種雙向責任的管理邏輯。他主張，管理者與工人不應被視為對立的兩端，而應透過明確劃分職能與責任，共同為生產效率提升而努力。這是一種橫跨管理階層與現場工人的制度型合作模式。對資方而言，代表著管理者需承擔起規劃、訓練與輔導的責任，而不只是依賴命令與監督；對勞方而言，則意味著必須重新理解自身在組織中扮演的角色，主動投入效率改革的實踐中。

泰勒特別指出，這類制度變革不應僅視為技術調整，更是一種思維與文化層面的轉向。他認為，當人們對工作的理解仍停留在依靠經驗與習慣的階段，組織便難以擺脫低效的泥淖。唯有透過標準化操作、科學選才與制度化培訓，才能讓整體組織走向穩定而可持續的高效率狀態。這背後隱含著一項更深層的信念：只要妥善設計制度，普通人也能在合適的位置上發揮出最佳表現。

他的這套邏輯不僅調整了工作現場的行為模式，也重新界定了管理者在組織中的功能角色。從單純的控制與監督，轉變為以制度設計與支持性環境建構為核心的專業職能。

泰勒相信，當管理成為一種可分析、可優化的科學活動時，組織便能脫離對個人經驗的依賴，邁向系統化、標準化與持續改善的現代治理典範。

十四、科學化治理與人力潛能：《科學管理原理》

3. 合作模式與共同富裕的邏輯

在泰勒的科學管理理論中，「精神革命」可說是其最具社會意涵的思想核心。這場革命不只是制度變革的附屬配套，更是一種價值觀與合作關係的根本重塑。泰勒指出，傳統勞資關係長期陷於零和博弈，雙方往往將彼此視為壓迫或阻礙的對象，導致信任瓦解、效率低落。為了打破這樣的對立框架，他主張應以「擴大蛋糕」為目標，轉化原有的分配對抗邏輯，讓管理者與工人共同追求總體產出提升，從而達成雙方利益的實質擴張。

這樣的觀念轉變，正是泰勒所謂「精神革命」的根本意涵。它並非抽象的道德訓誡，而是一種具體而深刻的心態改革。他認為，若雙方都能真誠相信生產效率的提升將為彼此帶來回報，那麼合作就不再是管理者施予、工人服從的權力關係，而是雙向投入的合理選擇。在這樣的邏輯下，效率與公平不再是對立的價值，而是可以透過制度設計合一的結果——高產出能帶來高薪資，而高薪資又能反過來激發工人的投入與創造力。

為了讓這套合作邏輯得以落實，泰勒進一步強調制度層面的轉型。過去的管理方式經常將失敗責任推給工人個體，視他們為無法自律的被管理者，而忽視管理階層在規劃、訓練與支援上的角色。科學管理則要求管理者承擔起制度性職責——不僅要設計標準流程，更要提供必要資源與實作協助，使工人能在可控條件下達成預期目標。工人則須接受訓練與標準化任務分配，專注於執行的品質與一致性。這種分工關係是一種制度上的互補，而非權力壓迫。

不過，泰勒知道，僅靠制度條文無法構成真正的合作文化。他認為，制度的效能仰賴信任與相互理解，管理者若僅依賴獎懲機制而忽視人際尊重，將無法喚起工人的主動參與。因此，他特別強調管理者應從「控制者」轉變為「協作者」，主動建立與工人間的良性溝通與支持關係；同樣地，

工人也須重新定位自身角色,從被動執行者成為組織目標的共同實踐者。

這樣的精神革命,其實就是一種對「制度人性化」的企圖:讓制度不再只是效率的工具,而是合作與共利的媒介。在今日的企業實務中,這類觀念已有許多延伸實踐。許多科技公司強調高參與式管理模式,透過內部分享機制、績效對話與彈性激勵,使員工在組織中獲得成長機會與價值感認同。這些現象正是對泰勒精神革命最當代表現的注解。

因此,泰勒的精神革命不僅是歷史性的修辭,更是連結制度設計與人際合作的中介橋梁。它使得科學管理得以不僅在數據與流程上推動變革,也在人與制度之間重建一種信任與共識的文化基礎,成為現代管理持續進化的精神起點。

4. 第一流工人的管理思維

科學管理的根基,並不僅僅建構於制度與工具的改革之上,更深層的推動力來自於對「人」的重新理解。泰勒指出,任何組織內部的效率潛力,往往潛藏在工人之間的差異之中。他特別關注的是「第一流工人」這一概念,並認為這群表現最傑出的工人所展現的生產能力,遠遠超過一般員工的平均水準,而這種能力差距正是科學管理得以發揮作用的關鍵切入點。

泰勒在觀察實務操作中發現,即便工人使用相同的工具、在相同的環境下進行相似的任務,產出效率仍可能有顯著差異。有些工人能以更高的速度、更精準的動作完成任務,卻不顯疲累,這顯示他們不只是技術純熟,更是運用了高度精煉的操作策略。這些「第一流工人」之所以能夠表現出高績效,往往來自於天賦潛能與後天訓練的結合。他們的存在,意味

十四、科學化治理與人力潛能：《科學管理原理》

著人力資源的真正潛力並非停留在平均水準，而是存在於少數表現卓越者身上。

然而，泰勒並未因此將管理重心轉向菁英主義，相反地，他將這種差距視為可管理、可複製的現象。他主張，透過制度設計，可以將第一流工人的操作方式轉化為訓練模組與標準流程，使更多普通工人也能逐步達到高效產出的境界。這不僅是效率的擴散策略，更是一種人力價值的再創造機制。若管理者能挖掘出員工的潛在特質並進行適性引導，組織整體的產出將遠超過現有的預期界線。

這套思維也預設了一種正向的組織假設：人並非天生懶惰或抗拒努力，而是在缺乏激勵與支持的環境下，才會逐漸喪失進取心。泰勒認為，若能為工人設計清楚可行的工作目標、明確的產出標準，並透過激勵制度與技術支援進行輔導與鼓勵，那麼即使是原本平庸的員工，也能逐漸轉化為高效人力的一員。換言之，第一流工人不應只是少數天才的代名詞，而是每一位工人潛在可達的成就標竿。

以此邏輯出發，泰勒將管理者的角色重新定位為「潛能激發者」。在他的系統中，管理不再僅是監督與考核的代名詞，而是一種專業的引導與轉化任務。這也意味著管理者本身須具備理解人性的敏銳度與技術設計的能力，能夠發掘每位員工的強項，為其量身打造最適切的作業流程與工作目標。此舉不僅能縮短表現差距，也能提升工人對工作的認同與動機，使組織內部形成一種以成長與發展為導向的文化氛圍。

值得注意的是，這種潛力差距的觀察，也為組織帶來一種謙遜的反思：表現不佳，未必來自個人怠惰，更多時候反映的是制度設計不當與資源配置失衡。當組織能正視這一點，並將人力管理重心從評估轉為激勵與培育，便能從根本提升生產效率，實現泰勒所描繪的「高薪資與低成本的結合」目標。

泰勒關於第一流工人的論述，不僅提出了一種效率優化的管理架構，更隱含了對人性潛力的正面詮釋。他讓我們理解，高效的組織從來不只是工具與制度的集合，更是建立在「相信人能更好」的哲學基礎之上。

5. 管理角色的轉型與責任再分配

在《科學管理原理》中，泰勒針對管理體系的核心轉變，提出一種從「人治」走向「法治」的觀念重構。他認為，傳統管理方式往往依賴於個別工人的經驗與直覺操作，管理階層多半扮演被動監督的角色，僅在工人無法達成任務時介入調整。這種作法仰賴的是個人判斷力，而非制度邏輯，導致組織效率與品質因人而異。泰勒指出，要讓勞動效率得以持續提升，關鍵在於把管理活動納入科學規則之中，並透過制度化的責任分配來解決組織中的不確定性與執行落差。

這種制度轉向的核心，在於明確區分管理職能與執行職能。工人不再單純依賴自身經驗決定作業方式，而是根據事前設計的標準化流程執行任務。相對地，管理階層則承擔起制定這些流程的責任，並提供實務上所需的指導與協助。這不僅改變了工廠現場的運作邏輯，也重新界定了經理人在企業中的職能重心——從原本的行政監督者，轉變為制度設計者與效率催化者。這樣的轉型，也要求管理者具備更高層次的理性判斷與科學素養，避免管理活動被視為臨機應變的權宜之計。

此外，泰勒進一步強調，工人與資方之間的合作關係，應奠基於制度而非人情。他反對傳統制度中「自由放任」與「高壓管控」的兩極操作，認為真正有效的管理，應是在明確規範與協作基礎上所建立的。工人每日的作業，應由管理者依據標準作業條件規劃並提供詳細指導，而非讓工人自己摸索；相對地，管理者也須對這些作業規範所產生的績效負起責任，而

十四、科學化治理與人力潛能：《科學管理原理》

非將一切問題歸咎於工人本身的素質或態度。

從更深層的意涵來看，這不僅是責任分配的再調整，更是一種治理模式的升級。泰勒試圖透過「法治化」的管理機制，打破舊有權威主義的運作邏輯，將組織的效能建立在客觀標準與制度運作之上。這種觀點在今日依然具有啟發意義，因為它挑戰了以個人魅力或人際網路為依憑的組織治理方式，強調的是可複製、可追蹤、可修正的流程建構。

6. 科學管理四原則

泰勒對於管理實務的最大貢獻，莫過於提出了被他視為科學管理核心支柱的四項原則。泰勒所主張的，不僅是提升效率的技術細節，更是一種透過規則與制度來重塑組織運作的科學觀。這些原則的背後，蘊含著一種從經驗式管理走向標準化治理的現代化轉型思維。

首先是「**經驗總結與規則化**」。泰勒指出，傳統工廠往往仰賴熟練工人的經驗來完成工作，這些經驗雖具有價值，但過度依賴個人判斷，會使效率受到限制。科學管理的第一步，就是將這些經驗系統性地歸納、分析，並轉化為標準作業規範。這樣一來，管理者便能確保所有工人遵循相同的最佳操作方式，不僅提升了一致性與可預測性，也使工作績效得以有效評估與改善。

第二是「**發掘人才與能力匹配**」。泰勒強調，工人的能力與特質各有不同，管理的職責之一，就是在辨識這些差異的基礎上，安排最適合其能力的工作崗位。他主張以科學方法觀察與測試工人的特性，並根據其潛能設計個別化的發展路徑。這不僅能減少錯配所造成的效率損失，也有助於激發工人的主動性與成就感，形成穩定的工作動機。

第三為「**科學選擇與持續培育**」。泰勒並未將「人盡其才」視為一時之功，而是主張在長期制度設計中，持續透過教育、訓練與監督，協助工人熟練並內化標準操作程序。他強調「訓練」的本質是一種系統性投資，並且必須建構在前述規則化知識的基礎上，才能真正發揮效果。因此，科學管理不只是選才，更是育才，並且要在工作流程中不斷強化技術規範與專業能力的結合。

最後是「**上下合作與制度執行**」。這項原則明確表達出泰勒對傳統管理關係的批判。他主張，管理與工人之間的關係不該是命令與服從的單向結構，而應轉化為基於規則之上的合作夥伴關係。透過明確的作業標準與報酬制度，管理者與工人能在共同利益的基礎上協調行動。制度的存在並非削弱人性，而是使合作關係建立在透明與公平的基礎上，避免因資訊不對稱或裁量過大而造成不信任與摩擦。

這四項原則所組成的不是一套靜態的操作流程，而是一種深層的管理邏輯，其背後隱含著泰勒對現代工業社會中效率與正義之間關係的思考。他試圖以科學手段解決人際管理中的衝突與模糊，並讓組織能在效率追求中仍保有人性關懷與制度保障。從這個角度來看，泰勒的科學管理雖起源於工廠，但其影響卻遠遠超出製造業範疇，成為現代行政與組織理論中不可或缺的一環。

7. 作業管理的標準化邏輯

在泰勒所構築的科學管理架構中，作業管理的標準化是一項不可忽視的核心工程。這不僅僅是關於工人該如何執行任務，更是一種將組織內部的工作流程系統化、結構化與量化的制度設計。泰勒的關注點並不只是效

十四、科學化治理與人力潛能:《科學管理原理》

率的提升,更在於如何建立一套科學可測、可複製、可控制的管理模式,從而使生產組織得以擺脫個人技藝與經驗限制,轉向一種可廣泛複製與精密調整的操作體制。

首先,標準化從「任務設計」開始。泰勒主張,任何一項作業都應該對應一套明確、具體、難度合理的標準任務。每位工人應被賦予經由時間研究與動作分析所得出的日常目標,而這些任務本身不能只是「工作內容」的描述,而應具備可衡量的產出指標。更進一步地,這些目標必須是挑戰性的,唯有具備足夠能力與訓練者方能完成。如此安排,一方面激勵工人發揮潛能,另一方面也透過難度門檻避免低效率的產出模式。

其次,為了確保標準任務能在可預期的品質與時間內完成,泰勒強調「作業條件」的全面標準化。這包含了工具、材料、操作流程與工作環境的設計。例如,他反對工人自備工具,主張由工廠統一提供最適切的標準工具,以減少品質差異與時間浪費。他也鼓勵將工作動作進行最佳化分析,排除多餘動作,使每一步都具備效率上的合理性。如此一來,工作效率的提升就不再依賴個別工人的經驗與即興應變,而是落實於整體作業系統的優化設計。

在標準化的作業基礎上,「報酬制度」成為整個管理機制中的激勵核心。泰勒堅持「任務導向的差別工資制度」,即工人是否能達成預定目標,將直接影響其所得報酬。完成者將獲得高於常規的薪資,而未達標者則無法享有同樣待遇。這種設計試圖透過明確的誘因結構,讓工人對於效率的提升產生主動性,而非被動執行。同時,此制度也被設計成一種行為調整工具,使員工願意服從標準流程與工具規範,因為這與他們的實際利益密切相關。

值得注意的是,這一報酬邏輯並非鼓勵無限制的競爭或懲罰,而是設計為一種雙向責任機制。當工人表現不佳時,管理階層也須承擔部分責

任，因為他們可能在訓練、指導或工具配備上有所疏漏。這與傳統的懲罰型管理風格大相逕庭，更接近一種合作式的生產協議。在此制度中，管理者的角色不再僅是監督與控制，更是規劃與支援，確保工人具備完成標準任務的一切必要條件。

綜合來看，泰勒透過任務設計、作業條件的標準化與差別報酬制度，建構了一套從工作輸入到輸出皆可監測與校準的操作體系。他企圖藉此讓工廠運作如同一部機械裝置，每一個部件依循科學規則運轉，避免偶發性與主觀性所帶來的變數干擾。這不僅是對工業時代效率極限的挑戰，更是現代作業管理制度化與結構化的起點，為日後的生產自動化與流程再造鋪平了道路。

8. 成效與爭議

雖然泰勒所倡導的科學管理理論在工業界獲得廣泛應用，並帶來了明顯的生產效率提升，但這套制度也引發了持續不斷的討論與質疑。其最大的成效無庸置疑，即使在最保守的估算下，科學管理所導入的流程重整、作業標準與差別報酬制度，的確有效提升了工廠產能並減少不必要的人力浪費。然而，這種制度所依賴的理性架構與系統性設計，也不免落入對人性簡化與職責分配僵化的陷阱，引發學界與實務界對其適用性與倫理性的雙重辯證。

首先，泰勒所強調的「工人積極性」固然為管理制度注入了動力來源，但其背後隱含著一種工具理性的前提。科學管理預設員工的行動動機主要來自經濟報酬，並可藉由制度設計來加以操控。這種設計邏輯使得工人的角色逐漸趨向執行單位，而非具有主體性與創造力的參與者。換言之，員工被視為可調整的變數，必須被制度精準地規訓與導引。雖然這種

十四、科學化治理與人力潛能:《科學管理原理》

安排能短期內提高效率,卻難以長期維繫內在動機與工作滿意感。當外在激勵未能同步配合內在認同時,制度便可能形同外殼,難以真正調動人力資源的潛能。

再者,泰勒在管理結構中所強調的責任再分配,也並非毫無爭議。他提出管理者需負擔更多計畫與技術指導的責任,工人則專注於執行操作,藉此強化雙方合作與效率。然而,這種制度安排往往導致工人對決策權的疏離感,甚至強化了階層分工的距離。當工人被排除在規劃與改善流程的討論之外,實務上常會導致制度落實的摩擦,甚至抵制。事實上,歷史上不少工運與工會抗爭,正是針對這種「高效但剝奪參與感」的制度所發起的回應。這也說明了制度雖可導入標準與規則,卻無法替代工作現場中人與人之間的協商與信任建構。

此外,泰勒對「科學」的詮釋亦曾招致批評。他所主張的科學管理,實質上是一套將管理行為轉化為可量化、可驗證的技術系統。然而,這種科學性的邏輯若應用過度,便可能使管理變成冷冰冰的制度機器,忽略組織中非理性層面的運作。情感、價值觀、權力關係與組織文化等因素,難以完全納入科學計量的範疇,而這些正是組織生活中最常見、最敏感的構成元素。當管理僅剩制度與數據時,人們對工作的歸屬感與認同感便可能隨之淡化。

然而,即使存在上述種種問題,泰勒的貢獻依然不可抹滅。他透過明確制度化的管理原則,為後續的組織管理奠定了理性分析的基礎,也開啟了運籌學、績效評估與流程改善等現代管理領域的發展空間。更重要的是,他讓「效率」這個概念從單純的成本控制工具,轉化為組織結構設計與責任制度思維的一部分。

即便面對爭議與反思,科學管理依舊是理解現代企業制度演化的重要起點,其制度優勢與人性盲點的拉扯,正構成了當代管理持續改革與創新的根本動力。

十四、科學化治理與人力潛能：《科學管理原理》

十五、

自我實現與人性潛能：《動機與人格》

在 20 世紀中期的心理學領域，亞伯拉罕・馬斯洛（Abraham Maslow）提出一項與當時主流觀點顯著不同的路徑。他所主張的人本主義心理學，不是單純對行為主義或精神分析的對立批評，而是試圖建立一套更完整、更符合人類經驗全貌的心理學體系。

在馬斯洛的思維中，人不僅是欲望的承載體，也不僅是行為反應的機器，而是一個追求意義、成長與自我實現的存在。他關心的，不只是人為何會生病，更關注健康的人應該如何生活。

馬斯洛的人本主義視角強調整體論（holism）與現象學的關懷，反對將人類行為簡化為可測量的刺激與反應序列。他指出，真正的心理學應該將人視為一個動態統合體，在生物、心理、社會三個層面之間展開交互作用。因此，他認為心理學應關注的是「高層次健康」而非僅僅是「病態修補」。在這個架構下，動機理論不再只是行為驅動的外在說明，而是人格發展與內在潛能開展的重要指標。

《動機與人格》（*Motivation and Personality*）正是在這樣的背景下誕生的理論著作。馬斯洛試圖突破心理學對病理現象的過度關注，轉而研究那些表現出高度創造力、自我接納與內在穩定的人。他以深入的觀察與經驗歸納，建構出人類基本需求的層次架構，並藉此引導學界與實務者思考：在滿足生理與安全需求後，人的潛能能否被逐層釋放？一個人如何才能真正活出「人之為人」的完整性？

十五、自我實現與人性潛能：《動機與人格》

此一取徑之所以具有突破性，在於它並未排斥前人理論，而是從中汲取養分，進一步建構出更具深度與價值感的理解方式。馬斯洛並不否認行為主義在研究方法上的貢獻，也承認精神分析對潛意識的探討具有啟發性。然而，他認為，心理學必須邁向第三條路：一條關注人的尊嚴、創造力與自我實現傾向的路徑。因此，他提出「人本主義心理學」這個名詞，並將其視為一種對人性本善、潛能可開展的正向預設。

這種理論觀點也為日後的正向心理學（positive psychology）奠定了基礎。它強調「成為你自己」並非簡單的口號，而是一項需要整合動機、認知與社會經驗的深層工程。

馬斯洛對動機的研究並非僅止於表層行為的驅力解釋，而是試圖從「需求」的遞進結構中描繪出一種人類實現潛能的階梯式路徑。他讓心理學回到一個根本性的提問：什麼是人的最高可能性？我們該如何活出它？

2. 需求理論的邏輯起點

馬斯洛構建需求理論的初衷，是為了釐清人類行為背後的驅動機制，並企圖從中建立一種能夠整合生理與心理、個體與社會的動機模型。他所提出的層次需求架構，並非單純來自演繹的哲學假設，而是立基於對大量健康個體的質性觀察與臨床經驗。這使得需求理論既具理論性，也蘊含實用價值，成為理解人類行為的入口之一。

在馬斯洛的理解中，動機（motivation）並不是單一力量的驅策，而是由一系列層疊、交錯的需求所構成的動態張力。他指出，所有人類行為的背後，幾乎都存在某種尚未被滿足的需求，這些需求構成了個體行動的能量來源。而這些需求不只是偶發的心理狀態，而是與生俱來的傾向，是人

類在演化歷程中形成的生存策略之一。因此，動機本身是人的存在方式，並不只是一種外加的刺激反應。

馬斯洛進一步提出「驅力（drive）」與「需求（need）」的區別。驅力多半與生理性匱乏有關，是一種內在張力的釋放，而需求則可以涵蓋更為寬廣的心理與社會層面。從生理需求到安全、歸屬、尊重與自我實現，每一層需求的產生都有其邏輯起點，也都有其特定的情境條件與表現方式。需求若長期得不到滿足，將轉化為壓力與焦慮；反之，一旦需求被滿足，則個體將自然轉向更高層次的追求。

值得注意的是，馬斯洛的理論並不預設人會自動走向自我實現。需求層級的發展雖具順序性，但非僵硬的階段進程。他強調，在不同社會與個人脈絡中，需求的表現與優先順序可能會有變動，但整體而言，人的動機傾向會從維生需求逐漸向成長需求遞進。這種動機觀點有別於傳統心理學將欲望視為缺乏與匱乏的產物，也超越了行為主義對外部刺激反應的單向解釋。

從基本假設來看，馬斯洛建構的動機理論有幾個核心前提。首先，人類天生具有正向的成長傾向，即傾向於開展潛能與達成整合；其次，個體行為背後的需求層次具有一定程度的普遍性，雖然具體表達方式會因文化差異而不同；第三，需求滿足的先後順序雖然存在一定邏輯，但並非絕對，特殊情況下可能會出現跳階或回返現象。

這些基本假設為後續需求層級的發展提供了理論基礎。馬斯洛之所以強調需求的遞進性，不是為了建構一套封閉的分類學，而是為了指出人在不同滿足條件下所產生的心理狀態與價值導向。從最低層次的生存需求到最高層次的自我實現，這不僅是行為表現的差異，更是意義結構的深化。因此，需求理論的邏輯起點，其實是對人性本質的一種哲學性探索。

十五、自我實現與人性潛能：《動機與人格》

3. 生理與安全需求

在馬斯洛所建構的需求層次架構中，最底層的生理需求（Physiological Needs）與安全需求（Security Needs）不僅是所有動機系統的基礎，更是支撐人類行動秩序的根本條件。這一層級的需求反映出人類對基本生存條件的依賴，從呼吸、飲食、水分、睡眠到性與排泄，這些功能皆是維持生命的關鍵機制。一旦這些需求未被滿足，便會凌駕於其他高層次的追求之上，使人的注意力與行為幾乎全然轉向維生層面的應對。

馬斯洛強調，這些生理需求並非僅出現在極端貧困或危機情境中，而是持續作用於個體生活之中，只是當它們被滿足後，其顯著性會迅速下降，讓人誤以為其重要性可以忽略。然而，當生理需求再次被剝奪，便會馬上恢復其支配力量，這種動態性正是馬斯洛需求模型的重要特徵之一。因此，生理需求不只是動機系統的起點，也是整體需求結構中反覆出現的潛在力量。

在生理需求之上，馬斯洛將「安全需求」視為第二層次的驅動力。安全需求雖不若生理需求具立即性與本能性，卻同樣具備強烈的影響力。它主要指向對穩定、秩序、可預測性與保障的渴望，尤其在人處於不確定或威脅感強烈的環境中，安全需求會明顯上升並主導行為。這類需求不僅包括身體層面的安全感，例如免於戰爭、災難或疾病的威脅，也延伸至心理與結構層面，例如財務穩定、就業保障、制度規範與社會法治等。

安全需求的表現形式也具有高度社會性。在現代社會中，人們對於健康保險、勞動條件、法規保護與社會福利的訴求，實際上都根植於對安全的渴望。馬斯洛觀察到，許多心理障礙與焦慮症狀，都與安全需求長期受挫或無法建立穩定感有關。他指出，那些從小在混亂、暴力或高度不穩定家庭中成長的個體，即使後來生活條件改善，仍可能難以建立基本的安全

感，其行為常表現出過度控制、焦慮或退縮的傾向。

更進一步地，馬斯洛認為，安全需求的滿足不只是個體層面的事件，也與社會制度息息相關。穩定的社會結構、清晰的角色分工與公平可預期的規範，是促使個體產生安全感的重要外部條件。因此，若一個社會制度長期處於高度波動、法治不彰或權力失衡的狀態，則其成員即便在物質條件充裕的情況下，也可能無法建立穩定的心理秩序，進而無法順利進入更高層次的需求探索。

馬斯洛在此提供一個極具啟發性的觀點：人類動機的發展並非單靠個體意志就能推進，而是深受社會結構與制度條件的牽引。若生理與安全層面的需求無法被有效保障，那麼對愛、尊重與自我實現的追求也將失去基礎。因此，動機的層次雖具理論上的階梯性，卻同時呈現出強烈的脈絡依存性。

4. 歸屬與愛的需求

在馬斯洛所構建的需求層次理論中，「歸屬與愛的需求」（Love and belonging needs）被視為承接生理與安全層次後的第三階段，具有深刻的人際與情感意涵。這一層次的動機，代表著人類從個體維生的本能層面，轉向尋求與他人建立情感連結的社會性需求。這不僅包含家庭、友情與愛情等形式的親密關係，也涵蓋了對群體歸屬感的渴望，顯示人類天生是一種社會性動物，其心理穩定與自我認同，無法脫離他人的認可與情感支持。

馬斯洛指出，這一層次的需求若長期得不到滿足，會對個體心理產生顯著的負面影響。孤獨感、疏離感與被排斥的經驗，常常與焦慮、憂鬱、攻擊傾向與病態依附有高度關聯。這些現象亦促使後來的心理學家，如約翰・鮑比（John Bowlby）與瑪麗・愛因斯沃斯（Mary Ainsworth），在依附

十五、自我實現與人性潛能:《動機與人格》

理論(Attachment theory)中進一步探討早期人際關係對心理結構的深遠影響。馬斯洛雖未系統建構依附模型,卻已預見人際連結的重要性,並將其視為心理健康的必要條件。

歸屬與愛的需求也具有階段性的差異。在早期經驗中,兒童渴望被照顧、擁抱與接納,這是建構基本信任與安全感的關鍵基礎。進入青少年與成人階段後,這類需求轉化為對友誼、伴侶與親密關係的追求,其核心在於彼此之間的尊重、理解與互信。

馬斯洛曾指出,真正的「愛」是一種深度的情感關係,它並非單向的渴望或依賴,而是雙向的尊重與共鳴;其中包含關心對方的需求,也期望自己被接納與理解。

值得注意的是,這一層次的需求不僅體現在私人情感關係中,也反映於社會群體中的歸屬感。人們參與宗教團體、文化社群、職場組織或志願活動,往往正是為了尋找認同與連結。當個體在群體中被視為「自己人」、擁有一席之地時,不僅能產生價值感,也有助於穩定其自我概念的邊界。反之,若個體長期處於邊緣化或社會排除的處境中,其心理承受力將逐步削弱,進而影響後續更高層次需求的實現。

馬斯洛強調,這一層次的動機與前兩層的不同之處,在於其更具內在性與情感深度。生理與安全需求雖然強烈,卻相對具體與可操作;但歸屬與愛的需求則涉及情緒互動、信任建構與認同交換,是一種關係性的動機。在這樣的邏輯下,需求不再只是缺乏的反應,而成為一種對完整自我的渴望過程。

此外,馬斯洛也警告,對於這一需求的壓抑或替代性滿足,可能導致「病態性關係」的形成,例如過度依附、操控、恐懼失去等心理模式。這說明滿足並非單純靠外在的存在,而需建立在成熟互動與自我價值的肯認

之上。唯有在健康關係中獲得愛與歸屬的滿足，個體才能穩定前進，邁向尊重與自我實現的更高層次。

5. 自尊需求的雙重結構

馬斯洛在其需求層次理論中，將「自尊需求」（Esteem Needs）置於歸屬與愛之上，作為個體邁向自我實現的關鍵中介。這一層次的核心，在於人對於自我價值的認定，以及對他人認可的需求。

馬斯洛區分出兩種不同類型的自尊需求：一是來自外界的尊重，如地位、聲望、認同與成就感；另一則是內在的自我尊重，包括自信、自主與自我效能的感受。這種雙重結構揭示出，個體對尊重的需求，既依賴外部環境的回應，也受到內在心理狀態的影響。

自尊的建立是一個歷程性發展，通常起始於兒童期。兒童從家庭、學校與同儕互動中獲得的肯定，會逐步內化為自我概念與價值感的基礎。當外界經常給予正面評價與情緒支持時，個體更可能形成穩定的自尊狀態，並發展出良好的應對能力與行動信心。反之，若成長過程充斥貶抑、忽視或羞辱，則容易造成低自尊與自我否定，進而影響人際互動與心理健康。

這一層次的需求特別脆弱，也最容易受到社會比較與競爭機制的影響。在現代社會中，人們經常以學歷、收入、職稱或外貌等外在標準來評價自己與他人，這類社會性評價雖可激發進取動機，卻也潛藏失衡風險。一旦個體將自我價值完全建立於他人的認可之上，便容易陷入過度追求表面成就的困境，忽略了內在穩定感的養成。馬斯洛提醒，自尊需求若無法獲得正當滿足，會導致羞恥、挫敗與無力感，甚至出現退縮、攻擊或自我懷疑等防衛反應。

十五、自我實現與人性潛能：《動機與人格》

此外，馬斯洛所提倡的高階自尊，並非單純的成就感或外在光環，而是能從自我內部生成的價值肯定。他認為，真正穩定的自尊源自對自身能力、信念與行動選擇的信任，也就是「我是有能力完成有價值事情的人」的心理信念。這種信念能在面對挫折或批評時提供心理韌性，使個體即使在社會評價不利的情境中，仍能維持自我一致與行動信心。

值得注意的是，自尊需求的滿足與否，常牽動人格結構的穩定與心理調適的能力。在心理病理學中，許多焦慮症、憂鬱症與成癮行為，都與長期低自尊有密切關聯。而在教育與組織管理中，提升自尊感亦被視為促進學習動機與工作表現的關鍵策略。因此，自尊並非奢侈的心理訴求，而是一種深層次的心理資本，是個體適應社會、追求成就與邁向自我實現的重要基礎。

馬斯洛的觀點開啟了對人類心理深層動力的探索，讓我們意識到，在滿足基本生存與歸屬感之後，人們更進一步地渴望被看見、被尊重，並在其中建立穩固而一致的自我認同。這一需求的成熟，表示個體不再只是社會角色的被動承接者，而是能主動建構自我價值的主體。

6. 自我實現與潛能開展

在馬斯洛的需求層次理論中，自我實現（Self-actualisation Needs）位於金字塔的最高層，是一種不同於其他層次的高階動機，並非源於匱乏，而是一種成長性的驅力。這層需求所指涉的，並不是物質的獲得或社會地位的提升，而是實現潛能、發揮天賦與追求意義的內在渴望。馬斯洛認為，這種動機具有「被動喚起」的特性，是一種來自個體內部的召喚，一旦基本需求被滿足，就會自然而然浮現。

馬斯洛在《動機與人格》中，描繪出「自我實現者」的典型特質。他們

不一定是名人或具有社會聲望者,而是那些能充分發揮潛力、活出自己獨特價值的人。他們展現出高度的現實感、問題中心導向、深度的人際關係、幽默感與創造性,並傾向於經驗所謂的「高峰經驗」(peak experiences)——那是一種強烈的心流感與存在感,讓人超越日常的自我侷限,感受到生命整體的價值與意義。

然而,自我實現並不是自戀式的自我膨脹,也不是理想化的完美狀態。馬斯洛強調,自我實現者往往也具備自我批判與謙卑的能力,他們能接受自身的不完美,並願意面對內在的衝突與矛盾。正是在這樣的認知過程中,個體不斷調整目標、磨練能力,最終逐步接近自我潛能的實踐。

值得注意的是,自我實現需求的出現,往往取決於社會環境與個體經歷之間的張力。在壓抑性或匱乏感強烈的環境中,高階動機往往會被迫退縮,使個體無法將焦點轉向潛能開展與意義追求。馬斯洛提出「存在性需求的壓抑」(repression of being needs)概念,指出許多人因社會規範、教育體制或成長經驗的限制,無法辨識自身潛能的方向,甚至在邁向自我實現的途中感到罪惡或焦慮。這也解釋了為何某些人雖處於相對富裕與安穩的環境,卻依舊感到迷惘或空虛,因為真正的需求未被辨識或實踐。

馬斯洛的理論不僅揭示了人的心理結構,更提供了正向的人性觀。他認為人天生具有向上成長的潛力,只要在適當的環境中獲得支持與理解,幾乎每個人都有可能經歷自我實現的過程。這一觀點對當代教育、心理治療與組織管理產生了深遠影響。例如,許多強調「正向心理學」與「優勢導向發展」的實務方法,正是建立在馬斯洛所倡導的成長性動機基礎上。

總體而言,自我實現的概念讓人類心理的理解從「匱乏補償」轉向「潛能實踐」,這不僅是一種需求層次的升級,更是一種價值導向的選擇。在這個層次上,個體開始問的是:「我還能成為什麼?」而不只是「我還缺少什麼?」這種內在召喚,成為推動人類創造、超越與貢獻的核心動力。

十五、自我實現與人性潛能：《動機與人格》

7. 需求層次的流動與變異

馬斯洛雖以「金字塔型」的需求層次理論廣為人知，但他本人其實也不斷修正與補充這套理論的彈性面向。他在晚期著作與演講中強調，需求層次並非絕對固定的階序結構，而是具有流動性、可逆性與文化適應性的動態系統。這意味著，並非所有人都會以相同順序經歷這五大層次的需求，也不是所有社會條件都能促成理想的需求遞進。

首先，個體生命歷程中的特定經驗可能改變需求的優先順序。例如，某些藝術創作者即使經濟條件尚未穩定，仍選擇投入創作、追求表達與自我實現，這違反了「先滿足低階需求，再追求高階需求」的直線假設。這種現象被馬斯洛稱為「順序彈性」（hierarchical flexibility），指的是需求順序會依個體價值觀與經驗背景出現調整；相對地，也有部分人雖已滿足基本生理與安全需求，卻無法啟動高階動機，反映出內在阻力與社會條件之間的複雜關聯。

社會文化條件亦深刻影響需求層次的可展性。在高度競爭與不穩定的社會中，即便個體主觀上渴望自尊或自我實現，其實際行動往往被迫回退至求生存與尋求安全的層次。這種「需求倒退」（regression of needs）不僅是個體心理的防禦機制，也揭示了外部結構對動機系統的壓抑效應。例如，社會貧窮、教育資源不足或階級固化的環境，往往抑制了高階需求的萌發，使許多人在長期的資源競爭中形成匱乏導向的行為模式。

此外，馬斯洛也注意到，部分個體在滿足某一需求層次後，可能不會立刻邁入更高階的動機，而是停留在當下層次，反覆尋求確認與穩定。這種「需求固定化」的現象，可能來自過往經驗中的缺乏與創傷，使得個體對於該層次的需求產生強烈執著。例如，在早期缺乏情感支持的人，可

能在成年後反覆尋求愛與歸屬，卻難以穩定進入自尊或自我實現的發展階段。

從宏觀角度來看，需求的流動也與文化形構密切相關。馬斯洛理論建立於西方自由主義社會的價值脈絡中，強調個體主體性與內在成長，但在集體主義文化或社會秩序高度規範的體系中，自我實現的概念可能被重新定義。例如，在重視群體貢獻與社會義務的文化中，「實現自我」可能是成為社會功能的一部分，而非追求獨特性或個人潛能的極大化。因此，需求層次的運作不僅是心理歷程，更是文化價值系統與社會結構的反映。

馬斯洛後期對需求層次理論的修正，提醒我們不可將其簡化為線性或普遍適用的架構。需求是動態的，是與生命情境、社會文化與歷史脈絡互動下產生的心理動能。理解這種彈性與變異，不僅有助於避免理論濫用，也為應用於不同社會群體提供了重要的批判基礎與實踐空間。

8. 動機研究的新取徑

馬斯洛對於心理學主流取向的反思，始終是他學術歷程中的核心議題。他認為，當代心理學過度聚焦於心理疾病、異常行為與治療技術，忽略了健康人群、人格成長與人類潛能的正向面向。這種偏重於病理分析的取向，使心理學不自覺地陷入「修復」而非「建構」的侷限，無法完整描繪人類的發展潛能與動機複雜性。

因此，馬斯洛提出一項關鍵主張：心理學應轉向對「健康」與「高峰經驗」的探索，以開啟一種更具建設性的研究方向。

他在著作《動機與人格》與《人性能達到的境界》（*The Farther Reaches of Human Nature*）中，開啟了人本心理學（humanistic psychology）的第三

十五、自我實現與人性潛能:《動機與人格》

勢力,嘗試超越行為主義的可觀察性偏執與精神分析的病理導向,強調人具有內在成長傾向、自我統整能力與意義建構的潛質。

馬斯洛並不否定潛意識與社會制約的影響,而是認為人類也有能力反思、抉擇與轉化,這種潛能不應被忽視,更是動機研究中應被重視的核心。

這種觀點後來成為「正向心理學」(positive psychology)的重要先聲。雖然「正向心理學」作為一個正式學門是在 21 世紀初由馬丁・賽里格曼(Martin Seligman)與米哈伊・契克森米哈伊(Mihaly Csikszentmihalyi)系統化提出,但其精神早在馬斯洛時期便已孕育。

馬斯洛所提出的「高峰經驗」、「自我實現者的特徵」,以及人類尋求價值、創造力與超越自我限制的動力,皆為後來正向心理學所延伸與驗證的理論基礎。從某種意義上說,馬斯洛並非只是需求層次理論的提出者,更是將心理學從病理修復導向人性實現的關鍵轉向者。

值得注意的是,這種轉向並非只是理論範式的轉移,更具有倫理與實踐層次的意涵。在馬斯洛看來,研究「心理健康者」與「自我實現者」,並不僅是為了豐富人格分類,而是為了描繪出一種值得效法的人類存在圖像,使心理學能回應人們對「活得更好」而非「不再生病」的深層渴望。這種渴望本身便是一種動機,一種超越物質匱乏、走向意義尋求的高階心理歷程。

他也批判當時學界對人類動機的簡化傾向,特別是在實驗設計與量化測量中,將動機視為線性反應或外在刺激的結果。馬斯洛主張,動機不是單一來源或靜態表現,而是處於多重層次與持續演化的過程。以自我實現為例,其動機並非來自缺乏或焦慮,而是源自豐富與整合,是「被內在召喚」而非「被外在逼迫」。這種內發性動機的觀點,挑戰了心理學長期以來

對動機「匱乏導向」的詮釋框架，也為教育、組織與治療場域中的實踐者開闢了新的理解維度。

總結而言，馬斯洛推動的心理學轉向，不只是理論內容的革新，更是學科觀點的再定義。他提醒學界，不應只在病理中尋找人性，也要在潛能中發掘希望；不只修補裂縫，更要搭建通往整合與成長的橋梁。透過這種觀點，動機理論不再只是行為解釋的工具，而成為理解「何以為人」的核心視角。

十五、自我實現與人性潛能：《動機與人格》

十六、

合作邏輯的轉化與制度架構的重建：
《合作競爭大未來》

1. 合作關係的觀念轉型

當代企業環境劇變，合作與競爭的界線愈發模糊，傳統以零和思維為基礎的競爭模式，逐漸無法解釋當代企業間的互動邏輯。在《合作競爭大未來》（*Getting Partnering Right*）一書中，尼爾・拉克姆（Neil Rackham）、勞倫斯・傅德曼（Lawrence Friedman）與理查・魯夫（Richard Ruff）三位研究者提出突破性的洞察，強調現代企業必須擁有整合「合作」與「競爭」雙重視角的能力，才能在高度不確定的市場中建立持續性優勢。該書不僅反映出產業生態系的深層轉變，更指出「合作」已成為企業策略發展的核心驅動之一。

傳統管理論述下，合作關係通常被視為策略選項中的附屬手段，僅於資源不足或市場瓶頸時作為權宜之計。然而，隨著全球供應鏈的延展與價值創造的多元化，合作已不再只是外部資源整合的手段，而是企業競爭邏輯本身的組成部分。換言之，企業之間的合作，已從「不得不」的選擇，轉變為「主動為之」的競爭策略。合作，開始成為競爭本身的一種形式。

這樣的觀念轉型，根源於企業邊界意涵的重構。若在工業時代，企業

十六、合作邏輯的轉化與制度架構的重建：《合作競爭大未來》

的邊界由資產所有權決定，那麼在知識經濟與平臺經濟主導的新體系中，邊界則由合作網路所構築。企業的價值不再僅仰賴其內部產能，而是依賴其能否吸引與整合外部資源與知識流。從製造業到科技業，從行銷到研發，企業愈來愈需要透過策略性聯盟、外部專案協作與跨域平臺連結，完成自己無法獨立承擔的任務。

在這種邏輯下，合作與競爭不再彼此對立。實務經驗顯示，那些在合作網路中占據關鍵節點地位的企業，往往更能掌握市場先機與創新機會。例如，特定產業中小型創新公司選擇與大型企業進行策略性研發合作，藉此補足資金與通路的劣勢；而大型企業則透過合作注入創新動能，避免內部惰性與僵化。這種雙向依存的合作模式，使雙方得以共創價值，而非單純爭奪利益。

此外，合作邏輯的浮現也反映出管理思維的深層轉變。企業不再只看重短期績效指標，更重視長期關係中的信任建構與文化協調。在這種情況下，傳統以契約為核心的管理方式顯得不足，取而代之的是「關係契約」的概念，即以長期互惠與價值共識為基礎所形成的默契合作框架。這種制度既能容納未預見的變動，也能在協商與調整中維持合作的韌性。

最終，從競爭邏輯邁向策略性合作，是一場涉及觀念、制度與組織實踐的全方位變革。企業若無法從根本上理解合作所代表的制度轉型，終將無法在多變市場中保持彈性與應變力。

正如《合作競爭大未來》所揭示的，真正能在未來勝出的企業，並非那些只懂得如何競爭的強者，而是那些能夠在合作中找到競爭優勢，並在競爭中維繫長期關係的智慧實踐者。

2. 三大核心架構與貢獻制度化設計

　　企業之間的合作若要長久有效，絕不能僅止於資源交換或表面上的互惠關係。《合作競爭大未來》一書提出三項深具洞察力的核心架構：貢獻（Contribution）、親密（Intimacy）與共同遠景（Shared Vision）。這三者構成合作關係的深層結構，不僅解釋了合作穩定性的來源，也為組織經營者提供評估與經營合作夥伴關係的實用準則。

　　首先，合作必須建立在「貢獻」的基礎上。貢獻不只是衡量合作成效的指標，更是判斷雙方是否能建立互信與互利的根基。這種價值不一定以金錢衡量，可能是技術、專業、人脈或策略性市場位置。關鍵在於，雙方是否認同彼此帶來的價值是不可替代的，且足以提升整體競爭力。在跨國研發聯盟中，小型新創公司常以高度專業能力換取大型企業的資源支援，雙方各以貢獻為基礎建立合作的正當性。然而，若其中一方認為自己投入遠超過回收，就可能削弱合作的意願，甚至導致關係失衡。

　　實際上，貢獻的型態與邏輯並不單一，而是存在於一個動態且複層的結構之中。有些企業選擇在合作初期大量投入資源，以換取未來策略位置；另一些則傾向保留關鍵資產，避免在合作中喪失主導性。這些策略選擇反映出合作不只是簡單的資源相加，更是一種風險評估與信任建構的歷程。因此，合作機制的設計須同時兼顧即時投入與長期互惠，並在不對稱的貢獻結構中尋求平衡。

　　更進一步地，「看不見的貢獻」也不容忽視。在跨組織協作的場景中，知識、資訊與文化理解的流動雖難以量化，卻往往是維繫溝通效率與合作默契的關鍵。若缺乏明確機制納入這些隱性貢獻，將可能導致價值評估誤差與信任侵蝕。

　　第二項核心「親密」，則聚焦在關係品質與信任的建立。合作若僅止

十六、合作邏輯的轉化與制度架構的重建：《合作競爭大未來》

於契約約束而無信任基礎，往往無法承受環境變化或資訊不對稱的衝擊。親密並不意味著私交甚篤，而是指組織間能否開誠布公地溝通需求、調整預期、坦承錯誤，甚至在危機時共同承擔風險。建立這種關係需仰賴長期互動與制度設計，例如設立聯合治理機制、定期檢視合作進度，或透過第三方平臺促進雙方信任累積。具備高親密度的合作，通常展現出更大的組織韌性與創新彈性。

最後，「共同遠景」提供合作一個超越即時利益的發展方向。這並非空泛的願景敘述，而是雙方對未來發展的價值觀與目標具有一致或兼容的理解。例如，若一方致力於永續經營，另一方卻僅追求短期利潤，即使合作再密切也難以持久。共同遠景是一種方向性默契，幫助雙方在面對決策分歧時，能以長期合作成果為優先考量。許多策略聯盟的失敗，往往並非因資源或技術的不足，而是未能建立共同遠景所導致的價值觀落差與信任瓦解。

貢獻為合作奠定價值基礎，親密強化互動效率與穩定性，而共同遠景則提供發展方向與精神契合。唯有三者並存，合作關係才能具備持續演化與深化的可能性。而透過制度化的方式讓這些要素得以具體落實，例如明確界定期望、責任與價值產出邏輯，將有助於將零碎合作行為轉化為具結構性的價值互動網路。從這個視角出發，企業若希望建立具策略意涵的合作關係，便不能僅著眼於表面利益交換，更應在制度與文化層面深化經營這三大核心結構，使合作真正成為競爭力的來源。

3. 信任與資訊共享

在合作關係的運作中，信任不僅是倫理層面的期待，更是一項結構性的條件。它形塑了合作中雙方行為的預測性，使得各種協調與資源流動能

3. 信任與資訊共享

在風險尚未完全消除的情況下順利展開。若缺乏信任,合作將淪為計算與防範的競技場,每一步都需透過制度補強,卻難以產生真正的協同效果。

信任的建立並非單一事件所能決定,而是透過長期互動中的一致性與透明度逐步累積。尤其在跨組織的情境中,信任往往與資訊共享的廣度與深度息息相關。當一方願意在尚未完全保障自身利益的情況下開放關鍵資訊,即是在對未來的合作投下信任的籌碼。然而,這種開放必須是漸進式與有條件的,否則反而可能造成資訊失衡與合作不對等。

資訊共享在合作關係中不僅是實用層面的資料交換,更是一種象徵性的語言行為。它表達的是「我願意相信你,也願意讓你理解我」的姿態,進而促進關係中的親密與互諒。在某些情況下,資訊的流通甚至比具體資源更能影響夥伴之間的信念結構。然而,共享的資訊必須具備可理解性與可行動性,否則僅是增加對方的負擔,無法產生實質意義。

親密協作的本質,在於雙方能否在資訊的不完全性中仍維持行動的一致性。這需要雙方對彼此的角色定位、價值觀與行為邏輯有基本共識,並願意為關係的長期利益進行短期讓渡。換言之,信任與資訊共享構成的是一種雙向承諾的系統,而非單方面的策略選擇。

在實務上,若能將資訊共享機制制度化,例如建立共用平臺、共同指標與例行性的知識交流流程,便能減少對個人情感與默契的依賴,提升合作關係的穩定性與延展性。信任不再只是組織文化的副產品,而成為合作結構中的明確組成部分,為策略夥伴關係的深化奠定基礎。

十六、合作邏輯的轉化與制度架構的重建：《合作競爭大未來》

4. 從評估到整合

在建立有效的合作關係之前，對潛在夥伴進行評估並非僅是風險控管的作業，而是一項深具策略意涵的行動。選擇誰作為合作對象，決定了資源如何配置、互補優勢能否發揮以及後續協作是否具備穩定基礎。評估並不只是觀察表面績效或規模條件，更關鍵的，是理解對方組織背後的文化邏輯、決策風格與成長策略，是否與自身具備整合的可能性。

評估本身也是一種雙向過程。任何策略聯盟的建立，都不可能單方面由強勢方定義條件，而是在互動中不斷修正認知與期待。因此，有效的評估不僅包含靜態資料的分析，也涵蓋動態互動過程的觀察，例如對承諾履行的紀錄、對衝突處理的態度，以及是否具有向外合作的經驗與能力。

而當評估階段結束，策略對齊的問題便成為合作整合的核心。即使雙方條件匹配，若對合作的目標設定、成果衡量與治理邏輯缺乏共識，仍可能導致合作效能低落。策略對齊意指雙方對未來發展方向、資源投注重點與合作邊界的認知需趨近一致，才能避免在執行過程中出現目標漂移或價值衝突的情況。

此外，策略對齊並不意味著完全同質，而是能在異質性中找到互補與協調的可能。高品質的合作關係經常出現在具備差異但能溝通的夥伴之間。關鍵在於雙方是否願意在共同利益的框架下調整內部機制，為合作開放必要的彈性。例如，一方可能需調整產品開發流程，另一方則必須重新思考資料分享的權限與頻率。這類調整雖具挑戰性，但正是策略整合得以落實的前提。

因此，從評估到整合是一段邏輯連續且互為前提的過程。成功的合作不僅是找對人，更是共同打造出一套能夠運作的策略語法，使雙方不僅有

意願攜手，也具備機制支持長期協作。透過這樣的邏輯連結，合作關係才能從理想化的設想，轉化為可持續的組織實踐。

5. 風險分攤與利益平衡

任何合作關係若要長期運作，核心在於能否建構一套有效的風險承擔機制與利益分配結構。穩定的合作不只是建立在信任與初期的熱情之上，而是來自對未來不確定性的制度性回應。這些制度安排決定了雙方在遭遇市場波動、技術轉變或營運失衡時，是否仍能維持協作的韌性與彈性。

風險分攤的本質，是對不可預測性進行前瞻性的分配與管理。在合作關係中，不可避免會出現資訊不對稱、投入不均或對成果評估標準的差異。若風險完全由某一方承擔，不僅造成壓力失衡，也會逐漸侵蝕信任基礎，使合作關係傾向防禦與縮減。相對地，若雙方能在制度上預設風險分攤條件，如階段性調整條款、績效連結機制或責任邊界劃分，將有助於降低合作的敏感度與不確定性，增強其長期可持續性。

利益平衡則是合作得以持續的心理與經濟支點。當合作方在實質貢獻與回報之間感受到不對等，會產生權益受損的認知，進而影響後續投入的動機與意願。因此，合作的利益分配不僅要公平，更需具備可被雙方接受的正當性。這包括透明的計算基礎、合理的分潤比例，以及在環境變化時能進行再協商的彈性空間。

風險與利益的設計亦需考量合作的發展階段。在初期階段，雙方對合作成效的預期尚未明確，可能需採取比例較寬鬆的條件以促進關係的啟動；而在合作逐步穩定後，則需重新審視分攤與分配的適切性，避免機制僵化造成一方過度依賴或另一方利益流失。合作若未隨時間進行機制調整，其

十六、合作邏輯的轉化與制度架構的重建:《合作競爭大未來》

穩定性將逐漸下降,最終可能因無法回應新風險或新利益結構而瓦解。

風險分攤與利益平衡構成合作關係的制度性支柱。唯有在雙方皆能清楚界定責任範圍並感受到對等回報的情況下,合作才不會淪為短期交換或權力傾斜的工具,而能轉化為組織之間真正可持續且具彈性的策略聯結。

6. 合作作為管理與競爭的未來邏輯

當全球經濟愈加緊密連結、資源有限性成為共識,傳統以競爭為本位的管理思維已逐漸顯露其侷限性。企業若僅以優勢壓制對手或透過價格戰爭爭奪市場,很可能在短期內獲取利益,卻在長期中耗損創新能量與產業結構的整體健全。相對地,「合作」逐步成為一種更具戰略價值的競爭模式,不再只是手段性的權宜選擇,而是形構企業治理與產業共生的新範式。

合作邏輯的核心,並非放棄競爭,而是重新定義競爭的位置與方式。它強調價值的共同創造(co-creation),而非單方面的價值榨取。當企業與供應商、顧客、甚至潛在競爭者形成穩定的策略聯盟時,所開展的不只是市場機會,更是一種知識整合與創新動能的擴張。合作因此不再僅僅是功能性協作,而是一種組織與組織之間相互賦能的管理方式。

此外,合作觀點也反映了對複雜性與不確定性的更成熟理解。企業不再假設可以獨立掌控所有變數,而是承認外部環境的不確定性與資源多樣性,進而選擇透過策略夥伴關係共同分擔風險、分享知識與擴張視野。這種態度不僅提升了風險韌性,也為企業建立了一種超越單點競爭的網路優勢。

然而,要讓合作成為有效的競爭邏輯,仍需深厚的制度設計與文化準備。制度上,需有清晰的權責劃分、信任建構機制與動態調整機制,避免

合作關係淪為形式或利益分配上的鬥爭。文化上,企業必須擺脫「贏者全拿」的線性思維,轉向共益共生的系統視角,將對方的成功視為自身利益的延伸,才能真正激發協作的長期動力。

從這個角度來看,合作不僅是管理技術的革新,更是組織價值觀的深層轉變。它要求企業領導者不僅能布局策略、配置資源,更需具備跨界理解與同理心,善於在異質性中尋找共同語言與可持續的交集。

合作成為競爭的未來邏輯,不是因為競爭已無用,而是因為在新的經濟與社會條件下,唯有整合而非排他,才能持續創造超越性的價值。

十六、合作邏輯的轉化與制度架構的重建：《合作競爭大未來》

十七、

領導行為的診斷與重構:《管理方格》

1. 管理方格的誕生

在 20 世紀中葉,組織管理正處於從科層體系邁向人本關注的過渡期。彼時,美國行為科學領域湧現出許多重視人性、動機與團隊動力的理論,企圖為效率導向的管理實踐注入更完整的心理與社會面向。正是在這樣的背景下,羅伯特・羅傑斯・布雷克 (Robert R. Blake) 與簡・穆頓 (Jane Mouton) 發展出一套具有整合意義的管理理論,試圖打破傳統的二元對立。他們於 1964 年共同出版了《管理方格》(*The Managerial Grid*),從此為領導與管理風格的思考開啟新的坐標。

布雷克與穆頓的研究深植於跨學科的基礎。布雷克本人擁有心理學與社會學的雙重訓練背景,曾任教於德州大學,並長期參與跨文化組織的行為研究;穆頓則擅長將心理測評應用於團體互動分析。兩人共同關注的核心議題,是如何理解領導者在實務中所展現的行為風格,以及這些風格如何影響組織的表現與成員的參與感。他們認為,領導風格不應該是選邊站──不是只重生產效率,也不是只重人際關係,而應是一種可被評估與調整的行為組合。

十七、領導行為的診斷與重構:《管理方格》

過去,許多管理理論都陷入了非此即彼的邏輯,例如道格拉斯·麥格雷戈(Douglas McGregor)所提出的 X 理論與 Y 理論,儘管開啟了對人性的再思考,卻常被簡化為對立的兩端。布雷克與穆頓看見這樣的限制,認為領導風格其實可以在兩個核心關注軸線上具體量化 —— 一為對生產的關心,一為對人的關心。透過這兩個向度的交錯,他們構建出一個 9×9 的管理方格模型,使管理者得以具體辨識自己的行為傾向,並進一步反思與調整。

這套方格模型的最大突破在於,其不僅提供理論概念,也強調實踐應用。兩位作者設計出一套完整的診斷工具與訓練流程,使企業領導者能自我評估並從實務中修正管理行為。他們指出,組織中的人際互動若無坦誠與有效的溝通,就無法形塑健康的決策機制與協作文化。因此,理解自己在溝通中的角色與風格,成為領導效能的起點。

《管理方格》自出版以來即受到企業界與學術界的高度關注,不僅因為它提出了理論創新,更因為它以簡潔明確的結構,幫助管理者辨識問題與找出改善路徑。布雷克與穆頓後續亦根據企業實務的變化,持續修訂與擴充這套理論,於 1978 年出版《新管理方格》(*The New Managerial Grid*),再於 1985 年推出《管理方格Ⅲ》(*Grid III*),持續深化對領導行為的觀察與評估工具的發展。

管理方格的誕生,是在一個對領導本質深感困惑的年代,透過理論的架構化與工具化,提供了一種具有解釋力與改變力的視角。它讓人們明白,領導不是一種天賦或風格選擇,而是一種可以理解、學習與優化的實踐行為。

2. 整合 X 與 Y 理論

在布雷克與穆頓提出管理方格理論之前，企業界的領導觀普遍受限於兩極化的思考模式。許多管理實踐在追求生產效率與關注人際關係之間，往往被迫做出非此即彼的選擇。這樣的極端化現象，源自對早期管理理論的簡化解讀，也反映了當時企業在面對快速工業化挑戰時，對控制與穩定的過度依賴。

其中最具代表性的，就是道格拉斯·麥格雷戈於1960年所提出的 X 理論與 Y 理論。X 理論假設人性本惰，需要外在控制與嚴格規範來維持生產；Y 理論則強調人具有自我實現與責任感，只要提供適當環境，即能自動自發地工作。雖然 Y 理論帶來了正向人觀的反思，但企業界在實踐上卻難以擺脫對權威與層級的依賴，使得管理仍然陷於二元對立，難以產生持續改變。

布雷克與穆頓看見這樣的侷限，並進一步指出，領導風格不應以對人或對生產的單一傾向為導向，而應發展出能動調和的行為模式。他們批評當時盛行的管理模式過於機械化，將組織運作視為線性輸出，而忽略領導者的價值觀、決策風格與人際溝通等非線性變數的影響。他們認為，企業並非只有追求利潤與紀律，還涉及人與人之間的合作、信任與共同目標的建構，這些因素不可能單靠 X 理論或 Y 理論任一支點就能解決。

在這樣的問題意識下，管理方格模型應運而生。這套模型以雙軸交錯的方式將「對生產的關心」與「對人的關心」量化為九等級，從而生成一個九宮格坐標系統，用以描繪不同領導行為的組合。這不僅是理論上的創新，更是一種突破管理簡化思維的工具。它讓管理者能夠看見：高效率與人性化並非互斥，而是可以透過行為選擇加以整合。

例如，僅重效率的 (9.1) 型或偏重人際的 (1.9) 型，雖各自有其價

十七、領導行為的診斷與重構:《管理方格》

值,卻也容易因偏頗而產生組織內部的不協調。這些風格正是 X 與 Y 理論極端化後的現實演繹,顯示出管理風格的複雜性遠超二元分類所能涵蓋。

布雷克與穆頓的貢獻,在於他們不僅指出這種對立思維的侷限,更提供了一種兼顧的實踐框架。他們並不否定 X 理論中對制度與紀律的重視,也不排斥 Y 理論強調的人性與自我實現,而是主張透過反思與訓練,使領導者能在這兩者之間建立有機的平衡。他們稱這種風格為 (9.9) 型團隊式管理 —— 一種同時高度關心生產與人的領導方式,既激發組織活力,又能提升績效與員工認同感。

這套理論挑戰的不只是管理技術,更是一種深層的思維架構。它促使領導者自問:我關心的,是任務本身,還是與人合作完成任務的過程?我傾向強調控制,還是鼓勵自主?這些問題無法靠簡單標籤回答,而需要一套結構化的方法,幫助人們看見自己行為背後的信念與模式。

管理方格的貢獻,正是在這種對立思維之外,提出了一套具體且可操作的架構。接下來,便能透過這套模型,更清楚理解不同風格的實際運作與影響。

3. 九宮格模型與五種典型風格的意涵解析

管理方格理論的核心在於以兩個關鍵構面 —— 對生產的關心與對人的關心 —— 來描繪領導者的行為風格,並將這兩個構面分別劃分為 9 個等級,組合成一個 9×9 的行為矩陣。這樣的視覺化設計,不僅有助於自我診斷,也為管理訓練與組織評估提供了清晰的座標系統。在這個矩陣中,布雷克與穆頓挑選出 5 種最具代表性的管理風格類型,作為實務與教

3. 九宮格模型與五種典型風格的意涵解析

育中的討論重點，分別為 (1.1)、(1.9)、(5.5)、(9.1) 與 (9.9) 五種模式。

首先是 (1.1) 型，也可稱為「漠視式管理」或「最低投入風格」。這種風格的領導者在生產與人際兩個面向皆呈現最低度的關心，其管理行為多半流於被動、形式化，僅維持組織的基本運作，不主動干預，也不積極倡議變革。此類管理者往往只是履行最基本的職責，避免與組織內部的張力正面交鋒。他們的存在彷彿只是為了避免責難，而非推動組織向前。

相對地，(9.1) 型風格則屬於高度控制導向，重生產而輕人際，被視為「任務型管理」的典型。這類領導者以效率為首要目標，常倚賴制度、流程與命令來驅動工作進度，對員工的情緒或需求則關注甚少。短期內，這種風格可能帶來快速成效，但長期則可能造成員工耗竭、信任下降，並引發組織內部的潛在抗拒。例如當溝通被視為下達命令的工具，而非雙向理解的過程時，組織將難以建立真正的凝聚力。

再者，(1.9) 型風格則是上述的反面——高度關心人，但對生產成果投入較低，被歸為「鄉村俱樂部型管理」。這種管理者致力於營造和諧的人際氛圍，重視關懷與互動，期望透過關係的溫度促進組織穩定。然而，若缺乏對工作成效的追求，組織可能陷入效率低落、標準鬆散的狀態。當過度追求被喜愛或避免衝突成為主要行為動機時，領導便容易淪為取悅而非引導。

第四種風格為 (5.5) 型，又稱為「折衷型管理」或「中庸之道管理」。其核心特徵是企圖在績效與人際之間取得平衡，既不過度要求成果，也不完全放任關係的自由發展。這種風格在穩定組織氣氛與保持一定水準的表現上具有實用價值，特別適合結構複雜、文化多元的工作環境。然而，它的限制也相當明顯：為了維持雙方的平均值，領導者往往壓抑了創新與突破的動能，形成一種「安全但不卓越」的穩態。

最後，也是布雷克與穆頓認為最具理想性的領導風格，即 (9.9) 型的

十七、領導行為的診斷與重構：《管理方格》

「團隊型管理」。這種風格強調同時對生產與人表現高度關心，主張透過共享目標、尊重差異與共同決策，來建立高信任、高績效的組織文化。其管理者不僅重視任務完成，也致力於發展成員潛力，透過公開對話與團隊協作來凝聚集體行動力。在這種模式下，領導者與團隊之間並非上下從屬，而是基於互信的合作關係。

這五種風格並非彼此對立，而是呈現一種可對比、可轉化的光譜。每一種風格皆映照出特定的管理哲學與組織價值觀，也呈現出領導者如何在日常決策中取捨與選擇。布雷克與穆頓的洞見在於，他們未嘗將其中任何一種風格絕對化，而是鼓勵管理者透過評估與反思，理解自身風格所帶來的效益與侷限，進而朝向更具整合性與持久性的管理實踐邁進。

4. 領導風格的心理根源與員工反應

除了行為層次的風格分類，布雷克與穆頓也特別指出，每一種領導方式背後，實則蘊含著深層的心理傾向與個人認知。布雷克與穆頓在其研究中不僅關注行為表現本身，更進一步追問：為什麼不同的管理者會偏好某種特定的風格？

他們認為，領導方式並非僅由環境決定，而是受到管理者內在信念、自我認知與成長經驗的深刻影響。這樣的觀點，使管理方格不僅是行為的分類工具，更是一面能映照領導者心理狀態的鏡子。

以任務型 (9.1) 管理者為例，其對生產的強烈執著往往源於一種對掌控感的需求。他們可能在成長歷程中受到高度結構化與績效導向的教育，將成果視為評價自我的依據。這類領導者相信秩序、制度與清晰指令能帶來效率，因此對於情感因素或人際協商感到不安或視為干擾。在權力運作

上，他們對不確定性感到不安，因此更容易依賴控制與績效框架來維持掌控感。

相反地，傾向 (1.9) 風格的領導者，則可能源於對和諧的高度需求。他們可能在早年經驗中習得衝突的負面經驗，或習慣透過迎合他人以獲得接納。這使他們在組織中傾向扮演「協調者」角色，避免正面衝突，即便犧牲績效也在所不惜。他們以人際關係的穩定為優先，將被喜愛視為一種安全策略，因此在面對績效壓力時往往猶豫或退縮。

對於中庸型 (5.5) 領導者而言，其心理傾向則是一種安全主義。他們不願選邊站，也避免過度涉入高風險的決策，因此形成了「平均化」的管理模式。他們習慣借重群體共識或既有流程，來保障自己的穩定地位。這樣的風格在制度明確、任務標準化的組織中或許能有效維持日常運作，但在需要創新與變革的環境中，卻容易因缺乏果斷與願景而停滯不前。

至於採用 (1.1) 型風格的領導者，則可能處於職涯的低參與狀態，無論是出於倦怠、缺乏自信，或是對職位本身缺乏認同。這種風格的出現，往往與管理者長期未被賦權、缺乏激勵或處於高度保守文化有關。他們在組織中不積極作為，也不願承擔風險，僅維持最低程度的存在感，彷彿「合格的旁觀者」。

然而，真正值得關注的，是這些風格對員工的心理反應與組織氛圍的影響。管理風格並非孤立運作，它會在組織內形成特定的行為預期與文化氣候。任務型管理容易導致員工壓力上升，長期下來可能出現冷漠、離職率提高與集體沉默的現象；過度人本導向則可能滋生責任模糊、績效鬆散的文化，使高動能成員感到沮喪與掙扎；而中庸風格雖表面穩定，卻可能埋下推諉責任與消極等待的心理傾向。

相對之下，(9.9) 型的領導風格雖然理想，但其實踐也需特定的心理條件與組織文化支持。它要求領導者具有高度自覺、開放溝通的能力，願

十七、領導行為的診斷與重構：《管理方格》

意接納異議、促進共識，並放下個人控制欲以培養成員自主性。這樣的領導方式雖非易事，但其對員工的心理影響極為深遠——能激發認同感、信任與投入，讓工作不再只是義務，而是共同目標的一部分。

因此，管理方格不只是風格分類工具，更是一種理解人性的鏡架。它提醒我們：領導者的內在狀態與過往經驗，會以行為方式投射於組織當中；而員工的回應，則形塑出這些風格的最終樣貌。唯有意識到這一點，領導者才能從「自以為是的管理」走向「自我覺察的轉化」。

5.9.9 理想型的管理哲學與行為模式

在管理方格的五種典型風格中，布雷克與穆頓將 (9.9) 型定位為理想的領導模式，不僅因為它兼顧了生產與人際兩大核心，也因為這種風格體現了一種深層的管理哲學——將組織視為共同學習與價值實現的場域，而非單純的控制與服從系統。

對他們而言，真正高效的領導並不在於技術優越或權力集中，而是在於能否創造一個讓人願意投入、彼此信任且追求卓越的工作環境。

(9.9) 型領導的第一個關鍵特徵是「目標整合」。這類領導者致力於將組織的經營目標與個體的成長需求聯繫起來，讓成員在貢獻企業的同時，也能實現自我。這不是天真的雙贏幻想，而是一種透過共識形成與決策參與所建立的策略性關係。在此模式下，工作不再只是任務，而是一種價值交換——組織提供成就與意義，成員則回饋責任與投入。

其次是「開放溝通」的文化建構。與高控制導向的管理風格相反，(9.9) 型領導強調對話的平等性與透明度。領導者不以命令為溝通工具，而是主動傾聽、鼓勵表達，甚至將分歧視為學習的契機。布雷克與穆頓特

5.9.9 理想型的管理哲學與行為模式

別強調，沒有公開的交流，就不可能有高品質的決策。換言之，溝通不是輔助管理的手段，而是組織運作的本體之一。

再者，(9.9)型領導重視成員的「責任自覺」。在此風格下，領導者不僅傳遞期望，更透過參與與授權，促使每個人認知自己在團隊中的關鍵角色。這樣的領導方式激發內在動機，促進主動行動，而非依賴外在激勵或懲罰。組織中的角色不再只是被動執行命令，而是積極主導改變的一份子。

此外，(9.9)風格對於「衝突處理」的態度也展現出高度成熟的組織智慧。它不逃避衝突，也不壓制異議，而是致力於在衝突發生前透過預防性的對話建立共識，一旦衝突出現，則透過正向討論與共同尋解來轉化緊張關係。這種處理方式強調人與人之間的尊重與理解，使矛盾不再是組織崩壞的引爆點，而是改進的契機。

值得注意的是，(9.9)型並非一套操作手冊式的管理技術，而是一種以「深度合作」為核心的行動哲學。它不依賴英雄式領導者，而是培養一個具有高度參與感與共同責任的團隊結構。在這種文化氛圍中，員工會自然傾向投入更多心力於問題解決與創新行動，即使在面對挑戰與失敗時，也能從中汲取經驗與信心。

布雷克與穆頓對此風格的論述，特別指出其實踐並非自然而然，而需透過學習、反思與制度支持來轉化。他們提出五項推動(9.9)型領導的心理要素：理解理論的比較架構、清晰的價值判斷、破除自我合理化的盲點、察覺自我風格與理想間的落差、以及獲得來自同儕的社會支持。這些條件的滿足，才能使領導者從既有行為慣性中解放，邁向真正具有合作與創新的領導實踐。

總體而言，(9.9)型不僅是方格圖上的一個象限，更是一種組織願景的具象投射──它描繪的是一種願意正視人性、尊重差異、重視產出且

十七、領導行為的診斷與重構：《管理方格》

共創未來的管理文化。在面對組織快速變動與多元挑戰的今日，這樣的理想型風格，儘管難以一蹴可及，卻為每一位領導者指出了一條值得努力的方向。

6.9.9 風格的轉化歷程

若說 (9.9) 型風格代表一種理想的領導願景，那麼實際從現有風格過渡到這種管理模式，則是一條充滿挑戰的轉化之路。這並非單靠理論理解便能完成的改變，而是牽涉到深層的行為重塑與組織文化的支持。布雷克與穆頓強調，轉向團隊型管理不僅需要技巧的調整，更牽動個人信念、價值排序與對權力關係的重新理解。

第一步是學習。理解管理方格的結構與涵義，是轉化的起點。這不只是對五種典型風格的背誦，而是一種對自身行為與組織現狀的照見。當管理者能清楚辨識不同風格對團隊造成的影響，他們才會開始反思自己過往的選擇與習慣所帶來的侷限。這樣的學習不應是孤立的閱讀，而應結合小組討論與案例演練，使知識能回應真實工作情境。

接下來是評估與對照。布雷克與穆頓設計了一系列問卷工具，協助管理者自我評量決策模式、衝突處理傾向與情緒管理方式，並與其他部門主管共同探討團隊現況。這個過程不只是個人檢視，更是集體覺察的契機。當部門成員能坦誠交流對現有管理風格的觀感，才能打破「我以為我已經做得很好」的自我盲區，進而產生改變的動力。

第三個關鍵是意願的轉變。許多領導者之所以無法實踐 (9.9) 風格，並非因為能力不足，而是低估了自己風格與理想之間的距離。當人們誤以為自己已經具備理想特質時，改變的必要性就會被掩蓋。布雷克與穆頓提

醒，只有在真誠面對落差時，心理張力才會驅動學習與行動。這種張力不該被視為挫敗，而是改變的內在燃料。

行動的實施，需要透過團隊支持與目標對齊來鞏固。當整個部門共同投入在 (9.9) 型風格的建構過程中，改變就不再是個人實驗，而是一種文化變遷。團隊參與具體的目標與角色對話，有助於使理想的行為模式不再停留在理念，而轉化為日常的實踐經驗。這種集體參與的歷程，有助於讓新行為不流於短暫模仿，而成為穩定的實踐模式。

最後，持續反思與制度化支持是轉化能否穩定下來的關鍵。單次訓練無法根本改變風格，唯有透過定期回顧、自我檢核與同儕回饋機制，讓管理者不斷修正與深化自己的行為模式。組織若能將這些轉化成果納入正式的人才發展系統，則 (9.9) 型風格將不再只是理想參考，而可能真正成為組織運作的核心精神。

布雷克與穆頓在說明這一歷程時，並未過度理想化轉型過程的順利，而是誠實面對其中的心理阻抗與現實摩擦。他們所提出的六步驟模型，不只是管理行為的改造程序，更是一種領導者自我轉化的內在修煉。若能理解這一點，便能看見，所謂的團隊型領導，其實從來不是一種技巧性的模仿，而是一種態度的成熟與思維的開放。

7. 組織風格多元與轉型挑戰

儘管 (9.9) 型被視為理想的管理風格，實際情況中，大多數組織並非單一領導模式的體現，而是一種由歷史、文化、制度與個人習慣交織而成的混合體。組織風格的多樣性並不僅是表面的差異，更反映出權力運作、價值觀排序與溝通方式的深層結構。布雷克與穆頓曾指出，許多企業即使

十七、領導行為的診斷與重構：《管理方格》

在策略層面強調一致性，內部各部門、分公司甚至同一管理層中的個人，仍可能各行其是，形成截然不同的領導風格與組織氣候。

這種風格的分裂往往並非出於惡意，而是源自長期缺乏整合性訓練與共同語言。部門經理可能依據自身經驗或情境需求調整領導方式，一位主管或許偏向 (9.1) 的高壓控制，另一位則採取 (1.9) 的人際關懷。這樣的差異若缺乏協調與反思，會讓組織內部出現文化斷層，導致員工在不同單位間面對風格迥異的管理邏輯，進而產生混淆與不信任感。

更複雜的是，部分組織表面上看似穩定，實際上卻隱藏著深層的不滿與反彈。這種現象常出現在高度層級化與形式穩固的企業中。當管理方式長期未被挑戰，員工雖表現順從，內心卻可能累積壓抑與倦怠，一旦外部條件改變或內部激化矛盾，原先表面平靜的組織就可能爆發出強烈反彈，質疑長期以來被視為理所當然的領導邏輯。這樣的劇烈轉折，並非偶發，而是過度忽視人際張力與組織反饋機制的結果。

即使在認同 (9.9) 風格價值的組織中，轉型依舊是一條崎嶇的道路。一來，理想型領導需要足夠的文化承載力，若組織長期運作在命令式與績效壓力驅動的邏輯下，員工可能習於服從，對參與式管理抱持懷疑；二來，管理者本身也可能在價值轉換上感到不安，擔心權威弱化或績效不彰，進而退回到熟悉但有限的風格中。這些現象說明了，轉型不是「知道」之後就會「做到」，而是牽涉制度安排、角色再定義與文化更新的系統工程。

一個關鍵挑戰，在於如何讓全組織理解：風格轉型並非只是高層的個人信念，也不是一場短期的文化行銷，而是需要制度與結構配合的長期投入。這包括人力資源政策的調整、溝通制度的重設、績效評估機制的再設計，以及領導者之間的經驗共享。只有當整個組織開始用共同的語言討論管理行為，並在具體實踐中彼此對照與支持，風格的轉型才有可能持續推

進,而非曇花一現。

　　因此,管理風格的演化,不能單靠個別英雄式的領導者完成,而需仰賴組織中多層次、多角色的共同努力。當一個組織願意面對內部差異、鼓勵反思與對話,並將(9.9)型視為一種可以接近的目標,而非遙不可及的理想時,轉型才有實踐的可能。此時,風格一致性與組織效能,將不再是對立選擇,而是可以交織發展的兩股力量。

十七、領導行為的診斷與重構：《管理方格》

十八、

權力焦慮下的制度運作與組織停滯：《帕金森定律》

1. 官僚機構的荒謬本質

在 20 世紀中葉的英國，當政府機構膨脹、文官體系日益繁瑣，行政效率與公共信任正處於下滑的階段，一位歷史學者以非典型的方式，對這個現象進行了犀利而幽默的解剖。諾斯古德・帕金森（C. Northcote Parkinson）以《帕金森定律》（*Parkinson's Law*）一書提出了一個看似滑稽卻難以反駁的觀察：在官僚體系中，工作會自然地擴張，以填滿完成它所被賦予的時間。這條定律乍聽令人莞爾，細究卻充滿了對管理與制度運作的深刻反思。

帕金森不是傳統意義上的管理學者，他的學術根基來自歷史研究，筆鋒卻帶有諷刺文學的特質。他選擇以小說筆調解構組織現象，用冷靜又近乎荒誕的敘述方式，揭開權力與效率之間的緊張關係。他筆下的行政人員不是鐵血高效的管理者，而是疲憊、忙碌、事無巨細卻經常自顧不暇的角色。正是這種描繪方式，使他跳脫傳統理論的框架，展現出一種兼具幽默與真實感的寫作風格。

他開宗明義就拋出對制度運作的質疑：為何在工作內容未見增加的情

十八、權力焦慮下的制度運作與組織停滯：《帕金森定律》

況下，人事編制卻持續擴張？他觀察到官僚系統具有一種內在的繁殖傾向，組織不是為了解決問題而生長，而是為了回應自己創造出來的複雜性。他諷刺地指出，即使沒有實際工作負擔，機構也會主動創造工作任務，藉以證明自己的必要性。而這一切，往往在制度外表看似穩健有序時悄然發生。

《帕金森定律》出版於 1950 年代後期，正值英國面臨戰後重建與殖民體系解體的轉型期。此時，政府部門廣設新職，行政體系與公部門急遽膨脹。帕金森選擇不從正面檢討體制改革的可能性，而是以反諷方式揭露其內部矛盾。相對於同時期流行的人際關係理論或效率管理工具，他的觀察更貼近社會現實的複雜性，也更能挑動讀者對「組織理性」的本質提出懷疑。

帕金森的文字常以貌似輕鬆的故事情節鋪陳，實則潛藏鋒利的洞察。他描述行政人員在辦公室裡如何耗費時間、如何透過職位膨脹鞏固自身權力、又如何在例行事務中失去行動的判斷力。這些描寫既可作為對官僚主義的批判，也能作為一種結構性的提醒：當組織的首要任務變成維持自身的存在時，其效率與目標將難以避免地滑向形式主義。

《帕金森定律》的魅力，正在於它以非正統的語言打破了管理學界對制度中性與理性規畫的迷思。他未曾提供具體改革方案，也未試圖為讀者建構一套系統性的架構圖。他認為識別問題與理解其荒謬性已足矣，至於「拔除野草」，則不是歷史學者的工作。他以植物學家的姿態提醒我們：制度成長與退化皆有其邏輯，而觀察這個邏輯本身，就是一種知識貢獻。

在制度研究的歷史長河中，《帕金森定律》或許不是最嚴謹的學術作品，卻是最具啟發性的一本。它讓人意識到，體制荒謬並非來自個別失誤，而是來自於結構性習慣與權力配置的再生機制。透過帕金森筆下那些看似荒誕的故事，我們不僅讀到一場諷刺劇，更看到一個時代對公共制度誠實卻不絕望的凝視角度。

2. 時間、工作與人數的錯配

帕金森定律之所以成為經典，並不僅因為它揭示了一個現象，而在於它觸及了組織中最難以察覺、卻又無所不在的行為模式：即便沒有新增任務，工作依然會增長；即便人力充足，仍會顯得繁忙不堪。這條定律的核心在於，一旦工作被賦予了時間，它就會自然膨脹至填滿那段時間。也就是說，任務的規模不一定來自外部需求，而是由完成它的人所創造出來的節奏與細節所堆疊出來的。

在《帕金森定律》中，一則看似平凡的例子道出這個機制的荒謬本質。他寫道，一位悠閒的老太太可以耗費整整一天，只為了完成寫一張明信片這件小事：找明信片一小時、找眼鏡一小時、查詢地址半小時、斟酌措詞一小時又一刻，甚至還要猶豫是否要帶傘出門投遞。若換作一位日程滿檔的上班族，這件事可能三分鐘內就能完成。這個例子並非刻意誇張，而是道出了在缺乏時限與明確目標的情境中，工作本身往往變成了一種填補時間的手段。

帕金森指出，這種現象在個體行為上是自然的，在組織層面則更加根深柢固。特別是在官僚系統中，工作並不單純是任務導向的實作，而是角色與層級之間的一場持續的地位再確認。在壓力累積時，管理者往往不會精簡流程或提升合作效率，反而選擇擴編團隊，以緩解表面上的負擔。這類擴張常源於組織慣性，而非真正的任務需求。

當這樣的行為重複出現在不同層級，一種低效的人力繁殖鏈就此誕生。層層人力堆疊導致協調成本增加，產出卻無法等比提升，於是表面的成長反成為組織效率下降的徵兆。這不僅無法解決原有的工作壓力，反而為組織增添了更多內部協調與行政成本。這種情況下的「忙碌」與「成長」，其實多半是表象，是一種結構性自我製造任務的結果。

十八、權力焦慮下的制度運作與組織停滯：《帕金森定律》

更耐人尋味的是，人們往往誤以為工作量與員工數量之間存在正比關係。無論是納稅人、企業主，還是政治領袖，都傾向相信：只要聘用更多人，事情自然能做得更快、更好。但帕金森冷靜地戳破這個迷思。他提醒讀者，員工人數的增加未必意味著生產力的提高，甚至在某些條件下，反而會削弱整體效能。當一個人不再直接創造價值，而是專注於管理或回應其他人創造出來的流程與問題時，組織就會從任務導向轉為結構自我維繫的機制。

這就是帕金森定律的關鍵所在：在沒有制約機制的組織中，任務的本質會被重塑為「填時間」的載體；人數的增加不但不能減輕負擔，反而可能因權力結構與階層擴張而製造出更多新的工作。管理者若無法意識到這種自我擴張的慣性，最終將在表面上的繁榮中耗盡資源，在忙亂中失去組織應有的方向。

3. 無能的自我複製邏輯

比起時間與任務的錯配，帕金森更深層的批判來自對組織權力結構的觀察。他指出，一個不稱職的管理者若不願意承認自身能力不足，便會進入一種結構性的防衛反應：尋找兩位能力更低的下屬，並藉此減輕壓力、鞏固地位。這看似個別行為的選擇，實則反映出權力與地位在組織運作中如何凌駕於功能與成果之上。比起解決問題，這些管理者更關心的是如何維繫自己的控制權，並防止潛在競爭者進入其領域。

這種人力擴張的機制一旦啟動，就會快速形成「向下複製」的鏈條。兩位平庸的助手無法獨立完成任務，只得各自再尋求協助，而所延攬的對象也傾向低於自己的水準，如此類推，一層又一層的庸才便在組織內不斷繁殖，形成一種對才能的壓制鏈。在這樣的結構中，真正具備能力的人反

3. 無能的自我複製邏輯

而無法上升，因為他們太可能威脅上級的穩定地位。制度對能力的回饋不再基於貢獻，而是基於「無害」與「服從」。

帕金森以極具黑色幽默的觀察指出，這些自保型的擴編行為通常並非出於惡意，而是一種深植於制度結構中的本能反應。對權力持有者而言，最安全的選擇從來不是找一個比自己強的人共事，而是創造一個由自己主導、永遠不會被挑戰的微型王國。

這種邏輯下的組織演化，不但無法產生創新與突破，反而使效率與創意成為被壓抑的對象，長期下來，整個體系便會陷入冗員橫行、責任模糊、推諉成性的病態循環。

這種結構病不僅出現在官僚體系，企業界同樣難以倖免。特別是當升遷制度缺乏透明度與競爭性，領導者對人才的判斷更容易受到主觀印象或個人情緒影響。在帕金森的邏輯裡，一個不願放權、不敢用才的主管，很可能在無意間構築出一個越來越無效的組織。而這樣的情況之所以難以被即時察覺，正是因為每一層管理者都已習慣了向下招募「不會挑戰自己」的人選，久而久之，整個組織便呈現出一種「看似穩定、實則空轉」的狀態。

這種機構性的無能繁殖也會對員工心理產生深遠影響。在一個能力不再被獎勵、努力無法帶來晉升的環境中，原本具備動能的成員會逐漸喪失動機與熱情，優秀者選擇離開，留下者則習於妥協與順從。組織的活力與創造力就此耗竭，轉而依賴既有流程與形式主義來維持表面運作。在這樣的體制下，即使一切看似井然有序，卻早已失去了真正的競爭力與適應能力。

帕金森藉由對這種「反能力」邏輯的揭露，讓我們重新思考組織中人才配置的潛規則。他指出，當人事決策不再以能力為基準，而是以權力維穩為導向，整個制度將朝向內部封閉與外部僵化。這正是他所謂的「結構性無能」——一種不需要外部破壞，就能使組織自我腐蝕的病灶。

十八、權力焦慮下的制度運作與組織停滯：《帕金森定律》

4. 辦公空間與制度裝飾

若說組織的無能是從人事結構的繁殖而來，那麼它最具欺瞞性的展演，往往發生在外觀與形式的設計上。在帕金森筆下，辦公空間不僅僅是一種工作場所的物理條件，更是組織形象的心理投射。他敏銳地指出，那些最接近破產邊緣的單位，往往擁有最光鮮亮麗的大廳與電梯、銅製門把與鏡面牆面。在他看來，當一個機構有餘力去打造完美的辦公空間時，極有可能代表它的實質運作已逐漸枯竭。換言之，過度講究外觀的組織，很可能早已放棄了內容的深耕。

這樣的現象並非偶然，而是組織對內部疲弱的一種本能性掩飾。當目標不再清晰、決策無法推動、流程變得僵化時，機構轉而強化其表層建構。高規格的會議室、完備的訪客接待系統、規矩的制服與流程，皆成為「看似效率」的象徵。帕金森觀察到，一旦這樣的裝飾工程啟動，組織內部的人員往往會產生短暫的榮耀錯覺，彷彿真正的改變正在發生，但實際上，真正的問題卻仍被擱置在原地。

這種制度裝飾的另一面，是行政流程的繁複與精緻化。他形容高階主管返抵辦公室後，面對的不是具體業務，而是一座座高聳如山的表格堆——行程申報、費用核銷、健康檢查、稅務報表，甚至連旅行途中的睡眠狀況與外幣數量也須詳實填列。這些看似必要的制度，其實更多是一種儀式性的負擔。流程越精細，越能掩蓋管理者無法處理實質問題的事實，也越能製造出「忙碌即代表努力」的錯覺。

帕金森進一步以一則故事諷刺行政冗繁的荒謬：一名高階主管被安排參與全球各地的會議，從西伯利亞到南極圈，行程排得滴水不漏，每場會議結束後還需填寫大量表格，直到他身心俱疲，終於選擇退休。這種由制度設計出來的疲勞機制，竟成了組織中隱性的人事淘汰策略。換句話說，

並非能力或貢獻決定誰該離開,而是誰最先被過度制度拖垮,誰就成為組織自然排除的對象。

更令人警覺的是,這種表象邏輯常常獲得決策層的認同,甚至被視為「專業化」與「現代化」的表徵。當辦公室開始注重燈光角度、椅背曲線與視覺色彩時,很少有人會追問:實際業務是否有改善?部門間的合作是否更順暢?顧客或使用者是否真正受益?形式的迷信成為效率衰退的遮羞布,而美化過度的空間與流程,終將使整體組織淪為運作華麗卻內部空洞的軀殼。

帕金森用近乎荒誕的筆調寫實地刻畫出這種組織病症。他的警示不在於反對整潔或制度,而在於提醒人們:當一個機構把心力投注在裝飾與表格上時,極有可能它的核心功能已出現鬆動。形式化的完備不該被誤認為管理的成熟,那或許只是失效前夕的最後自我安慰。

5. 無法退休的體制困境

在帕金森的世界觀中,組織失效往往並非來自劇烈變革或外部衝擊,而是一種緩慢卻堅定的拒絕變化。這種現象在高層領導的接替問題上尤為明顯。

許多看似穩定的組織,實際上潛藏著一個長期被忽略的危機:領導者因缺乏有效的退場機制而導致整體權力僵化。當該退休的主管仍穩坐其位,底下的潛在繼任者早已年華老去,既無機會上升,也失去改革的動力,整個組織便陷入一種看似平穩、實則無望的停滯狀態。

帕金森尖銳地指出,當一位中階主管在 47 歲仍無法晉升至高位,那麼他幾乎可以確定自己不再具備未來的晉升可能。更糟的是,他所受的長

十八、權力焦慮下的制度運作與組織停滯：《帕金森定律》

期挫折與等待，將轉化為對後進者的防衛心理。他不再視下屬為接班人，而是看成威脅與挑戰。於是，組織內形成一種「阻斷繼任」的文化：上層無意交棒，中層不願扶持，下層只能在沉默與挫敗中原地踏步。權力雖未失控，卻也無法更新。

帕金森筆下的解法，充滿一種黑色幽默的批判。他描述某些組織如何透過不人道卻有效的方式，使年邁的領導者心甘情願地離開舞臺。例如安排他參與遍布全球、曠日費時的會議行程，從西伯利亞到亞馬遜、從北極圈到冰島，每場會議還需填寫繁瑣的表格，申報住宿、稅務、健康與貨幣細節。這種「行政性疲勞策略」表面上是榮耀與信任的象徵，實則是一場精心設計的精神消耗戰。久而久之，即使最有耐力的領導者，也會因身心俱疲而自動退休。

這種間接勸退的方式表面看來高明，實則暴露了制度的脆弱：一個無法面對接替問題、必須透過非制度手段解決領導人選問題的組織，已在核心運作邏輯上失靈。當領導者是否留任，取決於外在安排是否夠「折磨人」，而非制度性年限或績效審核時，組織的永續性與透明性已蕩然無存。真正的問題不在於某位主管是否太過能幹、不肯交棒，而在於組織是否有一套能保障健康更替、讓人順利下臺的規範與文化。

這種無法退休的體制困境，也揭露出另一層結構病：繼任者的真空與權力的不信任感。當一位領導者過度延長任期，他不但壓制了潛力人才的成長，也無形中放大了自己「不可取代」的神話。組織在這種情境下，容易將制度依賴轉化為個人依賴，導致即便該人終於離開，也無人能真正接得上任。久而久之，接班體系的空洞與決策脫節將成為無法逆轉的傷口。

帕金森並未提供如何設計更換機制的具體建議，卻以其一貫的筆觸點出關鍵盲點：一個健康的組織，應讓個體的離去變得自然，而非困難重重；

應建立制度的規律，而非仰賴疲勞或羞辱使人退場。他所提醒的，不只是如何讓領導者下臺，更是如何讓一個組織保持代謝與更新的能力。

6. 委員會的膨脹與崩解

帕金森對委員會制度的批判可謂入木三分。他不僅關心組織中的個人如何製造工作、阻礙接替，更進一步指出：集體決策機構本身，往往在規模不斷擴張的過程中走向癱瘓。

委員會原是為了促進協商與共同決策而設計，但當其成員超過一個臨界點，就會從理性協調的工具，轉變為徒具形式的象徵建築。在帕金森看來，這正是委員會的宿命——從實務單位蛻變為制度裝飾，最終成為組織效率的掣肘。

他根據歷史與組織觀察提出一個清晰的界線：當成員超過20人，委員會便會失去基本功能。初期的五人小組尚可分工明確、討論有效、行動迅速；但當人數逐漸膨脹至七人、九人、十三人，甚至突破二十人後，問題便接踵而至。最明顯的，是實體集會的困難與決策共識的瓦解：有人永遠在出差、有人每週有固定不克日、有人堅持只在特定時段參與。於是，明明有名單，卻總難湊齊一個能開會的時間點。

但真正致命的並非行程，而是人數背後的代表邏輯。隨著委員會擴大，成員已不再基於專業或任務選出，而是為了滿足各方勢力的代表性。這樣的趨勢使得會議成為利益平衡的場所，而非問題解決的現場。每位新加入的委員，都是一個潛在的否決點、一種立場的堅持者，也是一份沉默的壓力。委員會在這樣的結構下，逐漸喪失意志與方向，只剩辯論、拖延與象徵性的拍板。

十八、權力焦慮下的制度運作與組織停滯：《帕金森定律》

帕金森寫道，當會議場上傳出「主席先生，我想我可以毫不猶豫地宣稱……」這類冗長演說時，真正的討論早已在桌下結束，委員們彼此傳遞便條，嘴上發言者喋喋不休，心中觀眾卻早已神遊太虛。這些場景並非戲劇化的誇張，而是帕金森所見的制度病灶：表面民主，實則空轉。

最諷刺的是，當委員會進入這種象徵化階段，原本的決策者反倒退居幕後，以非正式場合預定結論，讓正式會議僅剩通過與附和。這不僅是對制度精神的扭曲，更形成一種雙重現實：臺面上是集體決策的幻象，私下卻是小圈子主導的權力現實。長期下來，真正願意討論與改革的人逐漸邊緣化，委員會則繼續以繁瑣流程維持其存在感。

帕金森也指出，這樣的膨脹幾乎無法逆轉。每一次擴編都有其理由，每一個新成員都自認不可或缺。從九人擴到十三人，從十三人擴到二十五人，邏輯始終合理、程序依舊合法，卻逐步將組織推向沉重的制度崩壞。最終，這樣的委員會如同凋萎的植物，只剩繁複枝葉，卻無養分輸送的能力。它仍在運作，但不再做出決定；仍在召集，但無法產生行動。

帕金森沒有寄望於削減人數或簡化流程能自發發生，他的重點始終在於揭示結構性矛盾：當一個制度將「包容所有人」視為優點，卻忘記決策本質是選擇與執行，它終將走向空洞。他以近乎寓言的筆觸描寫這個過程，不為提出解方，而是警示我們：若不理解組織的自然膨脹邏輯，將永遠被形式拖著走，在會議中失去真正的決策力。

7. 帕金森的預言與警訊

回顧帕金森筆下對組織的觀察，我們所見不只是對官僚機制的諷刺，而是一種深刻的結構剖析。他描繪的，不僅是無能管理者的庸碌日常，或

委員會裡無止境的冗詞贅句，而是一種潛藏於現代組織背後、看似無形卻不容忽視的演化邏輯。從人員膨脹、決策僵化、制度裝飾到權力更替困境，帕金森以一種既冷靜又嘲諷的語調揭示出：組織若不對自身運作機制保持警覺，最終將被自己的慣性吞噬。

他並未給出對策，這正是帕金森式批判的獨特之處。他像是一位植物學家，指出野草如何迅速蔓延，卻不主張用鐮刀去除。他的工作是描述、揭示與命名，而不是制定改革藍圖。他甚至提醒讀者，不要過度相信任何一本管理學書籍，若它們沒有被標注為「幻想類」，就應格外小心。這種自我解構的姿態，反而更凸顯他對制度失衡的警覺：在技術理性與官僚語言掩蓋下，組織正逐步滑向一種自我運作卻無人駕駛的狀態。

帕金森筆下最根本的問題，其實來自權力的不安全感。一位中階領導者之所以傾向於招募能力低於自己的人協助，並非全然出於惡意，而是因為他所處的制度環境，讓他對失去控制感到焦慮。他選擇用擴張與庸才包圍自己，不是為了創造更好績效，而是為了生存。這種機制一旦被允許，就會不斷複製、擴大、制度化，最終使整個組織變得對能力排斥，對效率麻木。

但帕金森也留下了一線可能。他指出，所謂「定律」的發生，仍有其條件：領導者的無能、權力的不穩定與制度的缺乏監督。如果這些條件能被鬆動，「帕金森定律」也未必無可避免。他以一位私營企業主的選才經歷作為例證，當擁有明確產權與決策權的領導者不再害怕被取代時，他就可能放下防衛，選擇真正優秀的人才。這意味著，解決問題的關鍵不在於個人品德的高下，而在於制度是否能創造出讓人放心用才的條件。

從某個角度來看，《帕金森定律》之所以歷久彌新，正是因為它揭示的不是哪一個具體制度的失效，而是組織結構在人性條件下的自然傾向。它提醒我們，制度從來不只是外部規範，更是人性管理的框架。如果我們

十八、權力焦慮下的制度運作與組織停滯：《帕金森定律》

無法正視權力的焦慮、升遷的侷限與決策的虛耗，那麼再完善的組織設計，也不過是另一種精緻的浪費。

帕金森的觀察並未過時，反而在高度專業化與數位管理的新時代更具啟發性。當我們被大數據、表單、KPI與跨部門會議包圍，或許更應反問：這一切是否真的帶來決策品質的提升？還是只是另一層制度裝飾？若我們無法回答這個問題，那麼「帕金森定律」便不只是歷史的諷刺，而是現代管理的當頭棒喝。

十九、

從知識實務到倫理轉型：《人與績效》

1. 從實務到知識的結合

在彼得・杜拉克重新塑造現代管理學語彙之前，「管理」這個詞在日常語境中往往僅指涉對人的控制或事務的處理。它既不是一門學科，也未曾被視為能夠系統學習與訓練的知識體系。在 20 世紀中葉以前，大眾對管理的直覺理解，多半來自權力階層的圖像——那群坐在辦公室頂樓、穿西裝打領帶的人。他們擁有決策權、掌控他人，因而被視為管理者。但這種想像所忽略的，是管理本質上並非地位的象徵，而是一種實踐行動，是將知識轉化為組織績效的核心機制。

杜拉克的貢獻在於，他不僅將管理正式納入學術體系，更清楚指出管理的實務性質——這不是關於支配或命令，而是關於如何有效運用知識、整合資源、協調行動，並讓組織能在複雜環境中持續運作。他將管理定位為一種應用知識的社會功能，其任務不只是達成目標，而是界定目標、組織行動、創造貢獻。這樣的觀點徹底改變了我們對於管理的認知，也為企業、政府與非營利組織提供了新的運作架構。

杜拉克強調，管理既非科學、亦非藝術，而是一種實務 (practice)。這個定位十分關鍵，因為它讓管理得以類比於醫學、法律與工程——這

十九、從知識實務到倫理轉型：《人與績效》

些既需理論基礎又需應用技巧的專業領域。他反對學術界長期以來圍繞管理到底是「科學還是藝術」的爭論，認為那只是無益的分類遊戲。在他看來，任何實務都必須建構在科學化的知識之上，並透過不斷練習與經驗累積，內化成判斷與洞察力。這也正是他批判片面崇拜靈感與經驗主義的原因：單靠直覺行事的管理者固然危險，但若只有理論而欠缺實踐能力，結果往往更為致命。

正因為管理是一種實務，它的學習也就必須具備雙重條件：一方面要透過理論習得「為什麼要這麼做」，另一方面則需培養做出正確決策的判斷力。這與他早年家族中那些行醫親屬的看法相近——一位內科醫生若只有敏銳直覺但不懂病理學，其診斷充滿風險；而若只有理論知識卻無實務經驗，也難以處理真實世界的複雜情境。一名合格的醫生不一定是天才，但必定能整合科學與實務。這樣的邏輯，也正是他套用到管理領域的核心觀點。

從這個視角出發，杜拉克重建了管理的知識邏輯。他主張，管理的起點在於對環境的正確認知與資料的整理，而非單純的決斷力或人格魅力。資訊雖然充斥世界各處，但只有透過管理者的介入、分析與整合，才能轉化為有意義的知識，進而支持組織做出有效行動。在知識經濟逐漸成為主流的今日，這樣的理解不僅預示了管理的未來發展軌跡，也為經理人角色賦予了新的社會意義。

杜拉克並未將管理視為某種天分或領袖魅力的展現，而是視其為一種可以訓練、可以複製的技藝。他在《管理的實踐》(*The Practice of Management*)中所揭示的，是一套可供組織複製的系統性方法，強調標準化流程、明確目標與績效導向。

他相信，經由訓練與學習，多數人都可以成為勝任的管理者；而這樣的管理者，不需天賦異稟，只需具備正確的知識與持續學習的態度。這種

去神祕化的觀點，不僅打破了管理的精英迷思，也為日後 MBA 教育體系與管理訓練課程奠定了實踐基礎。

杜拉克將管理重新定義為一種知識驅動的實務行動，從而改變了整個 20 世紀對組織運作與經理人角色的理解。他讓管理成為一門可學、可教、可複製的知識實踐，也讓無數人能在理性與專業中找到組織運作的力量來源。這場從權力階級到知識系統的轉變，不僅是概念的革新，更是現代社會對管理功能的新秩序。

2. 經理人的角色再定位

《人與績效》（*People and Performance*）這本書揭示了一項深具前瞻性的觀點：當代管理的核心，不再只是職權與層級的操作，而是對於人性、貢獻與知識潛力的深刻理解。

彼得・杜拉克將焦點由傳統的命令控制模式，轉向更深層的領導實踐。他認為經理人不應只是「上司」，而是要成為願景的引導者與價值的傳遞者。這樣的轉變，不只是對角色認知的修正，更是一場根本的職能再定義。當組織逐漸走向扁平化與專業分工，經理人所需的已不再是監督與授權的技巧，而是能協助團隊成員發揮潛力，並協調多元知識的整合能力。

這樣的角色轉變，在知識工作者崛起的脈絡下顯得格外關鍵。知識工作不再單純依賴外部指示，而是內在動機與專業判斷的展現。傳統經理人以控制流程、確保效率為目標，如今卻發現，過度干預往往壓抑了創造性。取而代之的，是一種由信任與共同責任構築的管理文化。經理人不再主宰知識的流動，而要成為知識環境的建構者。這代表他們需要具備系統

十九、從知識實務到倫理轉型:《人與績效》

性思考、溝通協調與跨域理解的能力,以便讓個體專業得以轉化為組織貢獻。經理人的權威,不是來自於階級,而是來自成員對其判斷力與誠信的信任。

這也使得「上司」這個語彙,在現代管理語境中逐漸失去效力。杜拉克曾指出,過去的管理形象,是一群坐在高樓辦公室、擁有權力與控制資源的人。但這種形象早已不敷使用。在變動快速、科技驅動的組織環境中,最重要的資產是人,而不是機器。

經理人如果無法了解成員的價值觀、動機與專長,就無法引導他們進入最佳表現狀態。管理的本質因此也從「做事的人」轉向「讓人能夠做事」的人,角色本身更具教育與啟發性。尤其當不同世代的工作者同時存在於組織中,對工作意義與成就感的期待日趨多元,經理人更須具備跨世代溝通與心理洞察的能力。

《人與績效》中另一項關鍵主張,是對「貢獻」的重視。杜拉克指出,經理人首要關注的,不是命令是否被執行,而是行動是否產生了價值。也就是說,成為領導者,必須以「成果」為核心思維,而非僅以「行動」為滿足。這種觀念上的翻轉,使得經理人不再只是監督任務完成的人,而是要不斷盤點組織中知識與能量的流動,找出瓶頸並解放潛力。他們需要經常提出「我們的工作對誰有貢獻?」、「這項成果對顧客有什麼意義?」這類問題,以避免組織陷入內耗或形式主義的陷阱。

不只如此,領導者也需要承擔創造組織文化的任務。在知識密集型組織中,文化不再是可有可無的附加元素,而是實現策略與推動創新的核心條件。經理人需以自身的態度、語言與決策作為範本,為組織塑造一種重視學習、鼓勵失敗、擁抱改變的風氣。這種文化建構並非口號,而是來自長期以行動累積的信任與共識。因此,一位真正的領導者,不僅管理人力,更管理信任與能動性。這樣的轉變不只是職能的轉型,更是人格力量的體現。

在《人與績效》的分析中，杜拉克始終強調：管理不是關於控制，而是關於釋放人的潛力。在知識社會中，經理人將是組織績效與社會進步的橋梁。他們的定位，不再停留在上下關係的劃分，而是在多元網路中成為整合者、鼓舞者與價值的實踐者。也因此，從「上司」到「領導者」的蛻變，不只是語言上的修飾，而是對經理人角色深度與廣度的全然重構。

3. 管理不是藝術或科學

杜拉克對於管理本質的定義，長期以來挑戰了傳統二分法的思維。他認為，將管理簡化為「藝術或科學」的對立，不但無法捕捉其真義，反而模糊了它作為一門實務行動的特性──即整合知識、經驗與判斷，以因應現實情境中的複雜挑戰。這一觀點不僅拆解了學術界長年針對管理定位的爭論，更提供了一種從實踐出發的理解框架，讓管理脫離抽象辯證，轉向具體行動的理性應用。

杜拉克在《人與績效》中指出，管理與醫學、法律、工程等領域相似，皆屬於「應用性實務」。這些實務領域的共通之處，在於理論的科學性與應用的判斷力必須並存。一如他以醫師作為類比，說明僅具備知識卻缺乏臨床經驗的醫生，往往無法勝任診斷與決策工作；同樣地，僅仰賴直覺卻無基礎訓練的經理人，也難以在複雜的組織情境中做出合理決策。因此，管理的效能仰賴雙重條件：一方面需要對基本理論的理解與掌握，另一方面則需要對情境的敏感度與應變能力，才能在具體任務中做出正確選擇。

杜拉克反對將管理視為可由靈感引導的藝術。他認為，若僅憑靈機一動的創意行事，無法確保組織決策的可複製性與一致性。這也是為何他重

十九、從知識實務到倫理轉型：《人與績效》

視管理教育與知識傳遞，並提倡「管理可學、可教」，拒絕神祕化經營的成就。他主張，管理的本質在於把知識轉換成行動，亦即將抽象的資訊與原則，透過制度設計、流程優化與資源分配，轉化為可衡量、可實踐的結果。

杜拉克強調「判斷力」在管理中的角色。他指出，即使擁有完善的知識體系，如果缺乏針對具體情境做出抉擇的能力，管理實務仍無法發揮效益。這一點，在當代快速變遷的環境中尤為重要。從策略規劃到人事任命，從產品創新到組織重組，管理者往往無法仰賴單一理論模型，而須仰賴對多元變數的整合與反應。這種能力並非僅來自直覺，而是建立在長期經驗與知識系統所支持的理解力。

在《管理實踐》一書中，杜拉克首次明確主張管理是一門實務，並建立了管理知識的教學系統。這一觀點在當時堪稱突破，因為它使得管理從原本屬於企業家經驗的領域，轉變為可系統性訓練的專業學科，也為日後商學院的發展奠定了基礎。他所提出的「以貢獻為導向」的管理思維，不但重新界定了經理人的角色，也要求每一位管理者不僅要懂得分析，還必須懂得如何讓組織有效運作。

因此，若我們必須為管理尋找定位，杜拉克的回答是：管理是一門以知識為基礎、以行動為目的、以實務為核心的專業實踐。它既有理論的骨架，也需依賴判斷的肌理；它不是純粹的技藝，也不是冷峻的科學，而是一套不斷在行動中被驗證與調整的實踐邏輯。正是這種兼具嚴謹與彈性的特質，使得管理得以在高度不確定的環境中發揮穩定的導引功能，成為知識社會中不可或缺的中樞力量。

4. 知識工作者的崛起

　　杜拉克在《人與績效》一書中，最具前瞻性的觀點之一，莫過於他對知識工作者（knowledge workers）興起的預見。早在 20 世紀中葉，他便洞察到隨著工業經濟的結構轉變，傳統勞動力將逐步被具備專業技能與學理訓練的知識型人才所取代，並指出這群人將成為未來社會與組織運作的核心。

　　這種觀點，不僅改變了管理的操作邏輯，更深刻地重塑了人力資源的價值衡量標準與企業競爭優勢的來源。

　　知識工作者的出現，標誌著工業邏輯的式微與知識資本（intellectual capital）的崛起。在傳統工業體系中，勞動生產力多取決於機械效率與程序規範，而管理的任務則集中於對流程的控制與人力的監督。但進入資訊與科技主導的知識社會後，生產力的提升轉而仰賴個體所擁有的知識、判斷與創造力。知識不再只是支援性的資源，而是構成價值創造的主要驅動因子。杜拉克因此主張，知識已經取代土地、勞動與資本，成為現代經濟唯一有意義的生產要素。

　　這場轉變不僅發生在產業內部，更體現在整體社會結構的重組。從製造業到教育、醫療、資訊科技、金融與專業服務業，知識密集型職位日益擴張，這些角色不再依附於傳統工廠的生產線，而是依附於資訊流、問題解決與創新驅動的網路中。這些知識工作者同時也是高流動性、高自主性的人力資產，他們擁有自己的生產工具──專業知識與技能──而這種工具的價值，並不隨組織更替而消失。這也使得現代組織的權力關係與勞動關係產生質變，從原本的命令服從轉向夥伴合作。

　　杜拉克對此有深刻詮釋。他指出，知識工作者是第一批能將「自身的生產工具」握在手中的工人，這不僅賦予他們前所未有的獨立性，也讓組

十九、從知識實務到倫理轉型：《人與績效》

織不得不改變過往自上而下的管理模式。組織無法再以簡單的工時、產出或服從度來衡量績效，而是必須透過貢獻、成果與創造價值的方式重新設計激勵與評估機制。這樣的結構轉變也解釋了為何當代企業越來越強調知識共享、團隊合作與持續學習的文化建構。

知識工作者的崛起，也重新界定了人才市場的供需邏輯。在工業時代，勞工是可替代的，只要有標準訓練流程與明確操作手冊，即可迅速複製人力。但在知識經濟下，每位工作者的專業知識與實務經驗皆具不可複製性，因此人才取得成為企業競爭力的根本來源。杜拉克強調，未來的經理人將面臨最重要的任務，就是如何吸引、留住並激勵知識型員工，使他們願意將個人知識融入組織任務當中，進而創造集體價值。

這種知識資本化的邏輯，亦對教育、職涯發展與勞動倫理產生深遠影響。學歷不再只是社會階層的象徵，而是知識潛力的初步指標；專業學習與技能轉化成為終身職涯競爭力的核心來源。在這樣的架構下，傳統「一生為一公司服務」的模式被打破，取而代之的是彈性職涯、跨界整合與多元合作的發展軌跡。

杜拉克所揭示的知識工作者崛起，不僅是對一種新勞動型態的描述，更是一種對未來社會運作邏輯的深刻洞察。他早已看出，知識將是 21 世紀最具生產力的資產，而能否善用這筆資產，則決定了一個組織、甚至一個國家的競爭力與永續性。這項觀點，至今仍未過時，反而隨著科技演進與產業轉型，愈加凸顯其真知灼見。

5. 打造知識創新系統

杜拉克在《人與績效》一書中清楚指出，隨著知識工作者的崛起與知識資本的形成，管理者的核心任務也隨之轉變。他不再只是組織流程與監

督效率的操盤手,而是必須成為創新系統的設計者與維護者。這項任務不僅涉及新知的產出,更關係到如何在組織內部建構一個能持續轉化知識為成果的制度化架構。杜拉克認為,真正有價值的創新需建立在結構與制度之上,而非僅憑個人天分或偶然直覺。

知識創新系統的建立,首先仰賴明確的組織設計與分工。杜拉克強調,創新需要有目的的合作,管理者必須善於組成跨領域、具備互補專長的團隊,並提供適當的激勵與回饋機制。這種團隊架構不應僅仰賴正式層級制度,而要鼓勵水平互動與資訊自由流通。尤其在面對快速變動的環境時,同步工程(concurrent engineering)與雙團隊平行作業的策略,有助於縮短研發時程、提升回應市場的敏捷度。

其次,知識的流通與蓄積是系統得以持續運作的基礎。知識的價值不在於個人擁有,而在於組織內的有效共享與再利用。杜拉克認為,管理者應設計出能促進知識流動的制度,如內部社群平臺、案例資料庫或是輪調制度,讓成員能夠在多元場景中相互學習,避免知識的沉澱與斷裂。

此外,將個人經驗與專業知識進行模組化與建檔,是建立知識庫(knowledge repository)不可或缺的一環。唯有如此,組織才能跨越個體限制,累積長期智慧資產。

在創新成果產出之後,如何保護並延伸其價值,也成為系統的一部分。杜拉克特別提到智慧財產權(intellectual property rights)的策略性運用,主張企業應在創新初期就將法律保護納入規劃,避免成果被複製或流失。這不僅保障了研發投入的回報,也為企業在知識經濟中建立護城河,強化其市場地位。

創新從不是封閉的單向流程,而是需要透過互補性資產與外部資源整合來加速其商業化。杜拉克指出,許多創新無法實現,是因為缺乏支持其推廣的資源,如行銷能力、顧客關係、製造設施或平臺系統。管理者在這

十九、從知識實務到倫理轉型：《人與績效》

裡的角色，是辨識這些關鍵資產，並促成跨部門、甚至跨組織的合作夥伴關係。這種協作不僅降低創新風險，也增加其成功機率。

在這一系統設計的過程中，管理者面臨的挑戰不只在於制度本身，更在於文化建構。杜拉克提醒我們，組織若無法營造一種尊重知識、鼓勵創新的文化，即使擁有再完備的制度，也難以培養持續創新的能力。因此，領導者必須身體力行，以具體行動肯定創新價值，對失敗採取寬容態度，並強化學習型組織的內部對話。

從杜拉克的觀點來看，創新的本質不在於技術突破本身，而在於如何建立一個能使創新不斷發生的結構與流程。這個結構不應只依賴少數天才的直覺，而應透過有計畫的知識管理策略與制度化的研發流程，使創新變成一種常態、一種能力，甚至是一種文化。

換言之，知識創新不只是個體的才能展示，而是組織治理的系統性工程，這也正是 21 世紀管理者最重要的新任務。

6. 創新的紀律與原則

杜拉克刻意與浪漫化的創新想像劃清界線。他不否認直覺靈光可能帶來突破，但更關注的是，那些可重複、可學習、可執行的創新過程。他主張，創新若要可持續，必須經由清楚可操作的流程與原則指導，而非依賴天才靈感。創新並不是天才的特權，而是每一位管理者與組織都可以透過制度化過程來培養的能力。這種觀點為創新管理注入一種務實精神，也為企業提供可操作的路徑。

首先，創新是一種有目的、系統性的行動，它始於對機會的觀察與分析。杜拉克提出「創新機會的七大來源」，例如突如其來的事件、矛盾的

現象、流程需求的變化、產業與市場結構的轉變、人口變化、觀念變化與新知識的出現。這些來源提醒管理者：創新的機會往往不是從零開始，而是根植於現實中的裂縫與縫隙，端看是否有足夠的觀察力與敏感度去捕捉。創新不應從「我想做什麼」出發，而應從「世界發生了什麼」著手。

第二，創新必須兼具概念性與感受性。杜拉克主張，創新者既要用左腦進行邏輯分析，也要用右腦感知市場脈動與使用者需求。他舉例指出，很多創新失敗的關鍵，在於產品或服務無法契合使用者的價值觀與習慣。一項創新若無法被人理解、採用與認同，就無法產生效用。因此，創新者需要站在顧客的立場思考：「這個創新，是否讓使用者覺得它反映了他們的需求與期待？」這種感受性的判斷，無法只靠數據，也需要經驗與洞察。

第三，創新必須簡單、聚焦且一次只解決一個問題。杜拉克對「企圖一口氣改變一切」的創新構想持批判態度。他認為，所有真正有效的創新都有一個共通點——簡單到令人驚訝。他曾寫道，最好的創新往往讓人驚呼：「這麼簡單！為什麼我沒想到？」當創新過於複雜時，不僅難以推行，也難以修正或維護。複雜的創新常會陷入混亂，反而削弱其原有的優勢。

第四，有效的創新應從小處著手，逐步驗證與擴展。杜拉克認為，創新初期幾乎不可能百分之百正確，因此更需要留有彈性與修正空間。他主張先以小規模、市場區隔或有限資源進行試驗，並在此基礎上進行調整與放大。這不僅降低風險，也讓組織能在錯誤中學習，逐步找到創新的可行模式。他以瑞典火柴盒自動裝填機的案例為例，指出這種小而具體的創新，反而能撼動整個產業。

第五，創新必須以領導市場為目標。這並不意味著每項創新都要成為主導品牌，但若沒有在特定領域中建立優勢與話語權，創新就容易成為他

十九、從知識實務到倫理轉型：《人與績效》

人的墊腳石。杜拉克提醒管理者，若只是推出創新但未能主導市場，最終將只是替競爭者鋪路。因此，策略的選擇不只關乎產品與流程，更關乎定位與領導地位的建立。成功的創新策略，應該在特定場域中取得關鍵影響力，而非僅止於技術層面的突破。

在這一系列原則背後，杜拉克所提出的創新觀其實是一種「可管理的創新」。他將創新從神祕與才華的領域帶入制度與實踐的領域，提供組織一種可持續、可複製的創新模式。這種觀點不僅影響了企業管理，更深刻地改變了我們對於創新本質的理解。

與其等待下一位天才的閃現，不如用紀律、流程與學習去培養整體的創新能力。對現代組織而言，這也許才是最可靠的創新來源。

7. 從利潤迷思到創造顧客

杜拉克提出對企業本質的根本反思，他嚴正駁斥了傳統經濟學關於企業目的的觀點，即「企業存在是為了追求利潤最大化」。在他看來，這是一種錯誤且危險的觀念，不僅無法解釋現代企業的行為與成長模式，甚至誤導了公眾對企業角色的理解。杜拉克主張，企業存在的唯一有效目的，是「創造顧客」。這一觀點，徹底顛覆了以往視利潤為核心的企業認知，為管理學打下新的根基。

在傳統經濟學中，企業被描述為理性個體，追求成本最小化與利潤最大化，行為完全受市場價格與資源配置驅動。然而，杜拉克指出，這樣的描述忽略了企業最重要的主體──顧客。他認為，利潤只是企業運作成果的檢驗指標，而非其存在的根本理由。換言之，企業能否創造顧客需求、提供有效滿足，才是其存續與發展的關鍵。如果沒有顧客，企業根本

7. 從利潤迷思到創造顧客

不可能產生營收，更遑論獲利。

杜拉克進一步指出，顧客的需求並非天生存在，而是由企業透過創新、行銷與價值主張所「創造」出來。他舉影印機與電腦為例，在這些產品問世前，人們甚至無法想像自己會需要這些技術，但企業的創新與推廣，讓人們意識到新的工具可以帶來全新的效率與可能性。這說明，市場並非自然形成的機制，而是企業主動建構的場域。企業若能創造需求，就能創造市場，也就能掌握經濟活動的主導權。

從這個角度來看，杜拉克對於「利潤」的定位極為清晰。他認為，利潤不應被視為目的，而應被視為企業活動的邊界條件。企業需要獲利，否則無法生存，也無法持續創新與投入顧客服務，但獲利本身無法指導企業該做什麼或如何做。利潤就像血液對人體的功能，是必要的，但不是人生的目的。企業若將利潤視為終極目標，反而會導致短視近利、犧牲顧客利益與社會責任的行為。

他也特別批判政府與社會對企業獲利的敵意。他指出，社會常將企業利潤視為剝削的象徵，而忽略了唯有強健的企業，才能持續創造就業、繳納稅收與承擔社會責任。這種對利潤的誤解，使得許多錯誤的公共政策得以成立，例如過度課稅、價格干預與限制創新投入。杜拉克認為，社會應該認知到：能夠創造顧客、同時穩健獲利的企業，是最有能力為整體社會創造價值的機構。

值得注意的是，他並非否定利潤的價值，而是強調利潤應以創造顧客為條件，而非反之。他的主張，為企業與社會之間重新建立起價值交換的正向關係。顧客願意付費，是因為企業帶來滿足；企業因此而有盈餘，是因為價值被實現。這樣的循環，才是健康且可持續的經濟基礎。這也解釋了為何許多市場領導企業，例如製藥、科技與零售業的成功者，無不致力於深入理解顧客、預見需求，並持續創造有意義的使用感受。

十九、從知識實務到倫理轉型：《人與績效》

　　總結而言，杜拉克所提出的「企業的目的在於創造顧客」這一命題，不只是概念上的轉向，更是管理行動與組織設計的基石。他透過《人與績效》這本書，提醒企業不應迷失在利潤的迷思中，而應以創造顧客為起點，將其轉化為產品、流程與策略的設計原則。唯有如此，企業才能在競爭激烈且變動迅速的環境中，保持其存在的正當性與永續的成長動能。

8. 知識社會中的組織型態與運作挑戰

　　當進入知識社會之後，組織的運作模式與治理邏輯隨之產生根本性的變化。杜拉克預見這一轉型將導致組織形式與管理方式的重新定義。他指出，知識已成為經濟社會中最關鍵的生產資源，取代了過往的土地、勞力與資本。這種變化不只是資源的重組，更牽動了組織內部結構、決策模式與人力管理的深層重塑。換句話說，知識社會下的組織不再是單純的權力集中體，而是成為高度分權、快速應變的行動體系。

　　知識工作者的崛起，是這一轉變的核心推力。在工業時代，管理著重於流程控制與效率優化，而在知識社會中，組織的核心能力轉向為「能否有效使用知識」。知識的特性是流動、動態且難以擁有的，因此，傳統由上而下的命令體系變得不再適用。組織若要掌握知識流動、激發創新、提升回應力，就必須重構其運作結構，使權責下放、資訊透明化，並強調跨部門合作與學習導向文化。

　　杜拉克強調，這種轉型意味著組織結構需要具備高度彈性與透明度。隨著知識成為主要生產要素，組織對人才的依賴模式出現轉變。人力資源管理不再只是人事行政，而是系統性知識運用與人才環境建構的整合任務。

　　對組織而言，最大的挑戰不再只是吸引人才，而是如何建立一個可以

讓知識工作者發揮潛力、願意投入且願意留下的環境。這樣的結構設計，不能依賴僵化階層制度，而必須改以網路型、任務導向與學習驅動的方式來運作。

在這樣的組織型態中，決策權無法集中於頂層，而必須分散到能最即時理解市場、顧客與技術動態的第一線。這種分權不代表失控，而是一種基於信任與知識判斷力的權力下放。組織管理者的角色，也不再只是監督執行，而是成為支持者、協調者與學習引導者。他們要能創造一種文化，鼓勵問題被提出、知識被分享，並讓失敗成為學習的一部分。這樣的文化建構，不僅是組織內部運作的基礎，更是外部適應力的保證。

不過，知識型組織也面臨新的制度性挑戰。首先是人力資源管理的轉型——以往強調忠誠與穩定，現在則更需重視動機設計與職涯彈性。知識工作者追求的不只是薪資待遇，更在意工作的意義、自主空間與成長可能。因此，傳統的績效評估、晉升制度與獎勵機制，若未能對應這些新價值，很可能反而成為阻礙。其次是資訊科技的應用與數位素養的落差，這將直接影響知識在組織中是否能有效流動與轉化。

此外，杜拉克也提醒，知識雖然能創造價值，但也易於迅速貶值。今日被視為關鍵技能的知識，明日可能就已過時。這種知識本質的「脆弱性」使得組織必須具備持續學習的能力，並建立快速迭代的流程。不再是一次性的訓練計畫可以解決的問題，而是需要在組織文化與制度中內建對學習與變化的開放性。唯有如此，組織才能在知識社會中維持競爭力，並避免陷入僵化與淘汰。

總而言之，知識社會中的組織面臨的挑戰遠超過管理工具或績效指標的選擇，更關乎整體結構的再設計與文化的重新建構。《人與績效》不僅提醒我們必須了解這些轉變，更提供了實踐的方向——從分權決策、文化激勵到人才培育，組織的競爭力已不在規模，而在於能否建構一個適應

十九、從知識實務到倫理轉型：《人與績效》

變化與持續創造知識價值的體系。這正是知識社會下的組織所無法迴避的轉型任務。

9. 知識資本主義的倫理觀

在《人與績效》中，杜拉克最深刻的洞見之一，是他對知識社會中「人與組織關係」根本變化的觀察。他指出，當知識取代傳統的勞力、土地與資本成為主要的生產資源時，組織運作的邏輯與倫理基礎也隨之轉變。這種變化不只是制度上的調整，更是價值觀與責任感上的重構。

換言之，在知識資本主義逐步取代工業資本主義的今日，組織與知識工作者之間不再只是僱傭契約關係，而是轉向一種新型的社會契約，一種以合作、信任與相互成就為基礎的倫理互動。

傳統上，企業藉由薪資換取勞力，勞動者依賴企業提供工具、設備與指令來完成工作；知識社會中，員工的專業能力與判斷力成為生產力的核心來源，組織需以尊重與信任為前提，重新界定合作關係。他們對工作內容具有更高程度的掌握與自主，甚至常常比管理者更了解應如何達成工作目標。因此，組織已難以用傳統監督、控制的方式來管理知識型人才，反而需要創造出能讓他們發揮專業、獲得認同、保持投入的條件環境。

在這樣的條件下，組織與員工之間的關係邏輯必須全面翻轉。過去強調服從與效率，現在則轉為強調共創與參與；過去以僱傭為界線，現在則以使命、價值與學習共同體為核心。杜拉克強調，現代組織必須將知識工作者視為夥伴，而非工具。這種夥伴關係不只表現在報酬制度上，更體現在組織如何尊重專業判斷、促進職涯發展、回應個人需求等層面。唯有如此，才能建立真正長久穩固的信任基礎。

9. 知識資本主義的倫理觀

然而，這種信任並非單向給予，而是相互承諾的結果。知識工作者雖然享有更大自由，但也須承擔更高責任。他們的工作無法像傳統工人一樣以流程標準衡量，其貢獻更多取決於能否主動創造價值、解決問題與促進創新。也因此，他們不只是被動接受組織規範的員工，更是參與組織治理與文化塑造的主體。這樣的角色認知轉變，也正是杜拉克所說的「從員工到夥伴、從資源到資本」的過程。

此一新契約關係的建立，也對企業倫理提出了全新要求。在工業時代，企業最核心的倫理課題是工時、薪資與勞動安全，而在知識時代，組織的道德責任擴展為對個體發展的支持、對創造力的保障，以及對知識生態的維護。這不僅包括公平的晉升制度與尊重個人專業選擇的職涯規劃，更包括透明的決策流程與能鼓勵反思與學習的文化氛圍。企業的成功，已不再只依賴資本運作的效能，而更在於其能否提供一個值得人才投入、共同成長的空間。

此外，杜拉克特別指出，在這樣的制度架構下，知識工作者與組織的關係也趨於脆弱與動態。他們不再將忠誠視為職業倫理的核心，而是根據組織是否能提供意義、學習與貢獻空間來決定去留。這對企業文化而言是一項挑戰，也是一種進步——因為它迫使組織必須持續自我更新，回應個體與社會的雙重期待。

知識資本主義所提出的，不只是一種新的經濟模式，更是一種新的倫理制度。它要求組織尊重人的主體性，賦予其創造空間，也要求人們以自我成長與社會貢獻為職業依歸。這種互為主體、相互依賴的關係，正是未來組織競爭力的核心來源。

《人與績效》不只是在勾勒知識社會的管理圖譜，更是在揭示一場關於人與工作的倫理革命，而這場革命的關鍵，是重新定義「何謂值得效忠的組織」，以及「何謂值得實踐的人生」。

十九、從知識實務到倫理轉型：《人與績效》

二十、

從風格診斷到組織配置：
〈讓工作適合管理者〉

1. 領導與環境的再定位

在 20 世紀中葉的管理研究領域，「哪一種領導風格比較有效」曾是長期爭論不休的核心問題。無論是強調指令與控制的威權式領導，還是主張溝通與參與的民主型領導，皆試圖尋找一種放諸四海皆準的領導典範。然而，這種風格本位的探討逐漸暴露其侷限：它無法解釋為何同一種領導風格在不同組織中會產生截然不同的績效。正是在這樣的理論真空下，美國心理學家弗雷德·菲德勒（Fred Fiedler）提出了一個截然不同的觀點，他並不認為關鍵在於「風格選對了沒」，而是指出「環境與風格是否適配」才是決定成敗的關鍵。

菲德勒的權變領導理論開啟了組織行為學的嶄新階段，而〈讓工作適合管理者〉（*Engineer the Job to Fit the Manager*）一文則是這一理論的初步具現。該文於 1965 年發表於《哈佛商業評論》，成為他理論體系的奠基之作，也為日後的領導研究奠定了結構調整的分析方向。

在這篇文章中，菲德勒首度清楚指出：與其期待經理人改變其個人特質去適應環境，不如反過來調整工作任務與組織條件，使之配合領導者既

二十、從風格診斷到組織配置：〈讓工作適合管理者〉

有的風格。他指出，組織在管理資源有限的情況下，更應審慎選擇制度調整的策略，而非將改變領導者個人特質視為唯一解方。

這種思維的轉向，不僅揭示了領導理論的新方向，也反映當時組織實務上的一種迫切需求。進入 1960 年代，隨著企業規模擴張與環境變化頻繁，企業主越來越難找到所謂的「完美領導者」。現實中，管理階層經常是由專業技術人員、財務專才或資深研發主管組成，他們可能無法符合傳統意義上的「領導典範」，卻又擁有不可取代的專業價值。在這種背景下，菲德勒指出，企業應視這些人為稀缺資源，策略性地為他們設計適合其風格的工作環境，而非期待他們去扮演與本性相違的角色。

這樣的觀點並非只是理論上的突破，也深刻觸及了管理制度設計的核心。傳統上，組織偏好「訓練出適合工作的領導者」這種線性邏輯，但在菲德勒看來，這種方式低估了人格與風格的穩定性，也忽略了結構調整的彈性潛力。他主張應將環境視為一種可以操作的變項，透過變動任務性質、調整權力位置或重組部門組成，來達到與領導風格的最佳配適。

這個觀點不僅改變了組織選才的思維，也為管理系統的設計提供了一種更具彈性的策略方向。

〈讓工作適合管理者〉之所以重要，正是因為它首次明確將「領導風格」與「環境結構」這兩個原本各自為政的研究領域加以整合。在此之前，心理學家多半專注於人格特質與風格測量，而組織學者則著重於任務分工與制度設計。菲德勒的貢獻，在於他看見了兩者之間的關聯性，並進一步提出：領導者的效能並非取決於他是誰、用了什麼方法，而在於他是否被安排在對的位置上。

從方法論的角度來看，菲德勒的理論也代表了領導學研究的「實證轉向」。他不再停留在抽象的類型分類，而是透過系統化的環境變項分析、風格測量工具的設計，為領導力的實務應用建立可觀察、可調整的模型。

在他看來，管理的核心問題不是「改造人」，而是「設計制度」。這種從人轉向環境的邏輯重塑，不僅打破了領導神話，也讓組織變得更具操作彈性與策略敏感性。

菲德勒在〈讓工作適合管理者〉中的核心命題，是將領導效能的焦點從人格與風格轉向制度與結構。這不僅讓管理者思考「我該用什麼風格」的問題，也逼使組織自問「我們是否為這樣的風格創造了合適的空間」。他開啟了一種全新的管理思維，即：領導力的問題，其實就是設計問題。

若能妥善調整制度環境，組織便能以有限資源創造出最大的領導效能，而這正是「讓工作適合管理者」的深層意涵所在。

2. 從 LPC 問卷讀出領導偏好

在〈讓工作適合管理者〉這篇具有指標意義的論文中，菲德勒試圖翻轉當時主流的領導思維。他並不認為存在一種放諸四海皆準的「最佳領導風格」，而是認為領導者的效能取決於其個人風格與所處情境的匹配。為了說明風格差異與分析領導偏好，他設計出一項具體而創新的測量工具──最不願共事同事量表（Least Preferred Coworker scale，簡稱 LPC 問卷）。這項工具不僅成為其權變理論的基石，也為組織實務中的風格辨識提供了一種可操作的途徑。

菲德勒將領導風格分為兩個典型端點：一端是以任務為中心的專制型領導者，重視效率與命令的明確性；另一端則是以關係為中心的民主型領導者，重視人際互動與團隊和諧。他認為，這種二分雖屬簡化，但足以涵蓋多數實際領導風格的光譜。LPC 問卷正是為了識別一位領導者傾向哪一端而設計，它要求受測者回想一位自己合作最不愉快的同事，並根據一系

二十、從風格診斷到組織配置：〈讓工作適合管理者〉

列形容詞對其進行評分，如「友善－不友善」、「可靠－不可靠」、「能幹－無能」等對立語彙。

從心理學角度來看，這份問卷並不是在測量那位同事的實際行為，而是反映了領導者對合作經驗的主觀解讀。若一位領導者即使對合作不順利的對象，仍給予相對正面的評價，那麼他很可能是關係導向型，即偏好維持良好人際關係、以柔性方式引導團隊的領導者。相對地，若一位領導者對這樣的對象給出極低評價，代表他更關注任務成效與目標達成，是傾向專制與控制的風格。這樣的評分結果，便能以 LPC 分數的高低區分領導傾向。

LPC 的核心價值在於，它不預設哪一種風格「比較好」，而是強調認清自我風格之後，才能找到合適的組織角色與環境配置。這種設計不同於當時坊間流行的領導風格測驗，它不是針對抽象性格或一般偏好進行分類，而是透過對特定合作經驗的情感判斷，間接映射出領導者在面對衝突或困難情境時的處理傾向。某種程度上，LPC 問卷的突破在於它引入一種「反向觀察」的方式——透過不喜歡的對象看出一個人的風格本質。

在管理實務中，LPC 問卷具有極高的應用潛力。它讓組織能夠不靠直覺或主觀臆測，而是以標準化的工具評估管理者的領導風格，進而搭配適合的職位或調整其所處的組織情境。這也奠定了後續菲德勒理論主張的核心——人比較難改變，但環境可以重塑。因此，準確測量風格只是第一步，真正的挑戰在於如何依據這項認知做出結構性的管理設計。

LPC 問卷的設計正是建立在風格穩定的假設上，使其能作為組織調整策略的基礎依據。透過 LPC 問卷的架構，菲德勒為領導理論提供了一套兼具簡潔性與操作性的工具，使得後續的情境對應與環境調整工作有了清晰的起點。他所強調的，不是風格的優劣比較，而是風格與情境之間的適配程度，這也正是整套權變領導理論的核心思維。

3. 關係、結構與職權的互動效應

　　菲德勒在〈讓工作適合管理者〉一文中提出權變領導理論的核心觀點，即領導效能並非取決於領導風格本身的優劣，而是風格與情境之間的相容性。為了讓這一理論具備可操作性，他界定了三項關鍵的情境變數，亦即決定一位領導者能否發揮效能的三大環境構面：領導者與部屬的關係、任務結構的明確性，以及職位所賦予的正式權力。這三個要素構成了一個互為影響的系統，攸關領導者在特定組織脈絡中是否具備「指揮而有效」的條件。

　　首先，**領導者與部屬的關係**（leader-member relations）在三項因素中最具決定性。這裡所指的並非單純的人際喜好，而是部屬對領導者是否信任、尊重與願意追隨的綜合態度。當部屬對領導者產生正面觀感時，即使面對艱難任務或模糊權限，也傾向願意主動配合與投入。而一旦領導者在部屬之間喪失信任，則無論制度設計多麼完備，都可能因人際張力而使領導失效。這種影響力來自關係的非正式資本，是一種無形卻強而有力的組織資源。

　　其次，**任務結構**（task structure）則關乎工作本身的明確性與程式化程度。如果一項任務的目標清晰、流程標準化，則領導者可以仰賴制度化控制與任務監督來推動進程。在這類高度結構化的環境中，即使人際關係較差，領導者仍可透過明確的指令與進度控制達成目標。反之，在結構鬆散、需要創意或協調的任務中，若無良好的領導風格與部屬互信，往往難以建立穩定的運作秩序。菲德勒指出，任務的不確定性會放大人際互動的重要性，因此結構明確與否，將直接改變領導風格的適配門檻。

　　最後，**職位權力**（position power）則是組織所賦予領導者的正式控制資源，包括人事任免、獎懲裁量、資源調度等。這種權力越強，領導者在

二十、從風格診斷到組織配置：〈讓工作適合管理者〉

組織中就越能執行決策、推動命令，即使部屬對其態度不佳，也可能因制度壓力而選擇服從。不過，若領導者缺乏明確職權，即使擁有良好人際關係或面對清楚任務，也會因無法推動行動而喪失實質影響力。菲德勒並不主張領導者應該一味依賴職權來領導，然而他指出，在評估環境適配時，這一變項不能忽略，因為它常是緊急時刻能否執行決策的最後一道防線。

這三項變數並非獨立存在，而是彼此互動構成一種「情境密度」。例如，一位領導者若在人際關係良好的部門中，擁有足夠的職權與明確的任務流程，那麼他的領導環境可被視為高度有利；反之，若他在一個群體關係緊張、權力模糊且任務混沌的組織中工作，則其所面對的情境可說是極度不利。在不同組合下，專制與民主風格會呈現出完全不同的效果。菲德勒的洞見在於，他將領導績效視為「風格 × 情境」的乘積，而非單一變項的函數。

這樣的模型提醒管理者，在不同的環境組合中，風格不僅僅是一種特質，更是一種策略選擇的依據。這種觀點，不僅解放了過度強調個人特質的迷思，也賦予組織架構設計更多策略彈性。換言之，與其試圖打造全能領袖，不如善用這三大變項，為領導者打造一個能發揮優勢的環境。

4. 情境矩陣與八種領導環境

菲德勒不僅指出領導效果來自風格與情境的適配，更嘗試以具體的邏輯模型對這種「配適性」加以系統化。其核心概念之一，即是根據三大環境變項──領導者與部屬的關係、任務的結構程度與職位權力的強弱──將所有可能的情境加以分類，建構出一個包含八種情境類型的矩陣模型。

這個八類環境模型的邏輯，來自於三個變項各自的「有利」或「不利」狀態的組合。具體而言：

若一個領導者受到部屬尊重與信任（關係良好）、負責的工作任務結構清楚（例如操作步驟明確）、並且擁有正式的獎懲與人事權力（職位權力強），則此種情境被定義為第一類情境，亦即最有利的情境。

反之，若領導者與部屬之間缺乏信任、任務本身模糊難解、又幾乎無任何正式權限，則構成第八類情境，也就是最不利的組合。

第二至第七類則是這三個變項之間的各種中介組合，從「略有利」到「明顯不利」，形成一個從一到八的連續光譜。例如，第五類可能代表的是關係尚可、結構模糊但權力中等的狀況；第三類可能則是關係良好、任務明確但權力稍弱的情境。這樣的分類方式不只是為了系統整理，而是要提供組織一種可以預測與設計的工具框架。

這種邏輯上的矩陣分類，除了提升領導風格研究的實證性，也讓領導策略得以建立在更具精準度的脈絡辨識之上。菲德勒指出，專制型領導者通常在第一類到第三類這類「高結構、高權力、良好關係」的情境中表現最佳，因為這類環境本身已有清楚的作業標準與控制機制，專制式指令反而能提升效率；相對地，在第五類到第七類這類「中等條件」的情境中，民主型領導者較能發揮效果，因為這些環境需要更強的部屬參與、彈性思維與關係經營。

舉例來說，在一個軍隊小組中，指揮官擁有絕對權限、任務細節明確，且士兵對其高度服從與信賴，這即是一種典型的第一類情境，此時專制領導能促成迅速行動；在一個跨國初創企業中，面對文化差異與市場不確定性，關係導向的領導者能透過建立信任機制與共享目標，有效推動成員協作。

二十、從風格診斷到組織配置：〈讓工作適合管理者〉

透過這種以三大變項為維度、八類情境為分類的模型，菲德勒將原本抽象的「情境適配」概念轉化為具體可分析的架構，不僅讓理論具備可操作性，也為組織領導的調整提供了診斷與設計工具。在這樣的模型中，沒有「萬用」的領導風格，只有「適配」的情境選擇——這正是菲德勒權變觀的根本出發點。

5. 風格的轉換與情境變動

在菲德勒所提出的權變領導理論中，領導者的風格被視為相對穩定的個人特質，而非能夠隨意調整的工具。然而，組織運作卻充滿變數，環境條件並非靜止不動，也不可能永遠依照某位領導者的風格來配合。於是，如何處理領導風格與環境條件之間的落差與變動，便成為〈讓工作適合管理者〉一文中不可忽視的現實議題。

菲德勒明確指出：即便某位經理人的風格當前與情境高度契合，但當任務內容、組織架構或部屬特性改變後，這種契合性也可能隨之瓦解。領導的有效性因此並非來自一時的表現，而仰賴持續調整的能力與制度支援。這種「動態調整」有兩條可行路徑：一是培養領導者的風格彈性，二是調整組織環境使之再度契合其風格。然而，菲德勒清楚指出，前者的可行性往往被高估，因為個性傾向與處世風格不易改變，後者也就是調整環境結構，反而更具實務價值。

舉例而言，一位高階經理人習慣以直接指令推動工作，並擅長於穩定明確的作業環境中發揮效率。他可能在標準化流程、層級分明的製造業表現優異。然而，若組織突然進入轉型階段，必須處理模糊性高、需集思廣益的創新任務時，他的指令型風格便可能導致阻力與挫敗。此時若要求其

性格轉向開放、包容、善於共創，不但培訓成本高、成效不一，還可能錯失時效。相對之下，若能為該經理設計明確界定任務內容、清楚授權與分工的環境架構，反而能延續其領導強項，讓組織轉型的複雜度被制度所吸收。

同樣地，某些情境下，一位人際導向的民主型領導者可能因重視共識與合作，在特定任務中顯得猶豫不決、決策效率偏低。若任務緊迫、時間有限，而組織尚未提供足夠資訊與決策依據，這位領導者便可能陷入拖延與不確定的困境。然而，若能在組織中建立良好的支持系統與決策架構，例如跨部門會議支援、共識形成機制或清楚的角色分工，則這位領導者仍能在維持其風格的同時，有效推動進度與合作。

這樣的實例反映出權變理論的核心精神：領導成效並非單靠領導者個人努力所能確保，而是取決於組織是否能設計出讓其風格發揮優勢的結構性條件。菲德勒在文中形容，領導風格如同鞋的尺寸，強行改變腳的大小並不實際，更合理的做法，是為既有的腳型找到最合適的鞋。也就是說，與其期待領導者改變風格，不如設法改變環境的輪廓。

此外，這樣的動態關係也帶出一項深刻挑戰：環境的變動並不總是可預測，也未必由組織完全主導。經濟週期的變化、科技的突變、內部人員結構的調整、社會期待的轉變，皆可能推動情境不斷位移，領導者若無法因應這些流動性，便可能被拋出適配區間之外。這也是為什麼菲德勒認為領導力的關鍵，不在於塑造完美的個人風格，而在於組織是否能具備適時重構其環境條件的能力。

簡言之，領導風格無絕對優劣，其效能關鍵在於是否處於有利的情境中。而情境變動的現實，要求組織必須視領導者為一種資源配置問題，將其風格視為常數，將組織環境視為變數，從而在不斷調整的過程中，找到每一位經理人最適合發揮的舞臺。

二十、從風格診斷到組織配置:〈讓工作適合管理者〉

6. 從領導培訓到職務再造的轉向

在權變理論(Contingency Theory)的核心架構中,菲德勒所主張的「設計適才環境」觀點,實質上對傳統的領導力發展制度構成了根本性的挑戰。他指出,有效的領導不應仰賴改變個人風格的努力,而是取決於組織是否具備為領導者創造適配情境的能力。這項觀點象徵著管理思維的轉向,即從訓練領導者「適應環境」,改為調整環境以「發揮風格」。

菲德勒認為,雖然可以透過 LPC 辨識領導風格,但這些風格並非優劣的評比,而是描述在特定情境中較為適配的行為傾向。傳統上,許多組織偏好透過集中訓練與選拔機制,期望塑造出能靈活應對各種情境的「萬用型」領導者。然而,這樣的做法往往忽略了人格與風格的穩定性,也低估了改變行為模式所需的成本與時間。菲德勒指出,與其將資源投注於改造領導風格,不如將重點轉向制度層面,調整任務條件與結構配置,使其與現有風格產生良好配適。

這樣的環境設計策略,涵蓋了對工作任務(task structure)、授權機制(position power)、決策程序(decision-making process)與溝通管道(communication channels)等組織要素的重組與優化。所謂的「設計適才環境」,並非簡化為「人事調整」,而是主張以制度性方式提升現有人員的領導效能。當一位領導者的行為傾向清晰可辨時,組織應根據其風格調整其任務角色,而非要求其擔任違背性格與風格的職責。這種思維,有助於組織在資源有限的條件下,達到更高的行動一致性與效率表現。

進一步而言,「職務再造」(job redesign)不應僅被視為一次性的結構調整,而應成為一種持續進行的適配機制。隨著內外環境變化、組織目標轉換或工作群體結構的移動,原本的配適關係可能失效,導致領導者

無法有效執行其職能。在這種情況下，組織應建立一套例行性的配適檢視制度，如定期進行風格情境盤點（style-context audit）、角色任務再檢討（role-task review）或權責分工再調整，藉以確保領導者持續處於適合其風格的工作環境中。

這類制度性的應對設計，也反映了現代組織對領導力發展的再認知：領導並非個人層次的天賦展現，而是制度支持與結構設計的結果。真正有效的方法，是根據既有風格調整環境結構，如此才能發揮潛力、提升效能。

此外，這種制度設計的邏輯也蘊含著一項更深層的挑戰：組織須具備足夠的結構彈性（structural flexibility），才能因應風格與情境之間的不斷變動。環境本身並不靜態，經濟條件、市場需求、內部人力資源配置等因素皆可能促使領導情境持續轉變。若組織欠缺調整能力，即使擁有良好的領導人才，也難以維持長期穩定的領導效能。正因此，菲德勒在其理論中反覆強調：組織應將「環境設計」視為一項長期策略性任務，而非輔助性功能。

總體而言，菲德勒所提出的「從領導培訓轉向職務再造」，不僅是技術層面的管理手段，更是一種組織觀的更新。它強調：與其試圖改變領導者的行為模式，不如系統性地創造其風格可以發揮的條件。這樣的策略不僅能降低訓練成本與風格錯置的風險，也使組織能以更精準、穩定的方式管理領導資源，達成持續的組織績效與成長目標。

二十、從風格診斷到組織配置:〈讓工作適合管理者〉

二十一、

變化管理與行動策略：
《誰搬走了我的乳酪？》

1. 角色原型與寓言的心理隱喻

在變動快速的時代裡，如何看待變化、適應變化，甚至主動擁抱變化，成為許多個人與組織持續面臨的課題。由史賓賽・強森（Spencer Johnson）所著的寓言作品《誰搬走了我的乳酪？》（*Who Moved My Cheese?*），便以簡潔明快的故事形式，深入探討人們在面對失去與不確定時的心理反應與行動選擇。

本書出版後風靡全球，之所以受到廣泛關注，正因為它將深刻的管理與人生哲理，包裝在一個看似童話般的迷宮寓言之中，讓抽象的變化議題化為具象角色與場景，引導讀者進行自我投射與反思。

故事圍繞在四個角色身上展開：兩隻小老鼠「嗅嗅」與「匆匆」，以及兩位小矮人「哼哼」與「唧唧」。他們共同生活在一個充滿未知與岔路的迷宮中，日復一日地追尋「乳酪」象徵的目標。這些乳酪，既可能是金錢、成就、安全感，也可能是人際關係或心靈慰藉。每個角色的行為與選擇，其實對應著我們內在性格的不同面向，從直覺式的快速行動者，到習慣安逸、恐懼變動的思維者。

二十一、變化管理與行動策略：《誰搬走了我的乳酪？》

　　嗅嗅與匆匆所代表的，是反應單純、行動直接的一類人。他們不進行複雜的推理，也不沉溺於自我懷疑，一旦發現乳酪出現變化，便立刻調整方向。他們透過不斷的試探與行走，在迷宮中逐步建立自己的路徑，雖然方式原始、效率不高，卻展現了極強的適應力與行動力。這種思維傾向在心理學上可視為高度的心理彈性（psychological flexibility），代表一種即使無法掌握全貌，也能先行動、再調整的積極姿態。

　　相較之下，哼哼與唧唧則更接近多數人的心理寫照。他們擁有較為複雜的思考能力，也更容易陷入對過去的執著與對未來的焦慮。當乳酪的狀況出現變化時，他們傾向否認現實、埋怨不公，並以過往經驗試圖解釋當下失序的局勢。哼哼固守原有觀念、排斥變動，唧唧則歷經抗拒、猶豫與反思，最終才鼓起勇氣踏出行動的第一步。這些心理歷程細膩地描繪出人在變化來臨時的內在拉扯，也正是許多讀者對本書產生共鳴的原因。

　　書中的「乳酪」不只是食物，更是一種象徵，代表每個人對生活中重要事物的追求。它可能是穩定的工作、親密的關係、社會地位，甚至是自我價值的投射。當乳酪變質、消失或被搬走的那一刻，不只是物質上的失落，更引發心理上的震盪與不安全感。而「迷宮」的意象則象徵人生旅途的多變與曲折，人們不斷在其中探索、碰壁、學習，並重新調整方向。不同角色在迷宮中的行為選擇，其實正對應著我們面對未知時的思維慣性與行動傾向。

　　重要的是，強森並未將角色絕對化。他所設定的四位角色，並非代表四種截然不同的人格類型，而是指出每個人內在皆可能同時擁有嗅嗅的預見、匆匆的果敢、唧唧的反思與哼哼的抗拒。在不同的處境中，這些面向可能輪流主導我們的反應模式。《誰搬走了我的乳酪？》之所以能夠簡單而深刻，正是因為它不是在提供標準答案，而是在反映人類共同經驗的縮影。當變化來臨，我們是否察覺到乳酪正在減少？我們是選擇留下等待，

還是勇敢踏出迷宮？這些問題並沒有絕對正解，但卻是每一個人都需要面對的現實。

2. 乳酪 C 站的舒適陷阱

當四位角色歷經一段時間的探索，終於在迷宮中發現大量乳酪的所在地——乳酪 C 站——他們的行為與心態開始產生劇烈分歧。這一段描寫，正是《誰搬走了我的乳酪？》一書中最具有警示意味的場景之一。強森藉由角色對安逸環境的不同反應，描繪出人在成功之後，如何逐漸陷入慣性與自滿之中，也揭示出所謂的「舒適區」不只是心理上的避風港，更可能成為自我停滯的陷阱。

嗅嗅與匆匆雖然也享受乳酪的成果，卻從未放下警覺。他們保有一種原始但實用的本能：乳酪是會消失的。即使環境穩定，他們仍持續觀察周遭的細微變化，對可能出現的風險維持敏銳的直覺。他們未曾將乳酪視為理所當然，也未將成功視為終點。這種態度，看似缺乏安全感，實則是一種對無常本質的清醒認知。對嗅嗅與匆匆而言，乳酪不是承諾，而是暫時的成果；而在這樣的認知下，他們自然保有行動的彈性與心理準備。

反觀哼哼與唧唧的行為卻逐漸被乳酪 C 站的穩定結構所馴化。他們從最初的驚喜轉為依賴，並進一步將這份安穩視為永恆。他們不再思考乳酪的來源，也不懷疑乳酪會不會消失，而是理所當然地認定：乳酪應該就在這裡，屬於他們，不會改變。這樣的心態看似單純，實則危險。因為一旦把外在資源視為恆定不變，便容易形成「擁有權幻覺」，將原本需要持續努力維持的事物誤以為是無條件存在的。當乳酪逐漸減少時，這樣的幻覺將轉化為否認與失控。

二十一、變化管理與行動策略：《誰搬走了我的乳酪？》

這種現象可被理解為「心理慣性」(psychological inertia)，亦即人在面對持續且可預測的好處時，會傾向降低對變化的敏感度。哼哼與唧唧每日走相同的路徑，重複著一成不變的行為，逐步發展出屬於乳酪 C 站的生活節奏與社交圈。他們不僅將乳酪作為飲食來源，更投射了個人的價值、榮譽與社會地位，甚至建構出「乳酪等於成功人生」的隱喻架構。換言之，乳酪不再只是具體的獎賞，而成為自我認同的基礎。因此，一旦乳酪不見，不只是失去了資源，更等同於失去了身分與價值的依託。

這種依賴性的建構不全然來自貪婪，更多時候源自人類對確定性與秩序的需求。安穩的環境帶來心理上的穩定感，而這種穩定感一旦與個人價值相連，就很難主動鬆動。強森藉此提醒讀者，舒適區的問題並不在於享受成果，而是在於將當前狀態視為理所當然的終點。當人停止觀察、停止學習、停止質疑，就意味著放棄了調整與更新的能力。

真正的危機往往不是來自外部的變化，而是內部對變化的遲鈍。

特別值得注意的是，哼哼與唧唧的懈怠並非突然出現，而是逐步發展而成。他們並非不努力，而是努力之後取得成果後，逐漸讓環境馴化了自己的警覺。他們的轉變體現了另一種常見的心理機制──「成就倦怠」(success fatigue)，即在達成目標之後，人不再願意面對不確定與風險，而選擇固守現狀，並潛意識地排斥任何可能打破平衡的訊號。當乳酪 C 站成為他們的「家」，也就意味著他們放棄了探索的可能，選擇將過去的成功無限延伸至未來。

《誰搬走了我的乳酪？》透過這樣的安排指出，變化之所以令人難以承受，往往不是因為改變本身，而是因為人太過依賴原本的生活結構。當哼哼與唧唧把乳酪視為固定存在，甚至開始社交、規劃未來、感到「幸福穩定」時，他們其實已經失去了對環境訊號的感知能力。乳酪開始變質、減少的徵兆早已出現，只是他們選擇忽略，因為這些訊號會威脅到他們所

建構的安全感。他們不是沒看到，而是不想看到。

這也提醒讀者：舒適本身沒有錯，錯的是將舒適視為永遠的標準，並將其作為拒絕成長與變動的藉口。當人將「現狀」視為「理所當然」，就等同於放棄了改變的主動權。《誰搬走了我的乳酪？》中的乳酪 C 站不只是物理空間，更是心理狀態的象徵。它讓我們看見：成功與失敗並非兩個階段，而可能只是同一條路上的不同表現——只要我們停下來、放鬆警覺，原本的成功也會迅速轉化為陷阱。

3. 變化降臨與心理衝擊

當乳酪 C 站的乳酪在某天消失，這一瞬間代表的不僅是物質資源的缺口，更是角色內在秩序的全面崩解。強森以極其簡潔卻富張力的敘述，揭示了人類在熟悉架構被突如其來的變化擊穿時所產生的心理斷裂。

對於故事中的角色而言，乳酪從未只是食物的代名詞，而是一整套行為與信念的基礎。因此，當乳酪不見，真正被撼動的，是那個「我所相信的世界」的根本結構。

對於嗅嗅與匆匆來說，乳酪消失雖不是預料中的喜訊，卻也不算突如其來的震撼。他們早已在日常細節中察覺乳酪的變化，並將這些徵兆視為可能風險的訊號。他們之所以能在失落出現的第一時間立刻啟動行動，不是因為他們更勇敢，而是因為他們根本未曾相信「乳酪會永遠存在」。這種思維看似簡化，實則蘊含著高度現實感：既然變化是自然法則的一部分，那麼對變化的反應，就不該延宕於情緒的處理，而是該直接連接至行動的選擇。

相較之下，哼哼與唧唧的心理反應顯得更為劇烈與混亂。他們不是沒

二十一、變化管理與行動策略：《誰搬走了我的乳酪？》

有看到乳酪的變少，而是選擇忽略、否認，甚至主動排斥這些訊號的存在。當失落真正發生，他們的情緒如潮水般湧現，卻找不到可安放的方向。哼哼用憤怒與指責來緩解無力感，唧唧則陷入一種消極等待的空白期。他們之所以無法即時轉向行動，並非因為缺乏資源，而是因為他們的內在信念結構未曾預留變化的可能性，當那個支撐生活邏輯的軸心崩毀，他們只能在混亂中尋找說得通的理由，以暫時維持心理平衡。

在心理學的角度來看，這樣的反應對應於變化適應的初期階段——否認 (denial)、憤怒 (anger)、困惑 (confusion)——是一種對舊有價值系統崩解的自然反射。哼哼拒絕接受乳酪被搬走的事實，是因為那代表他的努力與成功突然失去了連結；唧唧雖然內心有所動搖，卻仍無法從固有安全感中抽離，因為他還沒準備好重新建立新秩序。他們面對的不是環境的變遷，而是一場信念崩毀後的心理失重。

真正使人陷入癱瘓的，不是變化本身，而是「本來應該如此」這句話的瓦解。當人們長期在一套穩定的邏輯中生活，這套邏輯會逐步內化為自我認同的一部分，乳酪 C 站的存在不只是生活的結果，更是他們對「自己是誰」的依據。因此，乳酪的不見，等同於信仰斷裂、自我結構的倒塌。這種失衡不容易靠理性修復，因為問題不只是怎麼做，而是「我現在還相信什麼？」

強森在此刻的轉折安排上，刻意不給予角色立即的出口，而是讓讀者直視這種斷裂所帶來的心理停滯。他提醒我們：人在變化面前之所以遲滯，並不只是懶惰或逃避，而是因為我們多數時候無法想像沒有過去的那種「未來」。哼哼與唧唧的遲疑與憤怒，其實也是我們自身在面對破碎時最誠實的投射——那不是弱點，而是從熟悉走向陌生所必經的情緒解構期。

這個過程雖然痛苦，但卻也有其必要性。若沒有這層深度的心理震

盪，行動只會淪為表層的補救措施，無法真正帶來重構。也正因如此，強森並未讓所有角色同步前行，而是呈現出心理韌性與信念可塑性的多樣面貌。嗅嗅與匆匆的即時反應並不是唯一範本，而哼哼與唧唧的停滯與困惑，也不是失敗者的標記，而是理解人類面對斷裂時必要的過渡樣貌。

這段乳酪消失的情節之所以重要，不在於乳酪不見了，而是讀者是否能意識到：當我們覺得失去的，是某個目標或資源時，實際上我們可能真正失去的是支撐日常判斷的世界觀本身。而當世界觀動搖，行動才會變得遲疑，情緒才會變得脆弱。這個轉折不是挫敗的象徵，而是重建的起點。

4. 遲疑、否定與恐懼的交織

當外在的乳酪已然消失，內在的反應便成為真正的關鍵。對哼哼與唧唧而言，眼前的變化雖然明確可見，但他們的心理仍停留在否認與懷舊的階段。《誰搬走了我的乳酪？》在這段情節中，不再描繪外部行動，而是轉向角色的內在糾結，聚焦於改變之前的心理拉鋸。強森所刻劃的，不只是人們對現狀的迷戀，更是面對未知時，內心深處難以釋放的恐懼與遲疑。

唧唧的心境呈現出極具層次的反應。他一方面看見現實已經不同，另一方面又無法立即接受自己必須改變。他會反思過去，甚至自嘲自己的遲鈍與執著，但當他試圖將改變的想法付諸行動時，仍會被恐懼拖住腳步。他害怕失敗、害怕孤獨、害怕再次迷失在迷宮中。這種「想動卻不敢動」的狀態，其實反映的是人類對不確定性的深層排斥──即便現狀已不理想，也仍被熟悉感緊緊綑綁。

與此同時，哼哼則更強烈地表現出對現狀的依賴與自我合理化。他拒

二十一、變化管理與行動策略：《誰搬走了我的乳酪？》

絕任何改變的提議，甚至反過來貶抑唧唧的懷疑與焦慮。他以看似理性的話語支撐自己的不作為，例如「也許乳酪會回來」、「改變太危險」、「我們沒有做錯，錯的是搬走乳酪的人」。這些語言背後，其實是對責任轉移與控制感喪失的反應。哼哼需要一個解釋，讓他可以安心地停留原地，而不必承擔行動可能帶來的失敗風險。這種心態在現實生活中並不罕見——當我們將問題歸咎於外部力量，便可以暫時安撫內心的不安，免去重新調整的壓力。

唧唧與哼哼的差異，也揭示了心理彈性與僵化之間的界線。唧唧雖然猶豫，但已開始質疑自己原本的想法，並試圖與新的現實對話。他並非一開始就勇敢，而是在持續的心理對話中，一點一點瓦解舊有信念的堅固外殼。相反地，哼哼則選擇鞏固信念，藉由不斷地重複自我安慰的語句，築起一道自我防衛的心理高牆。這樣的防衛並非無效，但也正是他無法行動的主要原因。

此處的心理動態可視為典型的「改變前期」（precontemplation stage），亦即個體尚未真正準備行動，只是在思想層面進行初步的探索與辯證。強森透過唧唧的多重內心掙扎，將這一階段的情緒表現得極為貼近現實：懊悔、嘲諷、自我懷疑與反覆試圖說服自己，這些都是人們在變化邊緣的真實反應。這不只是角色的心路歷程，也是一種心理過程的公開解剖。

在這樣的狀態下，恐懼往往是最大的障礙。唧唧害怕的，不只是找不到新的乳酪，而是害怕再也無法感受到曾經的安穩。他對迷宮的未知充滿想像，甚至將可能的風險無限放大。他想像自己迷路、受傷、失敗、孤獨無助。這些恐懼固然虛構，卻有強烈的真實性，因為它們建構於情緒的投射之中。當唧唧一再問自己：「如果我真的出去，會發生什麼可怕的事？」他其實是在用預設的災難想像為不行動找藉口。

但真正的轉機，往往發生在自我反諷的那一刻。當唧唧開始能嘲笑自

己每天重複相同行為，卻期待不同結果時，他的觀念開始鬆動。這種自我覺察不需要宏大的覺醒，只要一個微小的頓悟，就足以撼動整個信念系統。他的那句反問：「如果你無所畏懼，你會怎麼做？」其實正是跨越恐懼的起點。一個人只要開始提出這個問題，就表示他已經不再全然被恐懼支配。

這一段描述既是心理階段的寫照，也是行動動機的伏筆。強森巧妙地透過唧唧與哼哼的對話，讓讀者在不同反應中找到共鳴。也許我們曾是唧唧，處在遲疑與懷疑之間；也許我們有時更像哼哼，抗拒改變、堅持現狀。但無論是哪一種狀態，只要仍能思考、懷疑、對話，就仍有可能翻轉當前的局勢。遲疑本身不是問題，否認也不是錯的，問題在於是否願意繼續對話、是否能從恐懼中尋出下一步的方向。

5. 行動與學習的轉捩點

當內在掙扎逐漸走向臨界點，轉變便悄然發生。唧唧在自我懷疑與恐懼中盤旋多時，終於開始意識到，繼續停留在乳酪 C 站只會重複無效的等待。他不再單純將希望寄託在乳酪回來的幻想上，而是轉向對現實的重新認知。這一**轉變**並非**轟轟**烈烈，而是從一個簡單但深刻的問題開始：「如果我不再害怕，我會怎麼做？」

強森透過這個問題，開啟了從觀念鬆動到行動落實的過程，也將整本書的核心價值 —— 行動的力量 —— 逐步展現。

唧唧決定走出乳酪 C 站，不再等待、埋怨或辯解。他選擇行動，即便只是一步，也足以象徵一種新的可能性。他帶著不確定、懷疑與身體的虛弱前行，但他的每一個步伐，都是對舊有恐懼的挑戰。這種從內在轉化出

二十一、變化管理與行動策略：《誰搬走了我的乳酪？》

來的行動並不穩定，但卻是真實而必要的。比起等待一個完美的時機，唧唧選擇了「立即嘗試」。這種行為的勇氣不在於是否成功，而在於他終於從靜止中釋放自己，開始與環境互動。

這個階段所展現的是一種邊行動邊學習的思考模式。唧唧並未全然擺脫恐懼，也不總是充滿信心，但他透過行走、碰撞與觀察，開始重新建立對迷宮的認知。他發現自己雖然走得慢、體力消耗大，但同時也開始獲得新資訊、新經驗與新刺激。這些並未立即帶來乳酪，但卻逐步累積出新的方向感。他學會記錄走過的通道、辨識乳酪的氣味與痕跡，甚至學會用幻想來激勵自己。他想像自己發現新乳酪、自由自在地享受其中，這種視覺化的想像成為他行動的燃料，也讓他在心理上保持正向期待。

唧唧的經驗顯示，行動本身就是一種學習。在行動中，我們會犯錯、會疲憊、會懷疑自己，但也正是在這些歷程中，我們逐漸修正原本對環境與自我的理解。唧唧意識到，過去自己太過依賴既有乳酪的存在，而忽略了外部變化的徵兆。他開始能夠回顧並承認自己的錯，不再以懊悔為主，而是將錯誤當作資源；他不再對於乳酪的消失感到憤怒，而是將焦點轉向如何調整自己以適應未來。

這樣的態度轉變，正是許多人在真實生活中跨出改變步伐所需要的心理能量 —— 從解釋過去的無力，轉為參與未來的可能。唧唧體認到，早一點行動，結果可能會不同；但他也理解，即使晚了，行動仍比停留有價值。他提醒自己：「越早放棄舊乳酪，就越可能找到新乳酪。」這句話不只是對自己的告誡，也是對所有拖延與猶豫狀態的回應。行動的時機，不在於外部條件是否成熟，而在於內部是否願意起步。

過程中，他也曾遇到挫折。他曾發現乳酪站的新入口，卻為時已晚；乳酪早已被其他角色拿走。但他沒有再次退縮，反而更加確認一個事實：機會不會等待人。這次的錯過，成為下一次積極行動的推力。他不再指望

乳酪會自動出現，而是開始主動尋找、辨識與試探。這是一種從被動等待到主動探索的質變，而這樣的質變，正是每個人面對變局時最關鍵的一步。

唧唧的行動也展現了一個重要的現象——行動可以重建信念。他原本懷疑自己是否能再找到乳酪、是否能在迷宮中生存，但當他實際走動、實際找到些許線索，他的信心開始回升。他不再被恐懼定義，也不再將乳酪的缺席視為永恆。他知道自己仍在尋找，但也知道自己已不再一無所有。他擁有了方向感、經驗與勇氣，這些都是他在行動中獲得的新資產。

強森在這一階段所描繪的，不只是一段尋找乳酪的旅程，而是人類如何透過行動修復心理創傷、重建認知與轉化情緒的歷程。《誰搬走了我的乳酪？》藉由唧唧的成長過程告訴我們：真正的改變，往往不是從信念開始，而是從行為的試探展開。當人們開始行動，就等於給了自己學習的機會，而學習本身，就是穿越變化的最佳方法。

6. 信念轉化與擁抱變化的智慧

當唧唧在迷宮中持續前行，他的內在狀態已截然不同於當初離開乳酪 C 站的自己。儘管身體疲憊、步伐緩慢，他卻不再困於對過去乳酪的依戀，也不再將失敗視為終局。他學會將每一次探索視為一種進展的證明——即便仍未抵達終點，已不再原地踏步。這樣的心態轉變，是《誰搬走了我的乳酪？》最深層的訊息所在：變化難以預測，但人對變化的反應卻可以透過信念的重塑而轉化。

唧唧開始體認到，恐懼的根源並非事件本身，而是內在對未知的詮釋。他曾花費許多時間預想最壞的結果，卻發現這些災難多半未曾發生。真正

二十一、變化管理與行動策略：《誰搬走了我的乳酪？》

造成痛苦的，並非乳酪的消失，而是自己長時間停留於不願面對的狀態。隨著他一步步走出迷宮，他不僅逐漸減輕了對「舊乳酪」的依戀，也開始對「尋找新乳酪」產生信任。他的觀念開始翻轉：變化不再是威脅，而是一個重新了解自我與環境的入口。

當唧唧終於來到乳酪 N 站，眼前堆滿的新乳酪讓他驚訝不已。這不只是資源上的補償，更是一種內在歷程的印證——他真正收穫的不是乳酪本身，而是轉化過程中的勇氣與覺察。他發現嗅嗅與匆匆早已在此等待，他們的穩定與從容不再被他視為過度簡化的本能反應，而成為值得學習的智慧。他理解到：正是因為他們早早釋放對現狀的執著，才得以在變化來臨時果斷前行。

這段經歷讓唧唧深刻明白：信念並非一成不變，而是可以隨行動而調整。過去的他相信乳酪應該永遠存在、屬於自己，一旦失去便是不公。然而現在的他明白，生活本質上就是不斷的追尋與適應，而非定格於某個時刻的擁有。乳酪會被搬走，人生的節奏也會轉變；執著不動，便是與現實脫節。他不再企圖讓世界配合自己的想像，而是選擇主動調整自己的節奏與視角。

在完成自我轉化的同時，他也曾短暫返回乳酪 C 站，試圖邀請哼哼同行。但這次，他的語氣中不再夾帶說服的急迫，而是一種體諒的平靜。他明白，每個人都有自己的轉變節奏，改變不能強迫，也無法替代。他能做的，不是說服對方，而是透過自己的行動留下軌跡——當對方準備好時，自然會找到那條通往新乳酪的路。這份理解，正體現了從個人成長到他人尊重的成熟心理。

在書的尾聲，強森安排唧唧將自己的學習紀錄寫在迷宮的牆壁上。那些看似簡短的語句，如「越早放棄舊乳酪，就越快找到新乳酪」、「如果你無所畏懼，你會怎麼做？」等，既像是對自己的提醒，也像是對其他迷路者

6. 信念轉化與擁抱變化的智慧

的無聲指引。這些文字，不是結論，而是轉變的起點。它們如同種子，等待下一位願意改變的人，來灌溉與行動。

信念的轉變，往往不是戲劇性的頓悟，而是日積月累的鬆動與重組。唧唧並非在某一刻突然變得英勇，而是在一連串猶豫、試探與微小成功中，逐步建立出新的理解與自信。這樣的歷程真實且具有啟發性，因為它讓我們相信：即便當下我們仍停留在自己的乳酪 C 站，只要開始思考、開始質疑、開始微幅移動，我們其實就已經站在轉變的起點。

《誰搬走了我的乳酪？》最終的智慧，不在於預測變化或掌控局勢，而在於培養一種「變動回應力」。當我們能夠放下對恆常的執著，建立一套彈性心態，真正的穩定才會出現——那是一種內在的適應力，而非外在條件的永久不變。

唧唧的旅程沒有真正的終點，但他已不再惶惶不安。他的改變，正是另一場更新的開始，也讓我們看見：每一次面對變化的選擇，其實都在重新定義我們是誰。

二十一、變化管理與行動策略：《誰搬走了我的乳酪？》

二十二、

工作設計的動機革命：
《再論如何激勵員工》

1.「踢一腳」模型的三種形式

　　在多數組織的管理現場,「如何激勵員工?」始終是一個被反覆提問卻始終難以解答的問題。當企業領導者感受到士氣低落、效率停滯或離職率上升時,第一個直覺往往是「是不是該給些好處?」、「是不是該再壓一點壓力?」這種本能式的反應,其實正反映出一種對「動機」的根本誤解——把動機當作可以從外部輸入的能量,而不是來自於工作者內在的心理運作。

　　美國管理學者史賓賽·強森曾以寓言方式揭示人對改變的抗拒,而弗雷德里克·赫茲伯格 (Frederick Herzberg) 則用更系統化的實證與理論,指出傳統激勵方法之所以反覆失效,並不是技術錯誤,而是觀念錯置。

　　赫茲伯格在《再論如何激勵員工》(*One More Time: How Do You Motivate Employees?*) 中以極具諷刺意味的方式提出一個發人深省的問題:「如果你想讓一個人做一件事,最簡單的方法是什麼?」

　　答案不是制度、不是對話,而是「在他屁股上踢一腳。」這個比喻乍聽荒謬,實則點出現實中許多管理措施的本質——用外部刺激驅動員工

二十二、工作設計的動機革命：《再論如何激勵員工》

行為，無論這刺激是懲罰還是獎賞，背後的邏輯其實相同：行動源自外力而非內在自願。赫茲伯格將這種思維稱為「踢一腳」式激勵（kick-in-the-pants motivation），並進一步將之分為三種類型，各自對應了不同的管理手段與心理效果。

第一類是最直觀的**體罰式激勵**，也就是透過懲罰或威脅來迫使員工服從。在歷史上，這種方式曾廣泛存在於軍隊、工廠與階層化組織中。透過責備、降職、公開羞辱或直接解雇的手段，管理者將服從與生存緊緊綁在一起，營造出一種「不動就有風險」的壓迫環境。然而，這類方法的效果極為短暫，且容易造成敵對情緒與反作用力。

赫茲伯格指出，體罰激勵作用於自律神經系統，只引發本能反應，而非思考與投入。最終結果往往是恐懼下的最低限度應付，甚至引發潛在的對抗與暴力。更嚴重的是，當員工將工作與痛苦連結，企業將無法建立起任何長期的正向認同。

第二類則是比較隱性、卻更常見的**心理壓力激勵**。這類做法看似柔性，實則更深植人心。它可能是經由無形的績效比較、排名壓力、團體責任、主管失望的語氣，或「大家都在做，你為什麼不行」的文化氛圍，讓員工在無聲中承受重壓。

與體罰不同的是，心理壓力作用於大腦層面，不會留下可見的傷痕，卻能長時間地消耗人的心理能量。更棘手的是，當員工感受到這種壓力時，往往無法明確指認來源，因此也無從反抗或申訴，只能默默承受。赫茲伯格認為，這類激勵雖能提升短期服從度，但因缺乏正向的內在認同，反而容易導致倦怠、冷漠與長期動機流失。

第三類則是最常被誤認為「正向激勵」的模式，即以報酬、晉升、地位等**外部獎賞**作為誘因。這種方式不像前兩者那樣粗暴或陰鬱，它以「拉」而非「推」的姿態出現，看似尊重員工選擇，其實本質仍是外力驅

動 —— 就像晃動食物誘使小狗跳起來一般。企業若想長期維持這樣的激勵，必須不斷提供更新、更豐富的獎勵，否則就會失去效果。

赫茲伯格強調，這類「正面踢一腳」之所以無法帶來持久動力，是因為它永遠建立在「條件交換」之上：員工不是因為工作本身而努力，而是為了下一次的回報而服從。

這三種激勵模式雖有差異，卻共享一個致命弱點 —— 它們都假設「動機來自外部」，而忽略了人真正投入工作的核心在於內在的認同與成就感。當一個人每次行動都需要外力推動，那麼他勢必會期待第二次、第三次的刺激；一旦外力消失，行動也隨之止息。赫茲伯格藉此提出一個更根本的追問：「如果激勵必須反覆灌輸，那麼它還算是激勵嗎？」

這個提問為本章開啟了一條全新的思路：真正有效的動機，並不是外部給予的刺激，而是工作者自身對工作產生的意義感與投入意願。

這段鋪陳不僅挑戰了主流管理者對激勵的直覺，也為後續關於激勵手段失效、雙因素理論與職務設計的討論奠定了思考的基礎。《再論如何激勵員工》從一記反諷的「踢一腳」開始，帶領讀者逐步走向對工作本質與人性驅動的再理解。

2. 外部誘因的失效與傳統激勵手段的瓶頸

若說「踢一腳」式激勵反映的是一種對人性的誤判，那麼延續這種思維而誕生的傳統激勵手段，則可視為管理界對動機問題的錯誤解答。赫茲伯格認為，企業在過去數十年間大量投注資源於各類外部誘因 —— 縮短工時、提高薪資、擴大福利、改善關係、強化溝通等 —— 看似豐富多元，實則同屬一種觀念邏輯：只要不斷優化環境、增加報酬，就能讓員工

二十二、工作設計的動機革命：《再論如何激勵員工》

保持高昂的工作動能。

然而現實卻一次次證明，這些手段的效果不但短暫，且極易淪為制度性的無感刺激，最終導致激勵疲乏與資源浪費。

其中最常見的迷思，便是「減少工作時間即為善待員工」，甚至視為提升士氣的最佳手段。這一概念在 20 世紀中葉迅速普及，成為不少西方企業改善勞動條件的象徵。從縮短工時到增加休假、開辦娛樂計畫，企業試圖透過讓員工「遠離工作」來激發他們「熱愛工作」。然而這種邏輯本身便存在矛盾——若工作本身是沉重與排斥的，休息時間再長也無法根治倦怠；若員工真正投入於工作之中，反而更希望延長有效的創造時間。

赫茲伯格直言，當企業用「逃離工作」作為福利時，其實已默認了工作的本質是不值得投入的，這無疑將削弱員工對職務的內在連結。

加薪與提升福利則是另一類普遍存在、但常常被高估的激勵方式。誠然，在經濟壓力下，薪資具有不可否認的重要性，但赫茲伯格提醒我們，金錢所帶來的動力有其臨界點——當基本需求被滿足之後，薪資的邊際激勵效果便迅速遞減。更重要的是，當薪資與福利被制度化、常態化後，它們便不再是獎賞，而是權利。員工不再將之視為激勵，而是理所當然的待遇，若稍有削減，反而產生反感與不滿。赫茲伯格觀察到，美國企業在福利支出上日益擴張，甚至達到薪資總額的 25%，但員工的滿意度卻不見同步上升，反而對於「還能給什麼」的期待越來越高，形成一種「激勵通貨膨脹」的現象。

除了物質誘因，許多企業也投注大量資源於人際關係的培養與改善。三十年來，各式人際關係訓練如雨後春筍般出現，從基本禮儀到領導風格調整，試圖讓管理者變得更「親切」、更「人性化」。但赫茲伯格指出，這類手段多半流於表面，甚至可能引發反效果。他舉例指出，三十年前一句「請」就足以讓員工感到尊重，如今則需三句疊加才顯得誠懇。當「和藹可

親」變成技巧而非真誠，員工反而感受到的是虛假與應對——激勵不但無效，還可能讓人對上司的誠意產生懷疑。

在這些激勵手段失效的背後，赫茲伯格點出一個核心問題：企業過度倚賴對「環境條件」的修飾，而忽略了工作本身的設計與價值。傳統激勵手段彷彿是為了掩蓋一個不願直視的事實——員工的問題不在於工時長短或福利多寡，而在於他們對自己所做之事感到疏離。當工作的內容本身缺乏挑戰、成就或意義時，再多的外在刺激也只會是短效的止痛藥，終究無法激發真正的內在動力。

更令人關注的是，這些傳統手段容易形塑出一種被動的組織文化。員工習慣了等著被滿足、被獎勵、被撫慰，而非主動思考如何與工作產生連結、如何從任務中尋找成就。企業則陷入一種「愈給愈多、效果愈少」的惡性循環。赫茲伯格強調，真正的激勵不是從外部施加壓力或提供好處，而是讓員工從工作中感受到成就、責任與意義。他們不再需要被踢一腳才能動，而是會主動前行，因為他們明白自己的投入與價值。

總結而言，傳統的外部激勵手段——無論是減少工作、提高薪資，或是美化關係——之所以反覆失效，並非執行不力，而是其根本邏輯錯誤。這些手段只能暫時安撫，卻無法長久激發。赫茲伯格藉由對這些做法逐一剖析，鋪陳出一個更根本的問題意識：若不重新思考「工作」本身的結構與意義，再多的激勵手段都只是空轉。

3. 人際關係與溝通策略的極限

當企業逐漸認清薪資與福利的激勵效用有限後，另一條被視為解方的方向，是強化人際關係與改善溝通方式。這種轉向乍看之下更加人性化，實則仍未脫離對外部條件的依賴。

二十二、工作設計的動機革命：《再論如何激勵員工》

　　許多管理者開始投注大量心力於設計更親切的語言、更民主的語氣與更「有感」的領導風格，彷彿只要讓員工覺得被尊重、被傾聽，就能喚起他們的工作動力。然而，這種做法若缺乏結構性的改變，只會落入表面和諧、實質空洞的局面。

　　自 20 世紀中葉以來，企業大量推行人際關係訓練，涵蓋溝通技巧、領導風格調整與衝突處理等內容。許多企業設立高額預算、聘請顧問、導入制度，目的在於塑造更友善的職場氛圍。然而三十年過後，工作投入度與成就感卻沒有隨之顯著提升。比起真正改善員工的工作經驗，這些努力更像是一種管理者自我安慰的手段。在許多現場，不只溝通語彙愈來愈繁複，對話也愈來愈講究技巧，但對於工作意義的認同卻停滯不前。

　　這種錯誤期待進一步衍生出「敏感性訓練」（sensitivity training）這類深層介入員工內在的活動。透過團體互動與自我揭露，參與者被鼓勵探索個人情緒、建立彼此信任，目的是強化工作團隊的連結。但實務經驗顯示，這類訓練往往過度聚焦於心理層面，忽略了導致倦怠與疏離的根本原因──工作本身缺乏意義與挑戰。

　　情緒釋放可以舒緩當下的不適，卻無法補足結構設計的空洞。於是，員工在傾訴過後仍須回到原本無趣、重複、缺乏成就感的工作當中，激勵自然難以長久。

　　除了人際關係的強化之外，企業也大力投入溝通策略的改革。許多組織在績效下滑時，直覺反應是「是不是我們溝通不夠？」於是設計視覺化報表、定期舉辦員工說明會、透過電子平臺主動「傳達願景」。但即使訊息完整、管道暢通，若工作內容本身未能引發共鳴，員工仍可能無感。不是因為他們不了解，而是因為他們不認同。單向傳遞的溝通只能提升資訊量，卻無法轉化為內在動力。

　　進一步的雙向溝通雖然帶來更多參與機會──如員工意見調查、部

門提案制度、跨部門工作坊等──但若管理層未能落實回應與實質改善，參與感也容易淪為形式。員工在一次次表達後發現自己的聲音未被採納，甚至未被真正理解，將對溝通本身產生不信任感。原本設計用來建立連結的管道，反而強化了組織內部的隔閡。

問題的核心在於，當激勵的重點被放在「讓員工心情變好」而非「讓工作變得值得投入」，所有溝通與關係的努力就只能停留在心理安撫層次。即便主管再親切、對話再真誠，也難以彌補日復一日的重複性任務、缺乏發揮空間的工作設計，所帶來的消耗與冷感。工作若無意義，溝通再良善，也只是擦亮一顆已經無法發光的燈泡。

更深層的問題是，這些人際與溝通策略，往往將責任放在人的互動品質上，而非回到制度設計與職務本身去尋找答案。管理者若把激勵視為關係上的修補或說服上的技巧，將忽略最根本的激勵來源──工作是否能提供挑戰、成就與自主。一位再具同理心的主管，也無法用好語氣彌補工作本身的蒼白無趣；一次充滿熱情的激勵講座，也無法讓人忘卻眼前枯燥的流程與無邊的瑣務。

人際關係與溝通雖然在組織中不可或缺，但若過度神化為激勵手段，最終只會讓管理者遠離真正的解方。激勵不是語言風格的選擇，而是結構設計的問題；不是把人「說動」起來，而是讓人「願意動起來」。當企業願意把焦點從關係轉向工作本身，才有可能真正觸及動機的核心。

4. 心理需求的新思路

當傳統激勵方式一一顯現其有限性，組織開始將目光轉向人類內在更深層的心理需求。這不再是單純追求和諧關係或物質回報，而是試圖從人的本質出發，理解工作如何與自我認同與人生意義產生連結。

二十二、工作設計的動機革命：《再論如何激勵員工》

　　這股轉向最終導向了「自我實現」的概念，也開啟了「工作參與」作為激勵手段的新嘗試。然而，雖然這些理念更貼近人性，也更具啟發性，卻仍未能構成穩固的激勵系統。

　　自我實現（self-actualization）這個詞源自心理學家亞伯拉罕·馬斯洛的需求層次理論，主張人在滿足基本生理與安全需求後，會追求更高層次的精神成就與自我價值的實踐。企業界迅速擁抱這一觀點，認為只要創造出足夠寬廣的空間讓員工實現潛力，就能產生源源不絕的動機。於是，「使命」、「價值感」、「成長」這類語彙成為管理語言的新主軸，激勵也逐步從「你能得到什麼」轉向「你可以成為誰」。

　　為了實現這樣的願景，「工作參與」成為具體實踐的關鍵詞。企業嘗試讓員工不只是任務的執行者，更是目標與過程的參與者。這樣的設計背後隱含一個邏輯：只要給予足夠的參與權，員工就會對工作產生主人翁意識，進而提高投入感。例如，一名工人在生產線上鎖螺絲的工作，不再只是機械性的勞動，而被重新詮釋為「參與打造世界上最知名手錶的過程」。這種敘事方式不僅賦予任務新的意義，也將工作與更大的成就感做連結。

　　除了意義上的再詮釋，部分企業也開始嘗試讓員工參與決策、調整工作方式、選擇任務排序，甚至影響團隊目標的設定。這些嘗試雖然帶來初步的正面效果，但很快也暴露出一項關鍵問題：參與本身並不等同於激勵。許多員工在初期感受到新鮮感與尊重，卻在實際運作中發現，自主權往往與責任增加同時出現，而任務本身的性質並未改變。當參與僅止於表面，或未能真正改變工作內容的價值結構時，激勵效果自然也無法長久維持。

　　另一個問題來自「成就感」的來源錯置。許多工作參與設計以「給你決定權」作為激勵，但若工作本身缺乏挑戰性、無法呈現進步軌跡，即便有再多的自主選項，也無法帶來真正的成就經驗。換言之，參與的前提應該是工作本身就具有某種可以被發揮、完成、超越的特質，而不是僅靠包

裝話術與形式上的選擇權。當一個任務無論由誰做都沒有差別時，讓人參與其中，反而加重了無力感與虛假感。

這也點出自我實現概念在管理應用上的另一項侷限：它過於抽象，難以操作化。不是所有員工都在尋求使命感，有些人只是想在工作中找到穩定與尊嚴；也不是所有工作都能提供精神層次的回報，有些職務性質本身限制了這種感受的深度。當企業一味倡導自我實現、卻無法提供對應的工作條件與文化支撐時，這個理想便容易落入空洞的說教。

因此，這波從人際關係轉向心理需求的激勵思潮，雖然在理念上帶來重要突破，也讓管理者更接近人性的深層結構，但在實踐層面仍面臨結構設計與內容轉化的雙重瓶頸。激勵若要從意義層次落實為具體行動，關鍵不在於參與與否，而在於工作本身是否具備挑戰性、進展性與可感知的成果——也就是後來赫茲伯格將要提出的「激勵因素」。

從這個觀點看來，自我實現與參與感只是激勵邏輯的過渡階段，尚未觸及動機真正的來源。組織若希望激發持久的工作動能，仍需回到工作設計本身，重新思考任務是否能引發成就、是否值得投入，以及是否允許人以自己的方式完成有價值的事。當激勵從這個層面開展，才能真正回應人對工作的深層需求，而非僅是表層參與的幻象。

5. 雙因素理論的邏輯重構

當傳統激勵方式接連失效，而心理參與又未能有效轉化為持久動力，組織對於「如何激勵人」這個問題開始產生根本性的動搖。此時，赫茲伯格提出的「雙因素理論」（two-factor theory），為這場漫長的管理探索提供了一種全新的解釋架構。

二十二、工作設計的動機革命：《再論如何激勵員工》

與其說這是一套新技術，不如說是一場對動機本質的重新定義。它徹底瓦解了單一路徑的激勵思維，提出一種更為精緻且貼近實務的理解方式：人的滿意與不滿意，其實並非一條連續光譜上的兩端，而是來自兩套彼此獨立的心理機制。

赫茲伯格透過對工程師與會計師等知識工作者的深入訪談，發現一個重要現象：人們在描述工作滿意的時刻，常提及成就、挑戰、責任、成長等與「工作本身」有關的要素；但在談到不滿意時，則多半聚焦於管理制度、人際關係、監督方式或薪資等「工作環境」的因素。也就是說，促成滿意的條件，並不是那些避免不滿的反面，而是另一組截然不同的變項。這個發現動搖了傳統認知中「激勵與挫折是一體兩面」的假設。

基於這一觀察，赫茲伯格建立起「雙因素理論」。其中，「激勵因素」（motivators）是與工作內容密切相關的條件，能促使人產生滿足與投入，例如完成一項具挑戰性的任務、獲得成果認可、承擔更大的責任或看到個人成長。這些因素若存在，會帶來正面的心理反應；若不存在，則不會直接引發不滿，但會讓工作變得平淡乏味。

而另一組「保健因素」（hygiene factors），則屬於工作周邊環境的安排，如管理政策、上司風格、辦公條件、薪資、地位與安全感。這些條件若不足，會立即導致不滿；但即使做得再好，也不會帶來真正的滿足感。

這套邏輯最大的突破，在於它打破了「只要把所有條件都做到最好，人就會感到滿足」的直覺。事實上，再優渥的薪資制度、再友善的辦公環境，只能確保員工「不抱怨」，卻無法讓他們「主動投入」。組織若一味加碼保健因素，便會陷入一種疲憊的循環：成本不斷增加，激勵卻毫無增益。唯有從工作設計本身著手，創造有意義、有難度、有回饋的內容，才能真正喚醒員工的內在動機。

5. 雙因素理論的邏輯重構

雙因素理論的價值，不只在於分類，還在於它替工作動機畫出兩條清晰的軌道——一條是避免痛苦的底線管理，一條是追求價值的成就設計。兩者並不衝突，但若誤以為只要消除不滿就能激發動力，將會錯失組織變革的核心方向。這正是許多企業陷入激勵困境的根本原因：他們努力提升薪資、改善關係、優化制度，卻始終無法觸及「讓人想要工作」的深層結構。

這個模型同時也讓管理者意識到一個常被忽略的事實：人在職場上不只是求生存，也渴望實現。他們不會因為有辦公室冷氣、薪資準時入帳，就對工作充滿熱情；相反，真正讓人願意投入的，是在完成任務時產生的成就感，是在被賦予責任時體會到的信任，是在難題被解決時發現自己能力的提升。這些經驗若缺乏，再多的保健措施也只是舒適的外殼，無法讓人產生連結與熱情。

同時，這項理論也為組織內的資源分配帶來新的思考邏輯。企業不再需要盲目追求「通包式」的員工滿意，而是應該有意識地區分哪些措施是用來維持基本運作，哪些則是用來激發成長潛能。這種辨識能力，有助於管理者聚焦投資在真正具槓桿效果的改變上。特別是在面對知識工作者、創意型人才或自主管理團隊時，這種激勵邏輯的精緻化將更顯重要。

雙因素理論最深遠的意義，在於它改變了我們看待工作的方式。它提醒我們：工作不只是交易，也是一種心理感受；激勵不是向員工提供條件，而是創造一種讓人願意投入的環境；管理的責任，不只是維護秩序，更是設計價值。

在這個思維之下，激勵不再是附加的選項，而是嵌入在工作設計與文化建構中的核心功能。

二十二、工作設計的動機革命：《再論如何激勵員工》

6. 職務豐富化的實踐原則與管理轉向

如果說雙因素理論重新界定了動機的來源，那麼「職務豐富化」(job enrichment) 便是這套理論在管理實務上的具體落點。它不僅回應了企業對提升動機的渴望，也為工作設計本身提供了一種全新的思考方式。與其從外部添加福利或修補制度，不如從源頭改造工作內容，使其更具挑戰性、責任感與成就機會。這種從內部出發的轉向，改變了組織處理員工動機問題的結構邏輯，也對管理者的角色提出了更高的要求。

在早期的職場實驗中，「職務擴大化」(job enlargement) 曾被視為一種改善工作乏味感的手段，但它多半流於形式。將工作任務橫向堆疊，例如把兩項單調的作業組合成一項更長時間的單調作業，並不會因此產生更高的參與感。這類做法的問題在於，它僅改變了工作的「範圍」，卻未觸及工作的「深度」。當任務的本質與價值沒有改變，增加再多內容也無助於激發成就感。

相較之下，職務豐富化主張透過縱向延伸工作的內涵，賦予員工更多的自主權、目標控制與回饋機制。例如，讓員工不只是完成一段流程，而是從問題辨識、方案設計到結果評估都能參與其中；或是在任務完成後能直接看到結果並接受回饋，進而感受到自身努力的價值與影響。這樣的設計能促使員工產生一種心理擁有感——不只是「做一份工作」，而是在「實現一項任務」。

要落實職務豐富化，並非只需調整工作項目本身，而是必須搭配一套結構清晰的實施原則。赫茲伯格提出了幾項關鍵條件：首先，被選定改造的職位必須具備可調整的空間——例如管理工程比重不高、成本變動不劇烈，以及目前激勵程度偏低；其次，需在組織內部建立對變革的基本共識，破除「工作內容不可侵犯」的迷思，否則創新設計很容易遭遇文化上

的抗拒；第三，在構思方案時應聚焦於激勵因素的引入，避免又落回保健因素的延伸，如提升辦公舒適度、增加輪調頻率等。這些措施雖可能帶來短暫安撫，卻無法真正改變員工對工作的態度。

此外，實施過程中亦需避免一些常見誤區。例如，模糊抽象的口號如「給他們更多責任」乍看進步，實則往往缺乏可落實的具體操作，容易變成管理責任的轉嫁；又如將數項無趣的工作重新組合，卻未增加挑戰性與控制權，只是形式上的改動，等於是用一個無感的任務取代另一個無感的任務。職務豐富化之所以困難，不在於技術實施，而在於其本質是價值再建構──管理者不只是重新分配任務，更是在重新定義工作的意義與邊界。

實驗的設計亦是職務豐富化不可或缺的一環。在推動初期，透過對照組與實驗組的設置，可觀察激勵因素的導入是否真的帶來態度或行為上的轉變。過程中應控制保健因素的相對穩定，將變化集中在工作內容與挑戰程度的調整上。若在一段合理時間內，實驗組展現出更高的投入與滿意度，便能為職務再設計提供有力的佐證。當然，初期表現可能會有適應性低落的現象，這屬於過渡期的正常反應，管理者需有足夠的耐心與策略予以因應。

值得注意的是，這樣的轉變不僅對員工構成挑戰，也對基層主管產生衝擊。當員工被賦予更多自主與責任時，原本仰賴監督與控制的管理者可能會感受到角色失落。這種「空權感」不但會影響其配合度，也可能成為推動改革的阻力。因此，職務豐富化的真正成功，往往仰賴整體組織文化的支持與領導者觀念的更新。管理者需要從「控制者」轉型為「激勵者」，從設計制度轉向設計信任與成長的空間。

職務豐富化的核心，不在於一次性的改造計畫，而是建立一種持續更新的管理思維。它強調的是：動機不是輸入指令的產物，而是來自於人在

二十二、工作設計的動機革命：《再論如何激勵員工》

工作中找到意義的過程。這種激勵邏輯的轉向，讓管理不再只是管控工具的設計，而是牽涉到人與工作的深層互動關係。

當工作被重新設計為值得投入的場域，員工不只在完成任務，更是在實現自己。

7. 從激勵失效到管理再定義

當各種激勵手段一一露出疲態——從金錢與福利的有限性，到關係修補與參與感的侷限——我們逐漸看見一個不容忽視的真相：激勵不是一套可以外加的工具，而是根植於工作本身的結構與意義。赫茲伯格之所以提出雙因素理論，不僅是為了解決組織動機不足的技術難題，更是在重新定義管理的基本出發點。他所引導的，其實是一場潛移默化的思維革命——從以人為對象的操控管理，轉向以工作為核心的設計管理。

傳統激勵手段的最大盲點，在於它預設人是被動的、反應性的，需要透過不斷的刺激、回饋或誘因來驅動其行為。這種觀點在工業時代或許適用，但進入知識經濟與創意產業為主導的當代組織後，這樣的假設顯得格外過時。員工不再只是執行者，他們渴望參與、期待成長、尋求價值實現。他們工作的原因不僅是為了生存，而是希望透過工作與世界產生連結。因此，若仍採用一套「調節人」的管理模式，而非「設計工作」的邏輯，便難以引動深層的動機系統。

這樣的轉變實際上涉及管理角色的全面重塑。過往的管理者被訓練成制度的維護者、流程的監督者與績效的評估者，但在職務豐富化與內在動機的視角下，他們必須成為工作內容的設計者、成長機會的創造者與信任環境的培育者。這不只是角色的擴展，更是思維的翻轉：與其想著「如何

7. 從激勵失效到管理再定義

讓人動起來」，不如思考「工作是否值得人動起來」。管理從這裡開始發展出新的倫理與方法。

這場轉向也對組織制度的設計提出根本性的挑戰。當激勵邏輯建立在工作本身的價值感與成就經驗上，許多傳統制度──如過度細化的績效指標、機械化的晉升路徑、標準化的輪調流程──便顯得與之格格不入。這些制度過度聚焦於結果控制，卻忽略了工作歷程中最能產生動機的那部分：問題的解決、挑戰的克服、意義的發掘。若管理仍侷限於「評分表上的成績」，那麼動機的火苗便無從點燃。

值得注意的是，赫茲伯格從未否定制度、薪資與福利的必要性。他所主張的，是這些條件應當被放回它們真正的功能位階：維持工作的可持續性與基本滿意，而非激勵的核心來源。

激勵的真正起點，是讓員工在完成工作時，能夠感受到自身能力的伸展與價值的實現。當工作設計成功連接了任務與成就、過程與學習、努力與成長，才會自然引發人們內在的自我調節與主動參與，而不需靠外力持續推動。

這樣的管理邏輯，也意味著領導者需具備更深的系統思維與人性理解。他們必須能夠識別不同職位的激勵機制──哪些任務需要被賦予更大空間、哪些流程可以納入挑戰性、哪些工作結果應設計出可見的成就感；更需理解，不是所有人都以相同方式被激勵，因此職務豐富化並非是模板化的「加料」，而是一種對人與工作關係的精準調適。

這場思維革命將我們引向一個關鍵命題：動機不是來自管理者如何「對待人」，而是來自組織如何「設計工作」。唯有將工作設計為值得投入、能夠成長、可以產生成果的場域，人才能真正產生願意貢獻的心理動能。與其費盡心思說服、推動、獎懲，不如從根本重新定義人們所要面對的工作本身──那是管理最有價值的投資，也是激勵最根本的來源。

二十二、工作設計的動機革命:《再論如何激勵員工》

赫茲伯格的貢獻,不只是一套分類清楚的理論架構,而是對整個管理哲學的重構。他所傳遞的訊息再明確不過:如果你想激勵人,就必須先讓他們的工作值得被完成。不是給更多東西,而是設計更好的工作;不是增加壓力,而是創造意義。

管理從此不再只是手段的選擇,而是價值的創造過程。

二十三、

權變管理的制度轉向:《領導效能理論》

1. 權變觀點的開端與理論背景

在 20 世紀中葉,領導研究逐漸由尋找「理想領導風格」的靜態思維,轉向思考領導與情境之間的互動關係。這股轉向的風潮中,弗雷德·菲德勒所提出的「權變領導理論(Contingency Theory of Leadership)」無疑是一項關鍵突破。此理論主張,有效的領導風格並非放諸四海皆準,而是高度依賴領導者所處的組織環境與任務條件。這種思考模式不僅打破了過往對「最佳領導風格」的迷思,也重新定位了管理者在不同情境中所扮演的角色。

菲德勒的研究背景結合了心理學與組織行為學的觀點,他在伊利諾大學擔任心理學與管理領域的教授,並主持群體效能研究實驗室,這段經歷使他能以跨領域視野切入領導問題。他早期關注的是團體互動與個體動機,逐步發展出一套觀察領導效能的系統理論,最終在 1967 年出版《領導效能理論》(*A Theory of Leadership Effectiveness*),將其核心主張具體化,奠定了權變理論的學術基礎與實務影響力。

本書的理論出發點,並非預設某種風格較為優越,而是強調應將領導者的特質與其所面對的組織環境進行配對。換言之,問題的關鍵不在於某

二十三、權變管理的制度轉向：《領導效能理論》

位領導者是否具備理想性格，而是他的風格是否與當前情境形成適配關係。這種思考模式可視為對「個人特質論」與「行為模式論」的整合與超越。前者過度強調人格與天賦的決定性，後者則企圖從特定行為類型中推導出普遍準則，兩者皆未能充分處理環境因素對領導結果的關鍵影響。

與此同時，菲德勒也對傳統的領導者評鑑方式提出質疑。他認為，管理者的效能應該評估其在具體情境中的表現，而非抽象的人格評價。因此，他發展出「LPC量表」這一測量工具，用以分析領導者偏好以任務導向或人際導向的方式進行管理。這項工具日後成為組織行為學中最具代表性的領導風格測量指標之一。

菲德勒的貢獻不僅在於提出一種新的理論模式，更在於改變了管理實務中的思考方式。他提醒企業決策者，不應一味尋找所謂的「明星領導者」，而應重視「領導風格與環境之間的契合度」。也正因如此，《領導效能理論》成為管理學中從靜態結構轉向動態適應的代表著作，開啟了後續如權變結構理論、情境領導理論等一系列研究的理論源頭。

這場從「領導者中心」到「情境中心」的轉移，代表著領導理論走向成熟的分水嶺。當組織環境日益複雜、變化迅速，如何建構一套能因地制宜的領導思維，就成了組織持續發展的重要課題，而菲德勒的權變觀點，正是回應這項挑戰的起點。

2. 權變管理的邏輯構成與條件變項

在《領導效能理論》中，菲德勒提出了一個核心觀點：有效的領導不是來自單一風格的優越性，而是來自「風格與情境的適配」。這種觀點的基礎，建立在權變邏輯（contingency logic）之上，也就是說，組織管理與

2. 權變管理的邏輯構成與條件變項

領導的有效性取決於特定環境條件下的因應策略與調整能力。這種思維既承認了個體特質的重要性，也強調了外在情境的決定性，兩者缺一不可。

權變的概念本身蘊含「因時、因地、因人而變」的管理態度，其內涵可以從三個層次理解：空間上的差異、時間上的變動，以及對象上的多樣。空間上的差異強調不同組織、部門或地理環境所面臨的制度文化、資源結構與市場需求各有不同，對應的管理手段自然也不能一體適用；時間上的變動則反映時代條件與組織週期的變化，例如企業從創業階段邁入成熟階段時，其適用的領導風格也會出現轉變；而對象上的多樣性則指出，管理的有效性取決於對員工特性與群體文化的辨識與調整，對不同年齡層、價值觀或技能組合的團隊，應有相應的領導策略。

為了將這樣的權變思維具體化，菲德勒設計了一個三變項模型，作為判斷環境有利程度的基本框架。這三項環境變項分別是：**領導者與成員的關係**（Leader-Member Relations）、**工作任務的結構化程度**（Task Structure），以及領導者所擁有的**職位權力**（Position Power）。這三者綜合起來，構成了一個可以衡量「情境有利程度」的指標，而不同的情境則對應不同風格的領導者，才能產生最佳效果。

其中，領導者與成員的關係是最關鍵的變項，因為它直接關係到信任、接受與配合程度。當一位領導者能夠獲得成員的尊敬與信賴時，即使任務模糊或權力不強，也較可能達成目標；反之，即使手握重權，若人際信任基礎薄弱，則執行力與合作意願將大打折扣。

其次，任務的結構化程度影響領導者是否能以清晰規則進行監督與指導，這對專制型領導者尤其重要。而職位權力則反映組織賦予領導者在正式制度中的操作空間，包括懲罰與獎勵的能力，但菲德勒認為這是三者中相對次要的一項。

在這套架構下，菲德勒認為，組織應避免採取「改變人」的策略，也

二十三、權變管理的制度轉向:《領導效能理論》

就是不應期待領導者能隨環境而大幅調整自己的風格,因為風格傾向具有穩定性,往往根植於個人性格與過往經驗。相對地,更務實的做法是「改變環境」,也就是調整領導者所處的工作條件,使其風格得以發揮最大的效能。例如,若某人擅長任務導向風格,則應將其安排在具有清晰結構與高度權力的環境中;若某人擅長人際關係導向,則可配置於需要建立信任與共識的情境中。

這種「風格—情境適配」的邏輯,不僅讓領導效能的評估更加貼近現實,也打開了組織設計與領導配置的新方向。企業不再單純尋求理想型領導者,而是開始注重「領導者與其職位是否匹配」這一結構性問題,這樣的觀點深刻影響了後來的領導力發展模式與人才配置策略。

值得注意的是,這種模式並非單向套用。在某些組織中,改變環境比更換領導者來得簡單;而在另一些情況下,調整人事反而較易實施。因此,權變理論提供的不是一套簡單的公式,而是一種系統性的思考方式,引導管理者根據組織目標與限制條件,做出最合適的領導安排。

從這樣的視角出發,領導不再是一種個人魅力的展示,而是一套與環境互動、持續調整的實踐過程。權變理論因此提供了一種跳脫「風格迷思」的可能性,讓領導效能的提升成為一項可以透過組織設計與策略思考來優化的管理任務。

3. 關鍵環境因素與領導關係的動態權重

在權變領導理論中,環境的變化不僅是一種背景設定,更是決定領導風格適切性與組織績效的關鍵變項。弗雷德・菲德勒在其理論體系中提出,領導者的效能取決於三項主要的環境因素:領導者與部屬之間的關

係、工作任務的結構程度，以及領導者所擁有的職位權力。這三者的互動構成了一個決定領導風格是否合宜的動態組合，而非靜態分類，形成了領導效能理論的核心架構。

首先，領導者與部屬之間的關係被視為最具影響力的變項。當領導者與下屬之間存在信任與尊重的基礎時，領導者便能透過更為自然的方式推動任務的進行。這種信任基礎所帶來的領導力並非僅來自職位賦予，而是一種情感層面的追隨關係。研究中顯示，當下屬主動服從並信賴其主管，往往能顯著提升團隊凝聚力與執行效率。在這樣的氛圍下，領導者即使採取較高壓的任務導向策略，也較不易引起抵制，反之亦然。

其次，任務結構的明確性對領導方式的選擇也具有決定性意義。若任務目標清晰、步驟標準化、成果可量測，則任務導向的領導風格更容易產生效益。這類結構化工作，如製造業或程式化服務流程，允許領導者進行高度監控與指令性管理；相對地，若任務含糊不清、需要即興判斷或仰賴創意發揮，如研發設計或藝術性專案，則更適合關係導向的領導風格。這類情境下，強化信任與溝通反而成為關鍵，領導者需創造一個容許試錯與共享思維的空間。

第三個構成變項則是職位權力的強弱，亦即組織中賦予領導者的正式權威，包括懲處、獎勵與資源分配的控制權。當職位權力強時，即使領導者個人魅力不足，其命令也能被執行；但當組織給予的授權不明或地位邊緣化時，即便領導者擁有極佳的人際技巧，也難以穩固其領導地位。值得注意的是，菲德勒並未將職位權力視為唯一條件，反而認為它在三者之中是最容易調整的因素。也就是說，組織可以透過制度設計或資源配置，來強化某位領導者的實質影響力。

上述三項變項的組合，共構出八種典型的領導情境，從「極有利」到「極不利」形成一個環境光譜。菲德勒指出，在情境極端的兩端——無論

二十三、權變管理的制度轉向：《領導效能理論》

是領導者擁有高度信任關係、任務清晰且職權完整，或是完全缺乏上述條件的混亂情境 —— 任務導向的領導風格表現最佳。相對地，在中間模糊地帶，關係導向的風格則較能發揮優勢。這種非線性關係挑戰了以往將領導風格絕對優劣劃分的傳統觀點，改由「情境適配」作為評估依據。

進一步地，組織類型與結構也影響這三項環境變數的形成與穩定性。例如，在高度標準化的生產型企業中，任務結構與職位權力往往明確穩定；而在創新導向或跨部門協作頻繁的環境中，人際關係的品質與互信程度反而成為主導因素。

菲德勒在後續研究中亦指出，這些環境條件未必能由個體單方改變，因此與其強調領導者個性的可塑性，不如強調環境的可設計性 —— 透過有策略地調整團隊組成、工作性質或權力授與，來創造一個與領導風格相容的工作場域。

領導者是否有效，不能單看其個人能力或風格，更需置於一個複雜的環境脈絡中加以衡量。菲德勒的貢獻即在於，將領導效能轉化為「環境變項 × 領導風格」的互動關係，並提供一種可實作的分析框架，使組織得以因勢制宜地調整領導策略，達到人事與環境的最佳匹配。

4. 管理對象的多樣性與「特定自我」概念

在組織運作中，管理者面對的從來不是抽象的「員工群體」，而是一個個具體且彼此迥異的個體。每位成員的知識背景、價值觀、個性特質、經驗歷程，皆構成其獨特的行為樣態與反應機制。這些差異不僅挑戰傳統管理方法的普適性，也使得領導者必須放棄「一體適用」的思維，轉而擁抱權變管理的精神，從對象本身出發，調整自身的互動模式與決策風格。

4. 管理對象的多樣性與「特定自我」概念

　　首先,員工的「素養差異」對領導行為的影響極為明顯。高素養的工作者通常具備良好的自主學習能力與問題解決能力,對目標的理解與責任感較強,適合賦予更大的裁量空間與策略性任務;反之,若組織成員經驗有限、技能不成熟,則更仰賴結構化的指導與明確的績效目標。這不僅影響授權與控制的比重,也牽動整體團隊的運作模式。例如,當一位擅長數據分析且具有工程背景的中階主管,接手一群仍處於專業養成期的新進人員時,過度開放式的管理將可能導致混亂與效率下滑。

　　進一步來看,員工的「觀念成熟度」也是調整管理手段的關鍵因素。觀念成熟度意指個體對組織目標、角色責任與團隊合作的認知與認同程度。若一位成員對管理制度具有高度認同,且具備組織全貌的理解,那麼以共識為導向的決策參與將有助於激發其責任感與投入程度;然而,若員工對組織價值尚未形成清晰理解,甚至對管理者存有疑慮,則共識式管理不但難以奏效,反而可能淪為空轉。

　　此外,個性差異更深層地形塑了員工的行為偏好與互動模式。內向穩重的員工可能偏好明確任務與低社交干擾的工作環境,而外向型成員則可能因社會互動而激發更高績效。對領導者而言,能否洞察這些潛在特質,將決定團隊凝聚力與士氣的維持。

　　上述多樣性顯示,員工本身並非被動接受管理的對象,而是反映組織文化與策略實踐的鏡子。然而,這些變項不僅存在於下屬身上,管理者本身也同樣構成一個「特定的自我」。所謂特定的自我,意指管理者具有其獨有的性格輪廓、專業經驗、領導風格與情境認知,這些特質將直接影響其處理衝突、授權或激勵的方式。例如,一位習慣快速決策的主管,若未能意識到其風格與員工需求的落差,可能會在變革推動過程中遭遇阻力甚至反彈。反之,若能適時調整自身風格,或搭配輔助機制(如意見領袖協作),則更有機會形成「風格與情境匹配」的正向迴圈。

二十三、權變管理的制度轉向：《領導效能理論》

從這個角度看，領導並非單純地「適應對象」，而是在特定情境下進行風格與環境的雙向調整。這也意味著，權變管理的真正關鍵不在於找到一種「最好的領導方式」，而是在於如何讓管理者與其對象之間形成高度適配的互動組合。

有效的領導，不僅要理解他人，也需自我理解，才能在高度動態的組織情境中游刃有餘。

5. 領導風格的二分法與匹配策略

在菲德勒所提出的領導效能理論中，一項極具突破性的主張，是他對領導風格進行了明確的二分法分類，並進一步發展出與情境條件相互匹配的實務策略。這一架構既非強調某一特定風格的優越性，也不假定領導者能在風格之間隨意轉換，而是試圖釐清：在什麼樣的環境下，何種風格的領導者能產生最佳的領導效果。

根據他的研究，領導者可大致分為兩種類型：任務導向型（task-oriented）與關係導向型（relationship-oriented）。前者將焦點集中於工作目標的達成與程序的掌控，強調績效、產出與執行效率；後者則關注人際關係的和諧、團隊氣氛與個人需求的照顧，強調信任、支持與協作精神。這兩種風格並無高下之別，各有其適應的組織情境與效能範圍，真正關鍵在於風格與環境之間的契合程度。

以任務導向的領導者為例，當其所處環境具備三項要素：清晰明確的任務結構、明顯的職權地位，以及與部屬間的高度信任關係，往往能快速推動工作並達成高績效目標。類似情境常見於軍事行動、高風險專案或新創企業的初期階段。而在相反的極端情境中——如權力基礎薄弱、任務

模糊不明、人際關係疏離等場合——任務導向風格亦能提供穩定的秩序與控制感，有助於強化決策效率與管理主導權。

反觀關係導向型的領導者，則更適合處於中度有利的組織情境，亦即當工作任務具有一定複雜性，部屬間尚有信任基礎，但職權限制導致管理者無法直接以命令方式推動變革，此時以人為本的風格能調動團隊情感資本，促進共識與自發性，進而間接推動組織運作。這類風格尤其適用於創意產業、教育機構與知識型組織等場域。

值得注意的是，菲德勒堅持一項根本性假設：領導風格是相對穩定、難以根本改變的。也就是說，期望一位長期採任務導向的領導者，能在短期內轉為高度關係導向，幾乎是違反其心理特質與行為傾向。因此，理想的做法並非「改變人來配合環境」，而是「改變崗位或環境來配合人」。這也構成了他在實務上所提出的兩種核心對應策略：「以人選崗」與「以崗選人」。

「以人選崗」的策略，強調根據既有領導者的風格特性，為其安排最適合的職務與情境。舉例而言，若某位主管明顯偏好任務導向、處事果斷迅速，則不宜安排至以情感照顧為主的社工單位，而應投身於執行效率高、節奏明快的專案管理團隊中；相對地，「以崗選人」則指組織先確定特定職位的領導需求，再從候選人中挑選最契合該職務情境的風格類型，或透過訓練強化其相應的行為模式。

然而，在現實運作中，這兩種策略並非互斥，而應交錯應用。當領導者的特質高度吻合情境需求時，往往能自然展現其優勢，並有效調動團隊資源；而當不適配情形出現時，組織必須迅速反應，或調整崗位配置、或重新設計任務內容與結構，以減少風格與情境之間的落差帶來的摩擦與成本。

從組織學習的角度來看，這套匹配邏輯不僅有助於提升短期績效，更

二十三、權變管理的制度轉向：《領導效能理論》

提供了一種長期制度設計的參考。領導風格的固定性與情境變動的不可預測性之間，構成了管理現場的基本張力；而唯有承認這一張力，並發展出靈活的調整機制，才能真正實踐權變管理的核心精神。

6. LPC 量表與固定風格假設的應用邏輯

在領導效能理論的建構中，菲德勒最具代表性的貢獻之一，是發展出「LPC 問卷法」，以作為判定領導風格傾向的工具。此問卷的基本設計，是要求領導者回想自己過往在職涯中最難以共事的一位同仁，並針對該對象進行一系列兩極化形容詞的評分。例如，受試者需針對「合作－難纏」、「熱情－冷淡」、「開放－保守」等評量項目，依據自己對那位「最不喜歡合作的同事」的觀感給出分數。透過這種間接測量，LPC 量表得以反映領導者在面對挑戰性人際互動時的反應風格，進而勾勒出其基本的領導傾向。

菲德勒的理論預設，每位領導者對「最不喜歡共事者」的評價，其實隱含了其對人際關係與任務達成的根本價值排序。若受試者在 LPC 問卷中傾向給出較正面的評語，即使面對的是自己最不欣賞的工作夥伴，則其 LPC 得分會偏高，代表該領導者屬於「關係導向型」；相對地，若評價較為負面，LPC 得分較低，則可歸類為「任務導向型」。這種分類的重點，不在於領導者對人是否友善，而是揭示其在高壓或困境中，究竟更傾向維護人際和諧，抑或確保目標達成。

重要的是，菲德勒主張這種領導風格是固定的、難以改變的。他認為領導者的行為模式深植於個人性格與過往經驗中，不容易因訓練或情境改變而轉化。因此，組織若欲提升領導效能，與其期待領導者調整自身風格，不如調整其所處環境，讓之與其風格互補，發揮最大效益。這項假

設在當代領導理論中相當具爭議，因它直接挑戰了「領導者可訓練、可塑造」的觀點，而傾向認為管理的關鍵不在於改變人，而在於選對環境。

LPC 問卷作為測量工具，其邏輯基礎有別於傳統的性格測驗。它不詢問個人對領導的看法，也不自評自身風格，而是透過第三方角色的間接評價，側寫出當事人在壓力或衝突下的應對取向。這種方式雖提高了測量的隱蔽性與深度，卻也受到有效性與穩定性的質疑。例如，有批評指出，領導者所回想的「最不喜歡的同事」是否一致，可能隨時間與經歷改變而波動，進而影響測量結果的準確性。然而，對菲德勒而言，這種穩定性本身反映了領導者的深層傾向，即使外部情境或實際對象不同，基本的風格判斷仍具有意義。

整體而言，LPC 問卷在領導效能理論中不僅是診斷工具，更是邏輯核心之一。它不僅協助建立起任務導向與關係導向兩種風格的分類框架，也強化了「風格固定」的假設基礎。從此理論出發，領導管理的重點轉向「風格－情境」的匹配，而非對個體風格的調整或重塑。這一觀點奠定了權變領導理論的基本邏輯，也對後續的領導力發展策略產生深遠影響。

7. 認知資源理論的補充與限制

在原有的領導效能理論架構下，菲德勒針對領導風格的固定性提出具體而鮮明的假設，即一位領導者的任務導向或關係導向傾向難以轉變。然而，進入 1980 年代後，組織行為研究逐漸朝向更細緻的認知面向探索，這也促使菲德勒與喬・加西亞（Joe Garcia）於 1987 年共同提出「認知資源理論」（Cognitive Resource Theory），作為對其原有權變架構的延伸與修正。

二十三、權變管理的制度轉向：《領導效能理論》

這套新理論的核心企圖，是補足原本模型中未充分解釋的一項關鍵問題：即使風格固定，為何某些領導者在特定條件下能發揮高度效能，而在其他條件下則難以奏效？

認知資源理論的提出，便是在既有的風格分類之上，再加入兩項中介變項：「領導者的認知能力」與「工作情境中的壓力程度」。該理論假設，在壓力較低的情境中，領導者的智力、經驗與規劃能力等認知資源，得以充分發揮，有助於提升群體績效；反之，當處於高壓情境時，認知資源的發揮受限，經驗反而比智力扮演更關鍵角色。

這一補充邏輯提出了三項主要預測：第一，在壓力較小且支持性高的環境中，若領導者具備較高的智力，則可帶來較佳的績效；第二，在壓力較高的環境下，領導者的工作經驗比智力更能影響成果；第三，當領導者不受壓力干擾時，其智力與團隊表現呈正相關。這些假設試圖建立一種更具動態感的解釋機制，並將「風格─情境」的匹配問題，進一步深化至「資源─壓力─結果」的關係脈絡中。

然而，儘管認知資源理論在概念上為原有模型提供了精緻補強，其實證基礎卻相對薄弱。菲德勒與加西亞坦言，相關的研究證據仍處於初步階段，統計結果尚未構成穩固的支持。更進一步地，後續的學術社群對該理論的整體預測力與適用範圍也有所保留。尤其在組織現實中，壓力的定義與測量經常帶有主觀性，而智力與經驗如何具體影響決策品質與行動效果，亦難以從統一指標中得出清晰結論。

此外，認知資源理論所導引的問題之一，是它對「領導訓練是否有用」的重新檢視。若高壓情境下，經驗的重要性遠勝智力，那麼管理培訓的方向可能需重新調整，從單純強調策略技巧與邏輯分析，轉向壓力應對、經驗傳承與情境反思。然而，此種轉向亦牽涉更為複雜的學習與制度設計問題，而非僅是理論推演的延伸即可涵蓋。

綜合來看，認知資源理論固然並未動搖原有領導效能理論的基本架構，但它的提出顯示出菲德勒本人對自身理論侷限性的自覺，也體現了他試圖回應實務挑戰的學術自我修正精神。雖然此理論在當代組織行為領域的影響力有限，但其所代表的研究取向——將認知變項納入領導分析的視野——對後續的理論發展而言，無疑具有啟發性與指向性。

8. 權變管理的實踐原則與組織適應性

當權變觀點自理論發展逐漸走向管理實務，其挑戰不再僅是建構模型、劃分風格與情境，而是如何將這些抽象架構轉化為日常管理操作中的可行邏輯。在這個轉化過程中，菲德勒不僅強調分析與分類，更試圖提出一套可供管理者判斷與調整的實務原則，讓領導風格與環境條件之間的互動轉化為具體策略。

首先，權變管理強調的是「變化中的穩定性」——也就是說，雖然環境會變、任務會變、人也會變，但管理手段與風格不應隨意變動。這項原則背後的假設，是組織中的員工對一致性有著基本需求。當管理方式朝令夕改，不僅降低了政策的可預期性，也損害領導者的可信度。因此，所謂「相對穩定原則」，實際上並非否定變革，而是主張變革必須建立在清晰的評估與明確的節奏上，避免即興決策與情緒反應。

其次，權變管理也強調「考慮重點、兼顧一般」的邏輯。在實際運作中，影響領導成效的因素可能繁雜且相互交織，管理者難以對每一項變因都予以同等關注。此時，應該優先辨識那些對成效影響最大的關鍵因素，例如團隊士氣、任務模糊程度、外部競爭壓力等，將管理資源集中投射於這些核心節點。同時，也不應忽略整體系統中其他較次要因素的牽動力，

二十三、權變管理的制度轉向：《領導效能理論》

否則容易因局部優化而造成整體失衡。

在此基礎上，菲德勒進一步提出「試驗性原則」，亦即任何管理方法或領導策略的採用，都應透過實驗性執行與觀察性評估予以驗證，而非直接全面推展。他主張管理者可藉由溝通、意見蒐集與行為觀察，持續調整策略與方式，並據以修正施行節奏與執行幅度。這項原則特別對應於高度不確定的情境中，能幫助管理者在風險與回饋之間建立短迴路循環，形成一種動態調適的治理模式。

「適應性原則」則是整套權變管理思想的終極目標。這並不僅僅是要管理者去適應環境，而是同時促使管理對象與組織機制發生對應的調整，使三者——領導者、任務情境與組織結構——能在最小摩擦下互相契合。對此，菲德勒特別指出，組織應致力於在關鍵崗位與人員風格之間建立對應關係，也就是「讓工作適合人，而非強迫人適合工作」。這句話所揭示的不僅是一種風格配置的技術性操作，更是一種結構調整與制度設計的策略思維。

權變原則之所以成立，並非因為管理者永遠理性、資訊永遠完整，而是因為它預設了一個不確定、非線性且充滿多變的組織現實。在這個現實中，僵化的標準操作程序無法涵蓋所有變異性，而單一領導風格也難以應對所有挑戰。權變管理所提供的，是一套根據邏輯而非經驗直覺運作的適應性機制，一種試圖在複雜環境中保持彈性、但不失準則的領導思維。

透過穩定性、重點兼顧、試驗性與適應性這四項原則，權變管理最終建立了一種既系統又動態的管理哲學，使領導不再只是人格魅力的延伸，而成為一種可分析、可調整、可驗證的制度行動。這也代表著從傳統領導理論邁向結構性組織適應的關鍵轉折，並為日後多變性理論（Complexity Theory）與動態適應觀提供重要的理論基礎。

二十四、

從結構到行動的管理邏輯：
《工業管理與一般管理》

1. 管理概念的再定義與職能架構

亨利・法約爾（Henri Fayol）是 20 世紀初最具代表性的管理思想家之一，其對管理的理解與詮釋，不僅深刻影響古典管理理論的發展，也為後世管理教育奠定了理論根基。他在 1916 年出版的經典著作《工業管理與一般管理》（*General and Industrial Management*）中，首次系統性地將「管理」視為一套普遍性職能，而非僅屬企業高層或特定部門的專利。他強調，管理活動與企業的財務、技術、生產等其他核心活動一樣，都是任何組織運作中不可或缺的基礎。

這部著作的最大貢獻，在於它重新界定了「管理」的角色與範疇。法約爾認為，無論組織的規模、性質或產業別為何，都面臨相似的管理挑戰，因此應有一套共通的管理原則與職能架構供各類組織採用。他主張，管理並非依附在生產流程中的附屬工作，而是一種獨立、普遍且可以學習的能力，適用於所有人、所有層級與所有部門。在此架構下，管理成為一種職能而非權力，成為整體組織協同運作的關鍵媒介。

法約爾提出管理包含五大職能：計畫、組織、指揮、協調與控制。這

二十四、從結構到行動的管理邏輯:《工業管理與一般管理》

五項職能彼此獨立卻又環環相扣,構成一套完整的運作循環。計畫是決定未來行動方向與資源配置策略的過程;組織則將計畫轉化為具體的人力與結構安排;指揮專注於人員引導與動機激發;協調確保部門與部門之間、行動與資源之間的配合一致;而控制則是檢驗行動成效,並針對偏差進行調整與修正。這樣的架構,不僅界定了管理者的工作內容,也形塑了組織內部的運作邏輯。

與當時重視技術層面與科學流程的管理觀點不同,法約爾將「管理」從實務操作中抽離出來,建構為一種具有邏輯性與系統性的專業知識。他強調,管理應能透過學習與訓練予以傳授,並應納入正規教育體系之中。這樣的觀點,不僅拓寬了管理者的角色視野,也推動了管理作為學術與實務領域的現代化發展。隨著組織規模日益擴大,管理職能將不再是少數人憑藉經驗所能掌握的技藝,而需轉化為可複製、可教學的理論體系。

因此,《工業管理與一般管理》不僅是一本概念建構的著作,更是一份時代轉型的思想成果。它將管理從日常直覺與慣性中釋放出來,透過職能分類與原則抽象,為組織提供了一種新的思考方式。管理者不再僅僅是命令的下達者,而是組織中負責整合、推動、調和與評估的核心角色。五大職能也提供了觀察與診斷管理問題的基本結構,使管理不再依賴個人魅力,而能經由系統化方法被制度化執行。

法約爾的管理思想之所以具有劃時代意義,在於他重新界定了管理的本質,並建構出一套可以跨越產業與國界的理論語言。他所提出的職能架構與原則,不僅影響了 20 世紀的組織設計與領導理論,也持續成為現代管理實務中最根本的邏輯支撐。

2. 管理五大職能 —— 計畫

在法約爾重新定義管理職能的架構中，「計畫」（Planning）被置於首位，成為引導其他職能運作的前導機制。計畫不僅是組織意圖的初始展演，更是一種預測與整合未來行動的制度化表達。不同於單一命令或即時決策，計畫之所以具備管理意義，是因為它試圖從變動與不確定的現實中抽離出一組可控的次序，透過目標設定與資源配置，轉化為系統性行動方針。管理者藉由計畫賦予組織一種未來感，使工作活動不再是回應事件的被動反應，而是可被預期與調度的組織能力。

有效的計畫需奠基於三大判斷基礎：資源現況、業務性質與未來趨勢。這三者構成組織面對環境與內部條件時所能掌握的「預測面向」，而非單純的操作指令。資源涵蓋資本、人員、技術設備與對外連結的能力；業務性質牽涉到產業類型、服務對象與價值主張的邏輯；至於趨勢判讀，則涉及外部環境變化與政策、技術、社會偏好的演進軌跡。這三項判斷不僅提供行動基準，更影響組織如何安排優先順序，處理長短期之間的張力，並決定是否採取集中或分散式規劃策略。

若以行動結構來檢視計畫職能的運作邏輯，可發現其內在運作依賴四項特徵：統一性、持續性、靈活性與準確性。統一性要求組織內部各項計畫彼此整合、相互支持，從總體戰略到部門執行皆朝同一方向推進。在多部門或跨區域的組織中，若無統一原則與一致框架，極易導致資源分散、方向錯置，形成結構性內耗。為此，總體計畫需設定主軸目標與資源分配原則，再由各部門據以延伸出次級計畫，使整體系統得以協調一致。

持續性則回應了計畫的時間向度。組織運作不可能被切割為一段段獨立任務，而是必須依循長期邏輯進行資源安排與節奏控制。換言之，計畫需具有遞進性與銜接性，每一階段的結束即為下一階段的起點。這樣的持

二十四、從結構到行動的管理邏輯：《工業管理與一般管理》

續性不僅體現在年度或五年計畫的更新機制中，更表現在預算循環、人力配置、技術導入等細部層次的延續思維。

至於靈活性，則凸顯組織在變動中保留調整空間的能力。計畫本身無法完全預見所有突發事件，因此必須保留修正餘地，使原有架構能隨環境變化或資訊更新而調整。靈活性不是任意更動，而是在既定目標不變的前提下，調整手段與節奏，確保行動仍具有組織效能。尤其在高度競爭或技術快速變化的環境中，缺乏靈活性可能導致計畫僵化，錯失調整時機。

最後，準確性意在提升計畫的可實行程度與預測精度。這不等於要求精確預言未來，而是在資料充分、假設合理的情況下，盡可能降低偏差與模糊性。準確的計畫有賴於資訊整合、模型推演與跨部門知識的共享。在實務上，計畫往往涉及對未來工作量的估算、人力與設備需求的配置，以及風險的預先判斷，這些都要求組織具備基本的分析工具與預測技術。

值得注意的是，這四項特徵並非彼此獨立，而是彼此交織、相互影響。例如，靈活性若無統一性規範，可能導致混亂；準確性若無持續性的支持，也難以累積經驗與校正機制。因此，計畫職能的執行不應淪為形式化任務，而需透過制度安排與知識更新，長期培養組織的規劃能力。這種能力的形成，既是技術問題，更是管理者判斷與協調的藝術，牽動組織能否在變動中保持方向，並在複雜條件下作出有系統的選擇。

3. 管理五大職能 —— 組織

組織（Organizing），是將計畫轉化為實踐的橋梁。若說計畫賦予目標與方向，那麼組織則提供結構與動員的方式，使目標得以被具體實施。在法約爾的職能架構中，組織職能不只是安排人員與資源，更是一套協調物

質要素與社會關係的結構工程。它的核心意涵，並非單純地建構層級與職位，而在於確保每一項資源皆能在適當位置上發揮效用，並促使整體系統運行順暢、具備彈性與秩序。

從宏觀架構來看，組織可分為兩個互為補充的面向：一是物質性的組織（material organization），包括資源、設備、財務與技術配置；二是社會性的組織（social organization），即圍繞人在其中的角色分配、職能界定與協作機制。前者提供工具與條件，後者則構成意志與行動的主體。兩者若未妥善整合，將導致一方面資源空轉，另一方面人力運用失衡，無法形成有效產能。

社會組織作為組織職能的核心，其設計需同時回應五項結構任務。首先，是擬訂與執行行動計畫的能力，也就是將規劃內容導入現場並確保目標推動。第二，是保持組織各部門與資源之間的契合性，確保組織規模與任務需求相符。第三，建立一套穩固且具權威性的領導體系，使組織決策與指令具有穩定推動的中樞。第四，釐清權責關係與人力配置，避免角色重疊與指揮混亂。第五，塑造激勵與責任並重的文化，透過合理的報酬、懲處與晉升制度，強化成員參與感與承諾。

在這些任務之上，組織結構本身亦需回應運作的實際條件，特別是機構設計的層次與分工方式。在法約爾的觀點中，組織不應僅僅是「誰管誰」的問題，而是牽涉到權限分配、職能聚合與溝通路徑的精密設計。他特別重視由上而下的指揮體系，從股東大會、董事會、總管理處到區域單位，每一層皆需有其明確職責與合宜授權，形成有效的「等級鏈」（scalar chain）。

其中，總管理處的角色尤為關鍵，它不僅承擔日常決策與資源配置的職責，更是行動計畫落實與跨部門協調的節點。為提升其能動性與應對複雜問題的能力，總管理處需依賴參謀部門的支持。參謀並非權限單位，而

二十四、從結構到行動的管理邏輯:《工業管理與一般管理》

是由具專業知識、技術背景與時間餘裕的成員組成,目的在於補足決策者的資訊不足與分析限制。這樣的安排可強化管理層的判斷力與彈性,提升組織應對變動的能力。

與此同時,法約爾亦對地方性單位的組織設計提出階層性理解。在大型企業中,地區機構與工廠部門扮演著實務執行者與在地調節者的雙重角色。其結構安排需根據組織規模與任務複雜度調整,例如中型公司中經理可直接與各部門溝通,而大型企業中則須透過總工程師或部門主管間接指揮,以保留組織穩定性與溝通效率。這種結構思維體現了其對管理者「作用半徑」的敏銳理解:管理並非全能覆蓋,而需根據上下層級之間的認知距離與可控邊界,合理設計接觸路徑與指揮密度。

再進一步探討組織職能的社會基礎,可發現其深層意涵在於維繫組織成員之間的「行動契約」。從規劃、協調到指揮,每一層決策與執行都牽涉信任、責任與規則的連結,而組織設計正是透過制度安排,將這些關係具體化、穩定化。也因此,組織不是靜態結構,而是持續調整的制度場域,其設計需因應外部環境與內部成員組成的變化,進行彈性調整。

整體而言,組織職能的設計並不止於建立明確的權責結構,更涉及對工作流程、知識分配與溝通節奏的深刻掌握。有效的組織需能在效率與穩定、控制與參與之間取得動態平衡,使社會組織與物質資源互為依託,共同支撐計畫推進與目標實現的完整系統。

4. 管理五大職能 —— 指揮

指揮(Commanding),是管理體系中最具動態色彩的一環。當組織結構建立完成,任務分配清晰,真正的挑戰往往從指揮階段開始。對法約爾

而言，指揮的本質不僅在於發號施令，而在於如何透過行動、態度與判斷，促使組織中每一位成員各司其職、盡其所能地推動目標實現。這不只是技術層面的分工安排，更是行為層面的影響力展現。

有效的指揮仰賴領導者對人的深度理解。在組織運作中，每位成員都帶有其背景、習性與潛能，領導者唯有透過長時間觀察與互動，才能逐步掌握其性格特徵與信任邊界。這也意味著，指揮不可能一體適用，而是一種基於個別差異所進行的因人制宜。特別是當下屬層級提升、任務複雜化時，這種理解將更為困難，領導者與成員間的距離需透過制度設計與中介機制來彌補。

除了理解人，更關鍵的是決斷人。在法約爾的架構中，領導者的任務包含淘汰不適任者，這不僅是一項技術性決策，更是道德與情感上的考驗。如何在組織穩定與效率之間取得平衡，如何面對人員調整可能引發的不安與反彈，都是指揮過程中不可忽視的課題。他特別提醒，淘汰必須伴隨補償機制，讓組織在維持紀律的同時，也保有人本尊嚴與未來信任。

指揮職能也涉及對組織與制度的熟悉度。領導者須清楚掌握企業運作的內在規則與對外契約的約束，才能在各種權衡中不偏離原則。在此情境下，指揮不是權威的恣意使用，而是角色之間的斡旋與制度之間的調和。領導者需在保護企業整體利益與保障員工基本權益之間，保持敏銳與誠信。這不僅考驗其專業能力，也關乎其品格與責任感。

在指揮工作中，組織狀況的定期檢視亦屬必要。法約爾主張，透過「組織一覽表」來呈現組織的指揮鏈與人員配置，可協助領導者評估權責流動與變動情況，並即時調整決策與部署。然而，他也指出，這項工作往往被忽視，其原因不僅在於技術困難，更在於心理抗拒與時間成本。儘管如此，唯有對結構進行持續檢視，才能真正掌握組織的運作脈動。

除了制度與結構，領導的影響力還來自於其行為風格與榜樣力量。在

二十四、從結構到行動的管理邏輯:《工業管理與一般管理》

組織文化中,命令若僅止於服從恐懼,將難以激發成員的主動與創意。反之,若能透過示範與信任建立共鳴,將有助於形塑穩定而具有生命力的服從結構。這也是為何法約爾強調,領導者應避免過度涉入細節,不應因為關注瑣事而忽略整體目標。當領導者能有效授權,並透過制度與信任機制驅動成員,組織才可能保持效率與彈性兼具的狀態。

會議與報告,是指揮過程中不可或缺的實務工具。透過週期性會議,不僅能強化溝通與協調,也能讓組織在變動中保持目標一致與節奏穩定。而書面報告與口頭彙報,則提供了對現況的即時掌握與回饋基礎,使領導者能據以修正偏差與調整策略。會議的目的不在於程序完整,而在於透過共同參與與集體理解,轉化決策為具體行動。

值得注意的是,法約爾並未將指揮視為單一方向的命令系統,而是一種多層次的影響關係。領導者既是決策者,也是溝通者與文化的象徵。他不只對下傳遞任務,也在上層代表成員的聲音與需求。這種雙重角色要求其具備高度的政治智慧與倫理自覺,使其在多方張力中保持平衡。

在指揮邏輯中,法約爾揭示了一個重要觀念:良好的管理並非來自絕對的控制,而是建立在合理授權、有效激勵與穩定秩序的基礎上。指揮是一種「實踐的藝術」,其效能無法僅靠書面制度衡量,而需長期的經驗累積、判斷養成與情境適應。唯有理解這層複雜性,管理者才能從權威的角色中解放,轉化為真正的領導者。

5. 管理五大職能 —— 協調

在管理五大職能之中,協調(Coordinating)常被視為潤滑整體運作的機制。若計畫規劃的是方向,組織劃分的是架構,指揮落實的是執行,那麼確保這一切能夠節奏一致、步調一致的,則是協調。法約爾之所以將協

調視為一項獨立的管理職能，正是因為他洞見到組織內部的部門多元與功能分化，若無有效的整合，就容易產生方向偏離、資源浪費或效率低落等問題。

協調的首要核心，在於比例的管理。這並非單純的量化調配，而是追求組織各組成部分間的最佳關係與互補。以部門為單位，每一部門不論是生產、財務、維修或人資，都具有自身的邏輯與運作節奏。若要促成整體效能的最大化，就必須讓這些內部差異在一致的框架下相互補足。例如，生產部門須清楚知道何時啟動、維修部門須配合保障設備運作、財務部門須即時配置資金，而安全部門則保障所有流程的穩定性。協調的價值正在於此——它不是消除差異，而是組合差異。

部門間的協調不應止於制度設計，還需透過實際溝通與動態調整來強化。法約爾特別重視例會制度的運用，主張藉由定期會議建立部門負責人間的共識與節奏感。這些例會並非為了重新制定長期計畫，而是聚焦短期內（如一週）任務的統整與行動對齊。會議所要達成的，不僅是資訊的交換，更是對變動情境的共同回應，使組織能快速調整步伐、修正偏差。

值得注意的是，協調並不意味著過度干預。當中央機能企圖一手包辦所有資源配置時，反而可能壓縮了地方部門的彈性與應變能力。法約爾的協調觀，傾向於「使各部門之間知道彼此應承擔的任務，並明確相互所需的支持」，這是一種基於責任自覺而非命令控制的整合模式。有效的協調重視的是資訊透明與角色清晰，而非單一權威的主導。領導者應引導各部門在自主基礎上展開協同合作，而非僅透過命令達成形式上的一致。

此外，法約爾將協調的概念拓展到跨層級與跨組織之間的溝通關係。在一個大型企業中，子公司、地區分部乃至跨國單位各自具有不同的文化與管理慣性。若沒有有效的協調機制，縱使每一單位運作良好，整體仍可能出現方向錯置或重複浪費。協調此時就扮演了文化與流程整合的角色，

二十四、從結構到行動的管理邏輯：《工業管理與一般管理》

促使各層級能在統一願景下，維持靈活運作與相互支持。法約爾並未將協調簡化為「命令的上對下傳遞」，而是強調在水平、垂直與交叉關係中的互動與節奏感。

協調的另一個面向，則關乎計畫與實際執行之間的聯繫。在企業運作中，計畫本身雖具邏輯性與預測性，但一旦進入實踐場域，往往會因環境變動、資源偏差或人為因素而產生落差。協調的職能就在於「橋接」計畫與行動之間的差距，透過持續監測與即時溝通，確保目標方向不被偏離，同時容許現場部門根據實際情況做出調整。這是一種「柔性制度」的展現，既維持中心一致，也包容地方靈活。

為了落實這種協調邏輯，法約爾主張管理者需養成定期反思部門互動的習慣，並建立跨部門回饋與調整機制。這種回饋不是績效稽核的延伸，而是協同文化的一環。當部門能從他部門的角度看待自身作業，整體組織將更有可能形成互信與共識，進而強化集體效率與應變能力。

協調職能之所以重要，不僅因為它串連了其他職能，也因為它反映了組織對整體性與彈性的雙重追求。法約爾透過比例原則、例會制度與部門協同的主張，建構出一種內外有節、上下有通的運作邏輯，使組織能在穩定與變動之間維持均衡。

協調不是附屬性的「調整作業」，而是一種深層的組織運作藝術，需要制度、習慣與關係的共同支撐

6. 管理五大職能 —— 控制

在法約爾所提出的五大管理職能中，控制（Controlling）並非管理的終點，但卻是連結計畫與執行、制度與現場的關鍵樞紐。若計畫決定方向、

6. 管理五大職能—控制

組織分配資源、指揮與協調推動行動,那麼控制則確保這一切是否實踐得當,並在偏離發生時即時修正。控制不只是一套評量機制,更是一種管理者持續介入與判斷的思維系統。

法約爾將控制界定為「驗證工作是否與已定計畫、既定規則與指標一致」,其目的不在於懲罰或施壓,而是提供組織持續改善與調整的資訊基礎。這樣的控制邏輯,強調的不只是事後檢查,更是事中監控與預防性引導。有效的控制體系,能在不干擾組織正常運作的情況下,形成如影隨形的保護網,讓偏差在尚未擴大為失誤前即被辨識並處理。

控制職能可依管理對象的不同分為數種類型。首先,從管理角度來看,控制包含了確認計畫是否被實施、管理程序是否符合原則、各項指揮與協調機制是否順暢等。例如,例會是否定期召開、指揮鏈是否清晰、組織架構是否保持穩定,皆屬此類控制的範圍。這些檢查雖未直接介入具體業務,但對整體制度是否健全有決定性影響。

其次,從商業角度出發,控制聚焦於交易與合約的履行。例如,進出貨品是否按品質數量與價格檢驗完備、倉儲是否記錄正確、財務合約是否如期執行,這類控制關係到企業與外部環境的穩定連結,是維護信譽與風險控管的關鍵。若管理者未能即時掌握這些細節,極易造成財務漏洞或營運中斷。

第三,技術層面的控制關注的是生產與設備運行的穩定性。此處包括工作進度的追蹤、設備維修狀況的紀錄、人員與機械的配置效率,這些內容雖屬作業層級,卻直接影響企業的產出與品質。尤其在高度技術依賴的產業中,技術控制的精確度與即時性往往決定競爭力高低。

最後,從財務與會計面向而言,控制涵蓋了帳務核對、現金流動、資金用途與財報呈現等面向。這類控制要求高度的紀律性與一致性,不僅是對資金的把關,更是一種對整體資源配置與策略執行的反饋途徑。當控

二十四、從結構到行動的管理邏輯:《工業管理與一般管理》

制機制未能如期執行,領導層將難以掌握真實經營狀況,甚至導致決策失誤。

控制的效果,往往取決於其制度化程度與管理者的介入力道。法約爾強調,控制應在「適當時間內進行」,不應過於延遲,更不宜事事皆控。太早或太遲的控制都可能扭曲事實,削弱其意義。實務上,控制機制應結合預警系統與回饋機制,透過報告、例行檢查與部門自評,讓各層級能在不依賴上級過度干預的情況下,自主識別問題並修正。

然而,當控制工作本身過於繁瑣或跨及層面過廣,超出一般部門人員能力所及時,則需設置專職人員負責。這些專業控制角色不應僅止於技術執行者,更應具有系統思維與判斷能力,能協助管理者從資料中提取有價值的訊號,進行決策輔助。控制不再只是數字的對比與報告的彙總,而是一套能深化組織學習與策略回饋的知識機制。

控制的價值,也體現在它所產生的管理資訊。這些資訊不僅是回顧過往績效的工具,更是預測未來趨勢的基礎。例如,若某項任務連續兩週延誤,控制系統所產出的報告能及早提醒管理者注意可能的瓶頸,或重新調整資源配置。更進一步,良好的控制系統還能協助預防重大事故與風險事件的發生,從而強化組織的韌性。

控制職能在法約爾的管理架構中,既是規範,也是調整的機制。它不僅追求事後的糾正,更注重持續的觀察與調節。從管理、商業、技術到財務各面向的控制,構成了一套全方位的監督體系,而其真正發揮作用的關鍵,仍繫於管理者對於控制「何時、何處、何種方式」的判斷力與自覺。

控制不是桎梏組織創新的工具,而是讓創新在秩序中展開的基礎結構。

7. 管理者能力條件與實踐素養

　　在法約爾的管理理論中,管理者並非依靠天賦或臨場直覺就能勝任的角色,而是一種可學習、可培養的專業職能。這樣的觀點,奠定了管理教育作為一門知識體系的基礎,也進一步界定了管理者應具備的條件與實務素養。對法約爾而言,管理並不是一種特權的行使,而是一項系統性的責任,需要具備多維度的能力與持續鍛鍊的態度。

　　管理不僅是一種實務經驗的累積,更是一種能夠被分析、組織與教授的知識體系。這樣的觀點使管理教育成為可能,也強調了管理與其他功能性知識(如技術、財務、行銷)之間的分工與互補。法約爾指出,隨著在組織階層中的地位越高,管理能力所占比重也就越大。因此,進入高階領導職位的過程中,對於管理原則、程序與決策邏輯的理解遠比技術熟練更為關鍵。

　　在能力結構上,管理者必須兼具身體、心理與智識條件。身體方面,健康與精力充沛是基本前提,這不僅關乎體能,更牽涉到持續工作的韌性與面對壓力的耐受力。心理方面,則需要具備堅定的意志、責任感與自律性,特別是在需要做出不受歡迎的決策時,能維持原則與清晰判斷。此外,領導者應展現出尊嚴與正直,因為其所作所為會在組織中產生示範效應,進而形塑整體文化。

　　在智識條件上,管理者應擁有良好的學習能力與判斷力,能夠迅速理解資訊、辨別趨勢並作出反應。這並非指要博通各項專業,而是要具備跨領域的整合力,能從各部門回饋中洞察整體運作脈絡,並據以調整策略。管理者也需具備適應能力,因為變動環境是當代管理的常態,而非例外。

　　除了上述基本條件外,管理者在實踐中還需發展出一套綜合性的行動素養。首先是「對人進行管理的藝術」。在大型組織中,領導者往往無法

二十四、從結構到行動的管理邏輯:《工業管理與一般管理》

親自處理所有問題,而必須透過他人執行。因此,激發團隊合作、促進跨部門整合、建立信任與影響力,皆是管理者必須擁有的關鍵能力。一位具備整合協商能力的領導者,能在上對董事會、下對基層人員間靈活應對,既傳達策略方向,也能回應組織脈動。

積極性則是行動力的體現。不論是短期的專案推進或長期的發展藍圖,都需仰賴管理者持續的投入與關注。這種積極不應僅限於日常例行事務,更應展現在面對未來的前瞻與想像之上。領導者若缺乏持續關心組織進程的意識,計畫再精密也可能淪為形式。

在推動計畫實行過程中,管理者還需具備勇氣。即使計畫在邏輯上無懈可擊,也難免在實施中遭遇突發事件或抵抗心理。此時,猶豫不決與過度謹慎將成為阻力。領導者必須能在不確定中堅持目標,並調整步伐以維持整體穩定。這種勇氣不是魯莽的冒進,而是一種在現實與原則之間尋求平衡的能力。

管理職位的穩定性也是不容忽視的因素。法約爾指出,組織領導者若頻繁更換,不僅難以建立對內部結構與資源的了解,也無法在團隊中累積信任與影響力。一個穩定的管理者更容易形成長期的策略視角,進而帶領組織走向漸進而穩健的發展。穩定性不僅是時間的累積,更意味著策略的連續性與組織記憶的延續。

此外,管理者還應具備足夠的專業知識與一般常識。對於自己所負責的業務範疇應具備專業理解,但也需保持對其他部門運作的了解與尊重。這種「通才中的專才」定位,使管理者能在具體問題上做出專業判斷,也能在跨部門溝通時取得信任。

法約爾強調管理者的能力不僅來自於教育與培訓,更多地源自經驗的累積。透過實務工作的觀察與反思,管理者逐步建構屬於自己的判斷準則與決策風格。這也是為何他堅持主張,教育應與實踐並進,而非只在書本

知識中培養未來的領導者。

　　總結而言，管理者並非單一技術的執行者，而是身處於多重張力下的整合角色。他們必須調和制度與人性、目標與現實、策略與變動，而這一切都建立在對自身條件的覺察與不斷養成上。正如法約爾的觀點，管理是一種可以習得的藝術，但唯有在實踐中反覆琢磨，這份藝術才得以昇華為真正的能力。

8. 十四項管理原則重構與系統化整合

　　法約爾所提出的十四項管理原則，並非如數列般獨立分散的規範，而是一套彼此交織、相互作用的管理信條。它們涵蓋權力配置、組織秩序、行為規範與人際協調，既指導領導者的行為，也形塑了組織文化的基本結構。若以系統性的眼光審視，這十四項原則可被歸納為三大核心關鍵：組織秩序的維繫邏輯、人際關係的協調機制與權責制度的平衡邏輯。

　　組織秩序的維繫是法約爾原則中的根本。這不僅表現在物的配置，也涉及人事安排的恰當性。秩序原則強調「人盡其才、物盡其用」，而等級制度與集中原則則共同維護組織指揮鏈的清晰與穩定。法約爾理解到，在大型組織中，過度冗長的命令流程可能阻礙效率，因此提出著名的「跳板原則」，允許在維持權責清晰的前提下，進行跨層級的溝通與協調。此舉展現了他對組織動態性的敏銳洞察，也彰顯出他強調秩序中仍需保有彈性與效率。

　　在組織的制度安排之外，法約爾亦重視人際關係的倫理與行為規範。他指出，紀律並非來自威權的壓迫，而是一種建立在協定基礎上的相互尊重與責任感。為了實現這種紀律，管理者需兼顧道德與制度的雙重維度，

二十四、從結構到行動的管理邏輯：《工業管理與一般管理》

不僅需公平執行懲罰，也應為員工創造理解規則與尊重制度的環境。與此同時，「公平」與「員工報酬」兩項原則亦構成人際協調的基石。公平不是絕對平等，而是在責任、貢獻與回饋之間建立被普遍接受的平衡，讓員工在理性與情感上都能接受其所處的位置。

「個人利益服從整體利益」的原則提醒管理者在追求組織績效的過程中，必須有意識地引導個人目標與組織願景的契合。這不僅是一種價值觀的宣示，更涉及組織設計中對制度、激勵與文化的整合能力。若忽略這種整體性引導，員工可能各行其是，最終導致協同失靈與組織解構。

在法約爾的系統中，權力與責任的平衡亦被高度重視。他指出，權力若未伴隨責任，將導致濫權與脫序；反之，若責任超過權力，也會削弱行動意志與組織效率。因此，領導者應以德行與專業為基礎，合理地使用其職權，並確保每一層級的成員都清楚自己所應負擔的義務與權限。這種平衡邏輯，並非僅是制度設計的問題，更是管理風格與倫理判準的反映。

法約爾的原則也深刻關照到組織生命力的源泉：人。在「首創精神」與「人員穩定」兩項原則中，我們可見他對人才發展與組織學習的高度重視。他認為，一個有效率的組織不應只是聽命行事的機械體，而應是一個能容納創意、鼓勵提案、允許試誤的有機體。而穩定的管理結構，則能為這種創造性的展現提供基礎條件。過於頻繁的更替與輪調，雖有利於刺激思維，卻也可能打斷經驗的累積與關係的建立，造成潛在的知識流失與信任崩解。

當我們將這些原則整合起來，不難發現法約爾並未將管理視為一套純技術性的實務操作，而是一種價值與制度並行、人性與結構互動的系統性工程。他既重視架構的嚴謹，也強調彈性空間；他既看重組織整體運作，也不忽視個體的內在動力。這種整合性的視野，使他的十四項原則即使超過百年，依舊對今日的管理實務具有啟發性。

8. 十四項管理原則重構與系統化整合

在實務應用上，這些原則並非僵化命令，而是一種可調整、可轉化的參照架構。企業在不同的成長階段，可能會在某些原則上加重比重，如新創時期強調首創精神與個人激勵，進入穩定期後則更依賴等級制度與紀律規範。重點在於，管理者是否理解這些原則背後的邏輯脈絡，並能依據實際情境靈活調整，而非生硬套用。

法約爾的十四項管理原則，最終提供的不是一套操作指令，而是一組深具預見性的管理信仰。它鼓勵領導者用系統的思考方式，理解組織中看似碎片化的現象背後的結構關聯，進而在動態的現實中，建立穩定又有生命力的管理秩序。正因如此，它不僅是古典管理理論的基石，也是現代組織設計與領導實務的重要參照。

二十四、從結構到行動的管理邏輯:《工業管理與一般管理》

二十五、

組織策略的制度轉型：《偉大的組織者》

1. 經驗主義學派與比較方法的理論基礎

　　20世紀中葉，隨著企業規模的擴張與專業管理職能的興起，經驗主義學派逐漸成為西方管理思想的重要支派。此一學派主張拋棄抽象的普遍原則，轉而從實際的企業經驗出發，觀察成功的經理人如何組織資源、設計制度與引導行動。這樣的研究路徑，也讓《偉大的組織者》(*The great organizers*)這本書在管理學史上具有獨特的定位。

　　作者歐內斯特·戴爾（Ernest Dale）強調，與其空談管理的一般法則，不如深入分析大型企業中真正產生績效的制度設計與組織安排。這種以成功經驗為基礎的研究邏輯，不僅開啟了後來案例教學法的先聲，也為跨公司比較研究奠定了方法論的根基。

　　經驗主義學派並不否定理論的價值，但堅持所有理論都應經得起實踐的檢驗。他們視管理為一種具有歷史條件與文化情境的行動實踐，無法脫離組織具體的產業背景與策略任務來抽象談論。因此，戴爾在書中強調，若要理解一項制度是否有效，必須先建立適當的比較架構，從而辨析制度之間的異同與適用條件。他指出，有效的比較研究至少要掌握四項核心原則：概念框架、可比較性、明確目標與適用性。

二十五、組織策略的制度轉型：《偉大的組織者》

首先是**概念框架**。在比較不同企業時，研究者必須界定所欲分析的管理維度，包括組織功能、職責分工、權責結構與資訊流程等。這不僅有助於提升比較的精準度，也避免因為選擇變數失當，導致比較結果流於表面。舉例來說，若以巴納德提出的「地點、時間、對象、任務與方法」五項管理維度為參照，就能更系統地剖析不同企業在相似挑戰下所採取的組織對應策略。

第二是**可比較性**。戴爾指出，即使兩個企業在規模與產業上相近，也不代表他們的組織機制可直接對照。比較研究必須在辨識共通性的同時，也納入關鍵的差異因素。曾有工會提出要求公司為女員工提高產假補助，理由是其他競爭公司已有此舉措，但該企業內實際只有 5 名超過 60 歲的女性員工。若無這層背景資訊，單憑政策內容的比較便可能導致錯誤結論。因此，分析者必須慎重考量不同制度背後的組成條件與人口結構，才能釐清其適用性與限制。

第三是**明確目標**。任何管理制度的評價都須根據組織欲達成的目標加以判斷。這些目標可以是利潤最大化、員工士氣、內部協作或外部聲譽，也可能是這些目標的動態平衡。若一項制度的評估標準只是「看起來有效」或「其他公司也在用」，便難以建立科學的比較邏輯。有效的研究必須將制度成果與預設目標做出具體對應，使制度的功能性與限制得以明確呈現。

第四則是**適用性**，也就是對制度適用條件的清晰界定。戴爾反對將少數組織的成功經驗視為普遍法則，因為這些經驗往往嵌入於特定的組織文化、市場結構與領導風格之中。制度比較若不考慮其脈絡差異，便容易產生不當移植的風險。因此，經驗主義學派雖重視實務案例，卻不鼓吹套公式的管理教條，而是透過比較方式，探索制度如何在不同條件下產生不同效果。

這樣的觀點讓經驗主義管理研究展現出高度的現場感與實務導向。戴爾認為，與其尋找管理的「黃金準則」，不如專注分析成功企業內部的具體作法與組織配置。他認為，真正決定績效的關鍵，不在於領導者是否熟悉理論，而在於能否因應環境變動做出策略性的調整與制度設計。而這正是經驗主義學派主張「從現實中學管理」的根本精神。

2. 杜邦的組織革新與制度轉型

杜邦公司是 20 世紀初期企業組織與管理轉型的重要案例之一，其經驗不僅對當時的工業界產生深遠影響，也奠定了後續企業結構改革的參照基礎。該公司從一開始即處於家族式經營的典型狀態，由創辦人亨利‧杜邦 (Henry du Pont) 以個人權威掌握幾乎所有重大決策。然而，在其去世後，杜邦家族中的幾位成員，包括阿爾弗雷德 (Alfred)、科爾曼 (Coleman) 與皮埃爾 (Pierre) 等人，開始意識到原有的集中式體制已無法滿足企業擴張與決策效率的需求，遂著手推動全面的組織改革。

這場變革的核心在於將原先依賴個人直覺與判斷的管理方式，逐步導向系統化與制度化的組織設計。三位堂兄弟將公司從個人控制轉向委員會制運作，建立起多層次的管理架構與部門分工制度，並導入定期報表、業績審查與會議機制，以取代以往仰賴少數人主觀經驗的治理方式。這樣的調整不僅提升了資訊流通效率，也讓更多層級的主管得以參與決策，形成初步的權責分明與流程標準化架構。

在這樣的制度改革中，杜邦公司逐漸發展出具高度彈性與應變能力的委員會制度。這不只是形式上的集體領導，更是一種高度參與與協商的決策文化。根據管理史上的分析，該公司高層管理團隊多數成員具有高度外向性格，擅於對環境變化保持敏銳感知，也樂於接納新觀點與挑戰原有假

二十五、組織策略的制度轉型:《偉大的組織者》

設。這種性格特質配合民主式團隊運作,促使杜邦能夠有效因應快速變動的市場情勢,並在技術、生產與財務管理方面持續創新。

其中一項代表性的制度創新為責任會計(responsibility accounting)的導入。該制度將公司內部各部門視為責任中心,針對各自的資源使用與成果負責,並透過成本、投資與利潤指標進行持續監控。這項制度不僅提升部門間的協同效率,也強化了各管理層級對成果的承擔感,進一步推動整體組織績效的提升。責任會計成為後續多數大型企業採用的核心機制之一,也奠定了績效導向管理的制度雛形。

杜邦的改革亦非單靠制度變革即可成功,核心關鍵仍在於領導層的集體心態轉型。皮埃爾‧杜邦(Pierre du Pont)所展現的理性思維與對客觀標準的執著,使他在組織決策中格外注重程序、資料與證據,這樣的思考模式深深影響整體文化,促成公司從創業家主導邏輯,轉向專業經理人制度的過渡。換言之,制度之所以能穩定落實,正是仰賴領導階層對組織理性運作的高度承諾。

杜邦的組織革新並非單一技術導入或結構重整的產物,而是一場橫跨文化、制度與價值觀的深層轉變。從個人專斷到制度治理,從情感型領導到科學型管理,杜邦不僅建構了一個現代企業組織的樣板,更展現了「制度即策略」的深刻意涵。其成功經驗成為後世無數企業模仿與借鏡的對象,也代表著管理思想從經驗操作邁向制度理性的重要轉折點。

3. 通用汽車的分權設計與管理意識

在 20 世紀初的美國企業界,通用汽車(General Motors)成為分權管理的經典典範,而阿爾弗雷德‧斯隆(Alfred P. Sloan)則是這場制度革新

3. 通用汽車的分權設計與管理意識

的關鍵人物。

當時，通用汽車正面臨創業階段所遺留下的組織問題，原有的集中式控制雖對初期擴張有效，卻無法應付多元事業部門帶來的管理負荷與協調挑戰。斯隆在 1920 年提出的組織改革建議，正是為了解決這些難題。他認為，企業必須在分權與集權之間取得動態平衡：作業單位需具備足夠的自主性以激發主動性，中央機構則應負責整體資源的配置與策略整合。

斯隆主張，每一個作業部門應是一個具備完整經營功能的單元，不僅要有清晰的職能分工，也要能對成果負責。這種「分權經營、集權控制」的邏輯，在當時是一種突破性的制度創新。其具體實施方式包括：設立具有自主責任的事業部門、將總經理置於中央領導地位，以及設計出可以橫向整合與縱向監控的參謀體系。這些安排，使總經理得以專注於長期策略與重大決策，而不被日常營運瑣事干擾，也讓下層主管能夠在授權範圍內做出快速回應。

這樣的制度設計並非僅止於結構上的重組，更深刻地體現在管理觀念的轉變。斯隆提出強調經理人應具備對管理本身的理解與反思能力。他認為，成功的經營不僅是憑藉經驗與直覺，而是一種可以被分析、學習與持續改進的專業行為。這種意識形態推動了經營活動由「感覺式操作」走向「制度性學習」，也促使管理從經驗傳承轉向理性規劃。

為了支撐分權制度的落實，斯隆與其團隊建立了一套嚴密的財務與績效控制系統，其中最具代表性的就是預算與資產撥款機制。透過撥款委員會與綜合顧問部的合作，公司可以評估各部門投資計畫的可行性與報酬潛力，並確保資源分配符合整體戰略。這樣的制度，不僅有效解決了企業擴張所帶來的複雜協調問題，也奠定了現代企業內部治理的雛型。

在制度執行面，斯隆並未忽略人的角色。他認為，一套好的制度必須搭配有能力且具備行動自主性的經理人才。為吸引並留任這樣的人才，通

用汽車打造了相對公平的升遷制度與激勵機制，並強調在專業中追求長期成就的文化。正是這樣的理念，使得通用汽車在制度與人才的雙輪驅動下，成為當代最具組織競爭力的企業之一。

通用汽車的經驗證明，有效的管理制度並不排斥分權，反而是在清楚的策略架構下，透過合理的制度與流程設計，使分權與集權能彼此強化。這種看似矛盾的組合，正是現代大型企業管理的關鍵所在。斯隆所倡導的分權與管理意識，不僅改變了通用汽車的命運，也深刻影響了後來管理學的發展方向，成為經驗主義學派的重要思想資產。

4. 國民鋼鐵的整合策略與經營哲學

在美國鋼鐵產業的發展歷史中，國民鋼鐵公司（National Steel Corporation）的崛起是一個與眾不同的案例。它並非來自創業初期的大規模併購，也不是延續家族企業的勢力，而是由歐內斯特・T・威爾（Ernest T. Weir）憑藉產業經驗與策略眼光，逐步整合資源並建立起來的一套完整經營藍圖。

威爾的領導風格與組織哲學在當時企業界中獨樹一格，他從長遠經營出發，將企業定位為一個涵蓋上游原料供應至下游製品行銷、具備高度自足能力的鋼鐵系統，展現出強大的整合力與對市場變化的高適應性。

與當時如美國鋼鐵公司（U.S. Steel）偏重規模壓倒性的發展策略不同，國民鋼鐵走的是效率導向與成本控制路線。在威爾的構想中，企業的穩定並非來自體量，而是仰賴供應鏈與組織流程的縝密規劃。他特別強調產銷平衡與營運彈性，使公司即使在 1930 年代經濟大蕭條期間仍維持正向現金流與穩定獲利，成為少數能在逆勢中維持競爭力的鋼鐵企業之一。

4. 國民鋼鐵的整合策略與經營哲學

其成功背後,乃建立於對內部效率的嚴格掌控與對外部市場反應速度的高度敏銳。

國民鋼鐵的發展並非偶然,而是一種結合遠見規劃與制度執行的實踐成果。威爾對經營的理解不只停留在策略制訂,而是強調行動中的彈性與持續執行力。他對於目標的堅定態度與對手段的因時制宜,在實務操作中並行展現,無論是價格調整、銷售模式轉變,或是為了穩定勞資關係而提前調升薪資,以降低工會滲透風險,都顯示出他務實靈活但不輕言讓步的經營風格。這種哲學認為計畫並非靜態藍圖,而是一套因應環境持續演化的行動機制。

在組織設計上,威爾的規劃具一定的前瞻性。他在企業早期階段即思考如何建立一套可隨公司擴張而維持有效運作的組織核心,以減少未來不斷調整結構所帶來的管理成本與內部干擾。雖無明確證據顯示其制度完全不需修訂,但他的確力求在初期即建立具擴充性與穩定性的架構。

在人事制度上,威爾採取與當時主流不同的激勵邏輯,他曾設計出讓高階主管享有與自己接近水準待遇的報酬制度,藉此傳達高度集體參與與共擔責任的經營理念。這種「相對同酬」的安排,雖未完全取消階層差異,卻反映出對合作文化的重視,並在實務上發揮協同運作的效果。

威爾的經營哲學帶有深厚的實踐倫理意涵。他不僅重視紀律與實事求是的工作態度,更常以「工作是避免墮落的唯一辦法」自我勉勵。在這樣的價值觀推動下,企業的存在意義不只是為了創造利潤,更是實踐理念與個人鍛鍊的場所。他堅信,唯有對細節的嚴格監督、對計畫的堅定執行,以及將經營權力建立於責任制度之上,企業才能在實務層面建立穩定的內部責任結構,避免在外部壓力下失去組織自律。

從制度層面觀察,國民鋼鐵的成長可視為經驗主義學派在企業實務中的具體體現。它不是從抽象管理理論出發,而是從實務經驗中逐步提煉出

二十五、組織策略的制度轉型：《偉大的組織者》

具備可持續性的策略做法。這種「由行動中學習」、經由實踐逐步制度化的經營方式，對後來企業策略與組織理論的發展產生深遠影響。

威爾所代表的並非標準化或過度理論化的管理體系，而是一種靈活而務實的經營模型，足以應對企業在擴張過程中所面臨的壓力與挑戰。

5. 西屋電氣的分權改革與控制體系

在美國企業組織改革的歷程中，西屋電氣公司（Westinghouse Electric Corporation）於 1930 年代中期所進行的全面性改組，堪稱是一場經典的制度再造實驗。

與通用汽車自上而下建構事業部制不同，西屋電氣的改革是針對既有集權文化所進行的結構性對抗與調整。原因不僅在於其龐大而複雜的業務結構，更因其原有的體制深受集權文化所主導。如何在維持組織整合力的同時釋放地方經理人的能動性，成為公司總裁羅伯森（A. W. Robertson）領導變革的核心議題。

西屋電氣的改革核心可以分為三個層次。第一層，是作業活動的分權化。羅伯森將原本高度集中控制的總部架構，拆解為以產品類別為依據的事業部制度，最終劃分為六個大型產品事業部、四個產品公司與一個國際事業單位。這些單位由副總經理層級負責，各自獲得廣泛的經營自主權，涵蓋財務、人事、採購與營運決策等範疇。此舉不僅大幅減少總部對日常營運的直接干預，也讓基層管理者得以根據市場需求與區域差異採取更具彈性的策略。

第二層，則是總部參謀體系的重塑。在分權結構下，傳統直線式指揮關係無法滿足橫向整合與資訊協調的需求，因此西屋電氣建立了一套功能

性參謀部門,包括財務、法務、人力、技術與行銷等,專責提供分析、建議與標準制定,協助各事業部運作。這些參謀部門不再擁有直接控制權,而是透過「間接權威」(indirect authority)來發揮影響力。如此一來,不僅保留了總部對整體策略方向的引導,也避免了對事業部決策的干擾,達成了分權與整合的平衡。

第三層,是控制系統的嶄新設計。分權改革固然能釋放潛能,但若無有效的追蹤與檢核機制,極易導致資源濫用與目標偏離。為此,西屋電氣導入了「彈性預算」制度,成為美國企業界最早應用此一控制工具的先驅。透過制定與產量變動掛勾的變動成本標準,各事業部需對其實際績效與預算偏差負責,進一步促進成本意識與經營效率。此外,總部亦設立監測小組與審查流程,確保授權單位在自主範圍內仍維持一致性與透明度。

整體而言,西屋電氣的改革並非單純的分權擴張,而是一種深層的組織邏輯調整。它打破了過往「總部指令一元化」的管理慣性,轉向一種以制度建構為核心、強調授權與責任對應的治理機制。在這樣的系統下,經理人不再只是命令的執行者,而成為目標管理與績效監督的主體;而總部則從控制中心轉化為資源協調與策略引導的平臺。

這場改組雖耗時多年才漸趨穩定,但其對美國企業組織發展的示範效果深遠。它不僅證明大型企業可以從高度集中體制過渡到具備彈性與回應力的分權系統,更揭示了制度創新需與組織文化同步演進。最終,西屋電氣的經驗讓管理界意識到,分權與控制並非對立兩端,而是可以透過制度化設計達成協同運作的互補機制。

二十五、組織策略的制度轉型：《偉大的組織者》

6. 經營者責任與制度監督的未來挑戰

　　進入 20 世紀中葉，隨著企業規模的擴大與股權結構的分散，企業經營權與所有權日漸脫鉤的現象日趨普遍。這一轉變不僅改寫了傳統資本主義企業治理的樣貌，也引發對經營者責任歸屬的深刻質疑。戴爾在《偉大的組織者》一書中，針對這一演變做出前瞻性的省思，他指出：當企業的實際控制逐步移轉至專業經理人手中，而非擁有股份的所有者時，經營者究竟應對誰負責、由誰監督，成為日後組織治理的關鍵議題。

　　這種現象的起點來自所有權的分散化。在美國最大的 200 家製造業公司中，有近三分之一的公司，其高階主管不再擁有能影響董事會決策的足夠股份。換言之，傳統上透過持股來確保責任歸屬的機制，正逐漸失去效力。而即便仍有部分所有者掌握較大股份，其第二代或第三代繼承人往往已不再具備或有意願參與具體的經營管理，權力的實質掌握早已轉移至專業經理人階層。

　　這樣的轉變引發兩項治理風險。第一，是經營者責任的模糊化。當股東難以有效參與監督、董事會的獨立性也受到質疑時，經理人可能只對彼此、或對象徵性的程序負責，而非實質的利害關係人。第二，是組織內部激勵與約束機制的失衡。專業經理人可能基於短期績效壓力，採取與企業長期利益相悖的決策；而外部的制度機制卻難以及時介入。

　　面對這些挑戰，戴爾提出一系列制度性的補救構想。他主張，若傳統的「所有者控制」已難以維繫，則必須尋求新型的責任歸屬與監督機制，包含但不限於下列形式：第一，由政府透過監管機構加強對企業財務、治理結構與經營策略的監督，例如美國證券交易委員會（SEC）的角色再擴權；第二，強化董事會中的「公眾代表」參與，例如由勞工、消費者或社區代表出任部分董事，以引入多元聲音與道德責任感；第三，促進股東間

6. 經營者責任與制度監督的未來挑戰

的組織化與集體行動,如成立全國性的投資者協會,使小股東能以集體方式發揮監督影響力,避免在面對龐大企業體系時毫無話語權。

然而,戴爾也清楚指出,這些方案各有侷限。例如,政府監管可能導致過度官僚化,反而限制企業活力;而公眾代表制度若未妥善設計,也可能淪為象徵性安排,難以發揮實質監督作用。因此,他將經營者責任視為一項「未竟的制度工程」,而非可以透過單一對策解決的技術問題。他認為,企業治理的未來挑戰不僅在於制度設計的精巧程度,更取決於整體社會價值觀的演變與組織文化的成熟程度。

在戴爾的視野中,企業應不再只是為股東創造財富的工具,而是社會系統中負有責任的行動者。當代經理人應具備不僅是經濟理性的能力,更需培養道德判斷、公共責任感與長期思維。這樣的觀點,日後在企業社會責任(CSR)與永續治理(ESG)浪潮中獲得更廣泛的共鳴。

回顧戴爾的見解,不僅呈現了一位管理思想家對制度未來的深刻洞察,更凸顯了現代企業在治理機制上仍需持續革新的迫切性。

管理不求人！最強經典濃縮筆記 25 選：

結合制度設計、行為心理與領導哲學，一本書帶你掌握管理大師的智慧精華，讓你在管理路上少走彎路

作　　　者：	吳至涵
發 行 人：	黃振庭
出 版 者：	財經錢線文化事業有限公司
發 行 者：	崧燁文化事業有限公司
E - m a i l：	sonbookservice@gmail.com
粉 絲 頁：	https://www.facebook.com/sonbookss/
網　　　址：	https://sonbook.net/
地　　　址：	台北市中正區重慶南路一段 61 號 8 樓 8F., No.61, Sec. 1, Chongqing S. Rd., Zhongzheng Dist., Taipei City 100, Taiwan
電　　　話：	(02)2370-3310
傳　　　真：	(02)2388-1990
印　　　刷：	京峯數位服務有限公司
律師顧問：	廣華律師事務所 張珮琦律師

版權聲明

本書作者使用 AI 協作，若有其他相關權利及授權需求請與本公司聯繫。

未經書面許可，不得複製、發行。

定　　價：480 元
發行日期：2025 年 06 月第一版
◎本書以 POD 印製

國家圖書館出版品預行編目資料

管理不求人！最強經典濃縮筆記 25 選：結合制度設計、行為心理與領導哲學，一本書帶你掌握管理大師的智慧精華，讓你在管理路上少走彎路 / 吳至涵 著 . -- 第一版 . -- 臺北市：財經錢線文化事業有限公司，2025.06
面；　公分
POD 版
ISBN 978-626-408-292-1(平裝)
1.CST: 領導者 2.CST: 組織管理 3.CST: 職場成功法
494.2　　　　　　　114007558

電子書購買

爽讀 APP　　　臉書